實
戰

Introduction and Practice of TypeScript

TypeScript
入门与实战

钟胜平 编著

机械工业出版社
China Machine Press

图书在版编目（CIP）数据

TypeScript 入门与实战 / 钟胜平编著 . —北京：机械工业出版社，2020.11（2023.3 重印）
（实战）

ISBN 978-7-111-66972-2

I. T… II. 钟… III. JAVA 语言 – 程序设计 IV. TP312.8

中国版本图书馆 CIP 数据核字（2020）第 235908 号

TypeScript 入门与实战

出版发行：机械工业出版社（北京市西城区百万庄大街 22 号 邮政编码：100037）

责任编辑：赵亮宇　　　　　　　　　　　　责任校对：李秋荣

印　　刷：北京建宏印刷有限公司　　　　　版　　次：2023 年 3 月第 1 版第 5 次印刷

开　　本：186mm×240mm 1/16　　　　　　印　　张：25.5

书　　号：ISBN 978-7-111-66972-2　　　　定　　价：99.00 元

客服电话：（010）88361066 68326294

Preface 前　言

Web 2.0 时代的到来以及智能移动设备的普及改变了人们使用互联网的方式，Web 开发也逐渐成为热门的开发领域。对 JavaScript 程序员来说，这既是机遇也是挑战。

机遇在于它创造了大量的就业机会以及不错的职业发展前景。HTML 5 技术的发展赋予了 Web 应用更强大的能力以及更多的可能性；Node.js 让 JavaScript 程序的运行脱离了浏览器环境，可以在服务器端运行；Electron 解决方案的出现大大简化了跨平台桌面应用程序的开发工作；TensorFlow.js 平台将 JavaScript 语言与机器学习联系在了一起。

那么，挑战又有哪些呢？首先，业务场景变多了，业务逻辑也变复杂了，JavaScript 工程的规模在以肉眼可见的速度膨胀。其次，JavaScript 这门语言是一门弱类型的动态脚本语言，设计初衷并非用于大规模网页应用程序的开发。当我们以现在的眼光来看待这门语言时，会发现它自身有很多不足之处。在 JavaScript 程序开发过程中，开发者稍不留神就可能引入难以察觉的缺陷。虽然 JavaScript（ECMAScript）语言标准制定组织（TC39）一直在不断地完善这门语言，但这并不意味着开发者能够很快地在日常开发中应用这些新特性，因为需要运行时环境的支持。这也是困扰 Web 开发者已久的难题之一，即浏览器兼容性问题。最后，我们再看看生产力的问题。现如今许多项目都在使用敏捷开发方法来应对变化并频繁地交付。在使用 JavaScript 语言进行开发的过程中，像"跳转到定义"和"重命名标识符"等常用的操作都没有很好的工具支持，这也给开发与维护大型 JavaScript 程序增添了一些困难。

针对这些问题已经有不少解决方案，但在众多的解决方案中，TypeScript 语言脱颖而出。TypeScript 语言以平滑的方式为 JavaScript 语言添加了强类型并提供了强大的开发者工具。TypeScript 语言是 JavaScript 语言的超集，沿用了 JavaScript 语言的语法和语义，极大地降低了学习成本以及程序迁移的成本。

本书将系统地介绍 TypeScript 编程语言的基础知识。在 TypeScript 语言的知识结构中至少包含了以下两大部分：

❑ JavaScript 语言编程。
❑ TypeScript 新增的语言特性以及核心的类型系统。

原则上，若想全面地了解 TypeScript 语言，就需要掌握 JavaScript 语言的所有知识，因为 TypeScript 语言包含了 JavaScript 语言的全部知识。本书会对 JavaScript 语言的基础知识进行概括的介绍，目的是让缺少 JavaScript 语言开发经验的读者也能够理解 TypeScript 语言。目前已经有很多讲解 JavaScript 语言的经典书籍，如《JavaScript 权威指南（原书第 6 版）》[⊖]和《深入理解 ES6》等。

TypeScript 新增的语言特性以及核心的类型系统是本书的重点，我们将使用大部分篇幅来介绍这部分知识。本书是基于 TypeScript 3.8 版本编写的。

本书适合正在考虑使用或已经开始使用 TypeScript 的读者阅读，也适用于所有有兴趣了解 TypeScript 这门语言的读者。在阅读本书之前，读者最好至少了解一门编程语言，也可先去学习一下 JavaScript 语言基础。

本书主要内容如下：

第一篇"初识 TypeScript"包括第 1～2 章，介绍 TypeScript 诞生的背景及其特点，搭建了 TypeScript 语言的开发环境并完成了第一个 TypeScript 程序。

第二篇"TypeScript 语言概览"包括第 3～4 章，介绍 JavaScript 语言的基础知识，以及 JavaScript 语言中一些较新的特性。

第三篇"TypeScript 类型系统"包括第 5～7 章，详细讲解 TypeScript 的核心类型系统。

第四篇"TypeScript 应用"包括第 8～9 章，介绍 TypeScript 工程配置的管理以及与开发工具的集成。

在阅读本书时，如果读者已经掌握了 JavaScript 语言的知识，那么可以跳过"TypeScript 语言概览"部分，从"TypeScript 类型系统"部分开始阅读。否则，建议读者按顺序阅读，同时还可以配合使用其他资料来深入了解 JavaScript 语言。

本书中的所有代码均使用等宽字体表示并且带有行号，所有示例代码均可在 GitHub 网站上找到，地址为 https://github.com/tstutorial/code。

⊖ 该书由机械工业出版社出版，书号为 978-7-111-37661-3。——编辑注

Contents 目　　录

初识 TypeScript

TypeScript 简介

本章主要内容：

❑ TypeScript 语言的产生背景及特点。

❑ TypeScript 语言解决的痛点。

❑ TypeScript 语言的成功案例。

每当一种新的编程语言产生都会引发广泛的讨论。在 Web 开发领域，JavaScript 语言已经统治了很多年，而 TypeScript 语言则是一颗冉冉升起的新星。

在讲解 TypeScript 程序设计之前，本章将从 TypeScript 语言的产生背景谈起。回顾过往，我们可以了解到是基于什么契机而决定推出 TypeScript 语言来"代替"JavaScript 语言。这会为 TypeScript 语言的学习增加些许趣味性，让我们以一种轻松的心态来开始 TypeScript 语言的学习。

TypeScript 语言的特色是其能够取得成功的重要原因。本章的目的是通过介绍 TypeScript 语言的特点，希望能够让读者对 TypeScript 语言产生兴趣；通过介绍 TypeScript 语言解决的痛点，希望能够唤起开发者的共鸣，尤其是 JavaScript 开发者；通过介绍 TypeScript 语言的成功应用案例，希望能够让读者初步认可 TypeScript 语言并树立信心。

下面，就让我们走近 TypeScript。

1.1 什么是 TypeScript

时间回到 2004 年，距离 HTML 上一次版本（4.01）更新已有四年之久。就在这一年，几大知名浏览器厂商（Apple、Mozilla、Opera 和 Google）集结在了一起，其初衷是想要发展下一代 HTML 技术，从而使浏览器拥有更优的用户体验。与此同时，新一轮的浏览器大战也悄然拉开了序幕。想要拥有更好的用户体验，那么提供完善的功能与出色的性能这两点缺一不可。浏览器厂商们纷纷开始支持 HTML 5 中定义的新特性，并且在 JavaScript 引擎优化方面展开了一场"军备竞赛"。从那之后，JavaScript 程序的运行速度有了数十倍的提升，这为使用 JavaScript 语言开发大型应用程序提供了强有力的支撑。如今，JavaScript 不仅能够用在网页端程序的开发，还被用在了服务器端应用的开发上。但有一个不争的事实——JavaScript 语言不是为编写大型应用程序而设计的。例如，JavaScript 语言在相当长的时间里都缺少对模块的支持。此外，在编写 JavaScript 代码的过程中也缺少开发者工具的支持。因此，编写并维护大型 JavaScript 程序是困难的。

微软公司有一部分产品是使用 JavaScript 语言进行开发和维护的，例如必应地图和 Office 365 应用等，因此微软也面临同样的问题。在微软技术院士 Steve Lucco 先生的带领下，微软公司组建了一个数十人的团队开始着手设计和实现一种 JavaScript 开发工具，用以解决产品开发和维护中遇到的问题。随后，另一位重要成员也加入了这个团队，他就是 C# 和 Turbo Pascal 编程语言之父、微软技术院士 Anders Hejlsberg 先生。该团队决定推出一款新的编程语言来解决 JavaScript 程序开发与维护过程中所面临的难题。凭借微软公司在编程语言设计与开发方面的丰富经验，在历经了约两年的开发后，这款编程语言终于揭开了它神秘的面纱……

2012 年 10 月 1 日，微软公司对外发布了这款编程语言的第一个公开预览版 v0.8。该编程语言就是本书的主角——TypeScript。2014 年 4 月 2 日，TypeScript 1.0 版本发布；2016 年 9 月 22 日，TypeScript 2.0 版本发布；2018 年 7 月 30 日，TypeScript 3.0 版本发布。

根据 StackOverflow 网站举办的开发者调查[○]可以得知，TypeScript 自 2017 年开始便稳居开发者最喜爱的编程语言前列。

1.1.1　始于 JavaScript，终于 JavaScript

TypeScript 是一门专为开发大规模 JavaScript 应用程序而设计的编程语言，是 JavaScript 的超集，包含了 JavaScript 现有的全部功能，并且使用了与 JavaScript 相同的语法和语义。因此，JavaScript 程序本身已经是合法的 TypeScript 程序了。

开发者不但能够快速地将现有的 JavaScript 程序迁移到 TypeScript，而且能够继续使用依赖的 JavaScript 代码库，比如 jQuery 等。因此，就算现有工程中依赖的第三方代码库没有迁移到 TypeScript，它也不会阻碍程序开发。反之，TypeScript 能够让我们更好地利用现有的 JavaScript 代码库。

TypeScript 代码不能直接运行，它需要先被编译成 JavaScript 代码然后才能运行。Type-

　○　StackOverflow 2019 年开发者调查结果：https://insights.stackoverflow.com/survey/2020#most-loved-dreaded-and-wanted。

Script 编译器（tsc）将负责把 TypeScript 代码编译为 JavaScript 代码。

例如，一个 TypeScript 文件的内容如下：

```
01  function sum(x: number, y: number): number {
02      return x + y;
03  }
04
05  const total = sum(1, 2);
```

经过编译后输出的 JavaScript 文件的内容如下：

```
01  "use strict";
02  function sum(x, y) {
03      return x + y;
04  }
05  const total = sum(1, 2);
```

目前，我们不需要理解这段程序所实现的具体功能。仅通过对比编译之前和之后的代码，我们能够看到编译器生成的 JavaScript 代码既清晰又简洁，并且两者之间在代码结构上几乎没有明显变化。在阅读由编译器生成的 JavaScript 代码时，并不会让开发者强烈地感觉到代码是由机器生成的。相反，它符合开发者平时的代码编写习惯。

读到这里，你可能会产生一个疑问，是不是因为示例程序太简单了，所以生成的代码才会如此清晰简洁？答案是否定的。实际上这种行为是 TypeScript 语言的基本设计原则之一：TypeScript 应该生成简洁、符合编写习惯并易于识别的 JavaScript 代码；TypeScript 不应该对代码进行激进的性能优化。

1.1.2　可选的静态类型

正如 TypeScript 其名，类型系统是它的核心特性。TypeScript 为 JavaScript 添加了静态类型的支持。我们可以使用类型注解为程序添加静态类型信息。

同时，TypeScript 中的静态类型是可选的，它不强制要求为程序中的每一部分都添加类型注解。TypeScript 支持类型推断的功能，编译器能够自动推断出大部分表达式的类型信息，开发者只需要在程序中添加少量的类型注解便能拥有完整的类型信息。

1.1.3　开放与跨平台

TypeScript 语言是开放的。TypeScript 语言规范使用了 Open Web Foundation's Final Specification Agreement（OWF 1.0）协议。开放 Web 基金会（Open Web Foundation，OWF）是一个致力于开发和保护新兴网络技术规范的非营利组织。该基金会遵循类似 Apache 软件基金会的开源模式。微软公司实现的 TypeScript 编译器也是开源的，它的源代码托管在 GitHub 平台上并且使用了较为宽松的开源许可协议 Apache License 2.0，该协议允许使用者对源代码进行修改发行以及用于商业用途。

TypeScript 语言是跨平台的。TypeScript 程序经过编译后可以在任意的浏览器、JavaScript

宿主环境和操作系统上运行。

1.2　为什么要使用 TypeScript

自 2014 年 TypeScript 1.0 版本发布以来，TypeScript 语言的使用者数量保持着高速增长。从 GitHub 公司于 2019 年发布的 Octoverse 报告[○]来看，TypeScript 在最流行编程语言的排名中排在第七位。值得一提的是，JavaScript 语言始终占据该排行榜第一名的位置，如图 1-1 所示。

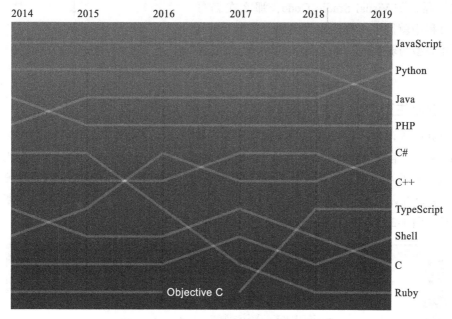

图 1-1　GitHub 2019 年最流行语言排名[○]

开发者选择使用 TypeScript 语言至少有以下几点原因：

❑ 能够更早地发现代码中的错误。

❑ 能够帮助提高生产力。

❑ 支持 JavaScript 语言的最新特性并且使用了与 JavaScript 语言相同的语法和语义。

1.2.1　易于发现代码中的错误

不论使用哪种编程语言，编写高质量代码都是重中之重。JavaScript 是一门具有动态类型和弱类型的编程语言。其特点是数据类型检查发生在程序运行时，并且允许（隐式地）数

○　Octoverse 报告网页地址：https://octoverse.github.com/。

○　排名规则具体为，统计将某语言作为主要语言的公开和私有代码仓库中独立贡献者的数量，并以此排名。

据类型转换。JavaScript 代码在真正运行前无法很好地检测代码中是否存在错误。

例如，如果 JavaScript 程序中存在拼写错误，那么在编写程序的过程中 JavaScript 无法识别出该错误。只有在程序运行时 JavaScript 才能够发现这个错误并且可能终止程序的运行。在缺少代码自动补全功能的年代，这类错误时有发生且不易察觉。如果使用了 TypeScript 语言，那么在编译程序时就能够发现拼写错误。如果使用了支持 TypeScript 的代码编辑器，如 Visual Studio Code，那么在编写代码的过程中就能够检查出拼写错误。图 1-2 列出了一些强类型与弱类型、动态类型与静态类型编程语言。

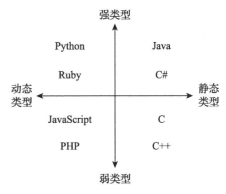

图 1-2 强类型与弱类型、动态类型与静态类型编程语言

1.2.2 提高生产力

如果开发者习惯了使用静态类型编程语言，例如 Java 和 C# 等进行开发，那么在开始使用 JavaScript 语言编写程序时很可能会产生较大落差。因为我们会发现那些习以为常的开发者工具都没有被很好地支持，例如代码自动补全、跳转到定义和重命名标识符等。因为 TypeScript 为 JavaScript 添加了静态类型的支持，所以 TypeScript 有能力提供这些便利的开发者工具。图 1-3 演示了 TypeScript 的代码自动补全功能。

图 1-3 代码自动补全

TypeScript 提供了常用的代码重构工具。这些工具能够让我们在进行代码重构时更有信心且更加高效（见图 1-4）。下面列出了部分重构工具：

❑ 重命名符号名。

❑ 提取到函数或方法。

❑ 提取类型。

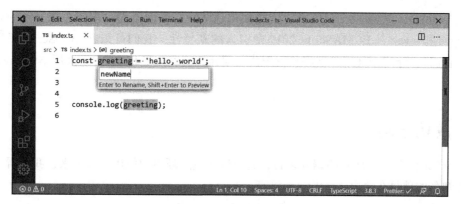

图 1-4　重命名符号名

TypeScript 还提供了一些代码快速修复工具（见图 1-5），例如：

❑ 自动删除未使用的声明。

❑ 自动删除执行不到的代码。

❑ 自动添加缺少的模块导入语句。

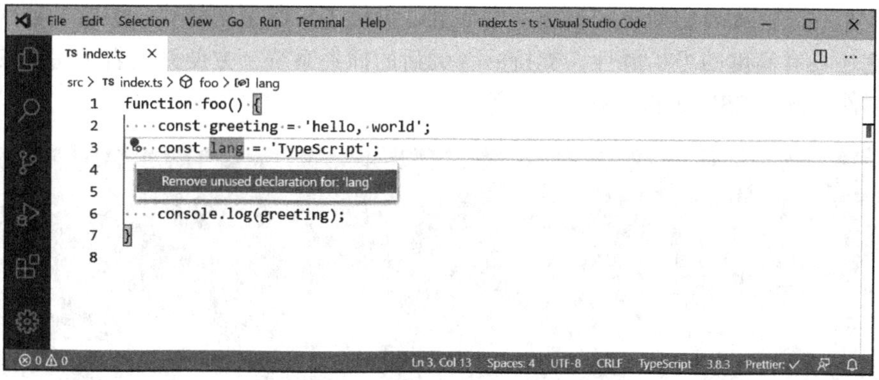

图 1-5　自动删除未使用的声明

1.2.3　支持 JavaScript 的最新特性

JavaScript 语言的实现遵循了由 TC39 委员会制定的 ECMAScript（ES）标准。同时，JavaScript 语言也成了 ECMAScript 标准最知名的一个实现。两者的发展相辅相成。

随着 JavaScript 语言的应用越来越广泛，人们也在积极地修订 ECMAScript 标准，不断加入新的特性，比如类、async 和 await 等。但由于兼容性问题，ECMAScript 标准中新引入的特性往往无法直接在实际项目中使用，因为 JavaScript 运行环境通常不会很快支持这些新特性。虽然我们可以等到 JavaScript 引擎实现了那些新特性后再开始使用它们，但这份等待可能会很漫长。如果我们的 JavaScript 程序需要兼容某些旧版本的浏览器，例如 Internet Explorer，那么可能永远也等不到那一天的到来……

在 TypeScript 程序中，我们可以直接使用这些新特性而不必过多担心兼容性问题。例如，async 和 await 是 ECMAScript 2017 中引入的新特性，我们可以在 TypeScript 程序中直接使用它们。TypeScript 编译器将负责把代码编译成兼容指定 ECMAScript 版本的 JavaScript 代码。

1.3 成功案例

TypeScript 是一门成熟的编程语言，它可以在生产环境中使用。接下来，我们看一下都有哪些知名的项目在使用 TypeScript 语言。

1.3.1 Visual Studio Code

Visual Studio Code 是微软公司开源的一款免费的跨平台的集成开发环境。它是使用 TypeScript 语言并基于 Electron 框架进行开发的。

根据 Stack Overflow 2019 年的开发者调查显示，Visual Studio Code 是开发者最喜爱的开发环境工具，其主界面如图 1-6 所示。它支持代码调试、语法高亮、代码补全与代码重构等功能，是一款高度可定制化的集成开发环境，提供了定制主题样式、绑定功能快捷键等功能。它还具有高度的可扩展性，支持一套灵活的插件系统，方便开发者编写和安装功能强大的插件，例如 ESLint 和 Live Share 等。

图 1-6　Visual Studio Code 主界面

1.3.2　Angular

　　Angular 是由 Google 公司推出的一款开源的 Web 应用程序框架。严格地讲，当使用"Angular"这个名字时，我们指的是 Angular 2.0 及以上版本；而当使用"AngularJS"这个名字时，则特指 Angular 1.x 版本。不论是 AngularJS 还是 Angular，它们都是非常流行的框架。

　　Angular 使用 TypeScript 语言对 AngularJS 进行了完全重写。关于 Angular 开发团队选择使用 TypeScript 语言进行重写的原因，Angular 工程总监 Brad 如是说道："我们喜爱 Type-Script 的很多方面……"在使用了 TypeScript 后，一些团队成员说："现在我能够真正理解我们的大多数代码了！"因为他们能够方便地在代码之间导航并理解它们之间的关系。此外，我们已经利用 TypeScript 的检查发现了一些 Bug。

　　Angular 团队也推荐使用 TypeScript 语言作为 Angular 应用的首选开发语言。下面是一段 Angular 代码示例：

```
01  /**
02   * Copyright Google LLC. All Rights Reserved.
03   * Use of this source code is governed by an MIT-style
04   * license that can be found in the LICENSE file
05   * at http://angular.io/license
06   */
07  import { Component, OnInit } from '@angular/core';
08
09  import { Hero } from '../hero';
10  import { HeroService } from '../hero.service';
11
12  @Component({
13      selector: 'app-dashboard',
14      templateUrl: './dashboard.component.html',
15      styleUrls: ['./dashboard.component.css'],
16  })
17  export class DashboardComponent implements OnInit {
18      heroes: Hero[] = [];
19
20      constructor(private heroService: HeroService) {}
21
22      ngOnInit() {
23          this.getHeroes();
24      }
25
26      getHeroes(): void {
27          this.heroService.getHeroes().subscribe(heroes => {
28              this.heroes = heroes.slice(1, 5);
29          });
30      }
31  }
```

Chapter 2 第 2 章

快速开始

本章主要内容：
- ❑ 如何在线编写并运行 TypeScript 程序。
- ❑ 如何在本地编写并运行 TypeScript 程序。

众所周知，学习一门编程语言最好的方式就是使用它来编写代码。推荐读者在学习 TypeScript 语言时亲自编写并运行程序，因为它能够帮助你加深理解。

本章将介绍两种编写并运行 TypeScript 程序的方式。这两种方式各有千秋，读者可以根据实际情况选择合适的方式。按照国际惯例，本书的第一个 TypeScript 程序为打印输出 "hello, world"。在这个例子里包含了实际开发中所必需的编码、编译和运行等主要步骤。通过这两个例子，希望读者能够对 TypeScript 程序的编写与运行有一个总体印象，同时也能为 TypeScript 语言的学习铺平道路。

2.1 在线编写并运行 TypeScript

TypeScript 官方网站上提供了一个网页版的 TypeScript 代码编辑工具，如图 2-1 所示，它非常适合在学习 TypeScript 的过程中使用。该工具的优点是：
- ❑ 方便快捷，不需要进行安装和配置，只需要打开浏览器就可以开始编写代码并且拥有与集成开发环境相似的编码体验。
- ❑ 能够快速地切换 TypeScript 版本，并且提供了常用编译选项的可视化配置界面。
- ❑ 省去了手动编译和运行 TypeScript 代码的操作，只需单击相应按钮即可编译和运行代码。

在写作本书的过程中，TypeScript 开发团队正在开发新版本的在线代码编辑工具。新版本的工具提供了更加丰富的功能并且增强了易用性，在学习的过程中值得一试。

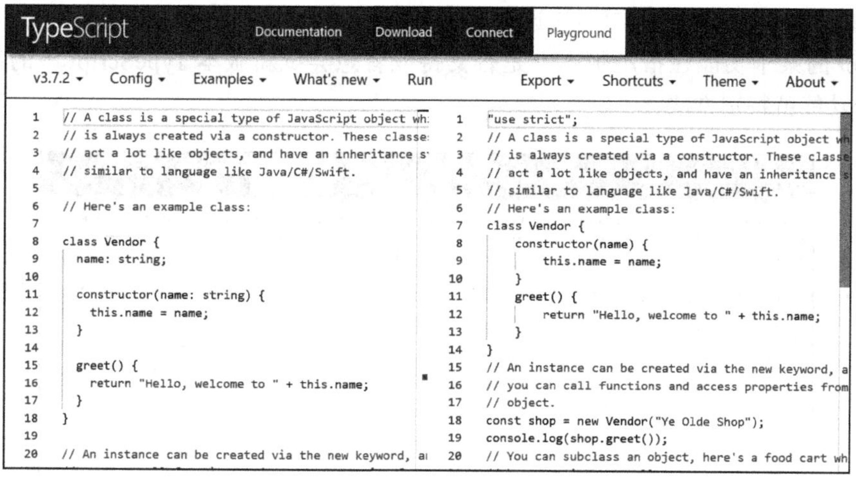

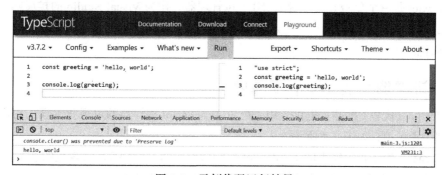

图 2-1　TypeScript 的 Playground 界面

2.1.1　Hello World!

接下来，我们开始编写"hello, world"程序。打开网页版的 TypeScript 编辑器，地址为 https://www.typescriptlang.org/play，在左侧的编辑栏里输入如下的 TypeScript 代码：

```
01  const greeting = 'hello, world';
02
03  console.log(greeting);
```

此例第 1 行声明了一个名为 greeting 的常量，它的值为字符串"hello, world"。第 3 行调用了标准的控制台 API 来打印 greeting 的值。当我们在左边栏里输入 TypeScript 代码的同时，能够在右边栏里实时地看到编译生成的 JavaScript 代码。

在代码编写完成之后，点击"Run"（运行）按钮即可运行生成的 JavaScript 代码。在浏览器中使用快捷键"F12"打开开发者工具，然后切换到"Console"（控制台）面板，就能够看到程序的运行结果，如图 2-2 所示。

图 2-2　示例代码运行结果

2.1.2　扩展功能：选择 TypeScript 版本

使用版本选择下拉列表能够快速地切换 TypeScript 版本，如图 2-3 所示。当想要确定 TypeScript 的某个功能在指定版本上是否支持或者想尝试新版本 TypeScript 中的某个功能时，这个功能就特别方便。

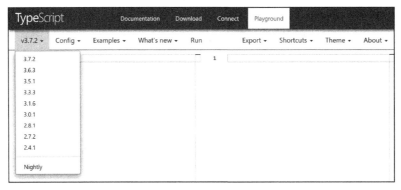

图 2-3　TypeScript 版本选择

值得一提的是，在版本列表的末尾有一个特殊的版本"Nightly"，即"每日构建"版本。这是一种方法实践，采用了该方法的软件每天都会基于最新的程序源代码构建出一个版本，它能够让用户尽早地试用新版本的软件并提供反馈信息。

在太平洋标准时间每日午夜（与北京时间相差 16 小时，夏令时相差 15 小时），TypeScript 会自动从其代码仓库的主分支上拉取最新的代码并构建出一个"Nightly"版本，然后分别发布到 npm 和 NuGet。

- ❑ npm（Node Package Manager）是 2009 年发布的开源项目，它是 Node.js 默认的包管理器，用于帮助 JavaScript 开发者方便地分享代码。"npm 注册表"（Registry）是 npm 的组成部分之一，它是一个在线的仓库，用于存放 Node.js 代码包。npm 还提供了一个命令行工具，开发者可以通过它方便地安装和发布代码包。在本书后面的章节中，我们将多次使用 npm 命令行工具。
- ❑ NuGet 是一个免费并且开源的 .NET 包管理器，作为 Visual Studio 的扩展随着 Visual Studio 2012 第一次发布。通过 NuGet 客户端工具，开发者能够方便地发布和安装代码包。

2.1.3　扩展功能：TypeScript 配置项

"Config"（设置）标签页提供了用于配置 TypeScript 编译器的可视化工具。它目前支持配置下列编译选项，如图 2-4 所示。

- ❑ Target：用于指定输出的 JavaScript 代码所参照的 ECMAScript 规范的版本。
- ❑ JSX：用于指定 JSX 代码的生成方式，又名 JavaScript XML，是 JavaScript 语法的

扩展，常用在 React 应用中。
- ❑ Module：用于指定生成模块代码的格式。
- ❑ Lang：用于指定左侧编辑框使用的编程语言。
- ❑ Compiler options from the TS Config：用于配置其他编译选项。

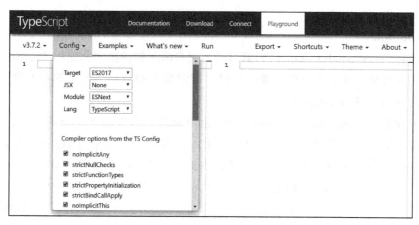

图 2-4　TypeScript 配置

需要注意的是，在"Config"页面中没有包含所有可用的编译选项。目前，它只包含了一些常用的编译选项。在本书后面的章节中，将会详细介绍编译选项的使用方式。

2.2　本地编写并运行 TypeScript

TypeScript 官网提供的在线编辑器用起来虽然十分便利，但也有诸多限制，没人会在实际项目开发中使用它。所谓"工欲善其事，必先利其器"，下面我们来搭建一套本地开发环境。

2.2.1　选择代码编辑器

在开始编码之前，我们首先要选择一款合适的代码编辑器。目前可供选择的方案非常多，从 TypeScript 官网上我们能够找到支持 TypeScript 语言的编辑器列表：
- ❑ alm.tools
- ❑ Atom
- ❑ CATS
- ❑ Eclipse
- ❑ Emacs
- ❑ NeoVim
- ❑ NetBeans

❑ Notepad++

❑ Sublime Text

❑ Vim

❑ Visual Studio

❑ Visual Studio Code

❑ WebStorm

本书将以 Visual Studio Code 代码编辑器为例来演示如何搭建和使用 TypeScript 开发环境。如果读者有喜欢的其他软件，那么可以去搜索相关的资料。这里推荐大家使用 Visual Studio Code 来编写 TypeScript 程序。

前文中我们介绍过，Visual Studio Code 是由微软公司发布的一款跨平台的免费的集成开发环境（IDE）。微软公司在设计和开发 IDE 方面有着非常丰富的经验，Visual Studio Code 一经推出很快就成为世界上最流行的代码编辑器之一。更重要的是，它对 TypeScript 语言的支持尤为出色。Visual Studio Code 和 TypeScript 都是微软公司的产品，两个开发团队之间有着密切的合作。Visual Studio Code 本身就是使用 TypeScript 语言开发的，Visual Studio Code 开发团队对 TypeScript 语言的使用反馈和功能需求是 TypeScript 团队制订开发计划时的重要参考。

为了保证两个产品都能够进行快速迭代并且为开发者提供最新的 TypeScript 特性，Visual Studio Code 开发团队与 TypeScript 开发团队就产品发布周期达成了一致：

❑ Visual Studio Code 每个月发布一次。

❑ TypeScript 每两个月进行一次完整功能的发布，如 3.6、3.7 和 3.8 等。

❑ TypeScript 每个月至少发布一次到 npm，可能是补丁或功能的发布。

❑ TypeScript 的发布时间将比 Visual Studio Code 的发布时间提前约一周；当 Visual Studio Code 发布时，将会把最新版的 TypeScript 集成进来。

图 2-5 所示为 TypeScript 和 Visual Studio Code 发布周期的比较。

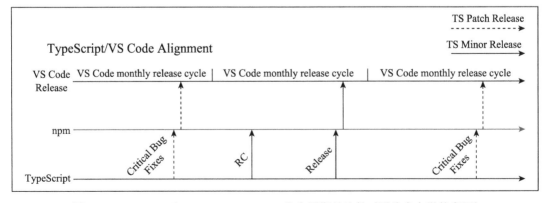

图 2-5　TypeScript 和 Visual Studio Code 发布周期的比较（图片来自微软官网）

2.2.2 安装 Visual Studio Code

如图 2-6 所示，可以从 Visual Studio Code 的官网[⊖]上下载稳定版的 Visual Studio Code 软件安装包。下载完成后，运行安装程序即可完成安装。

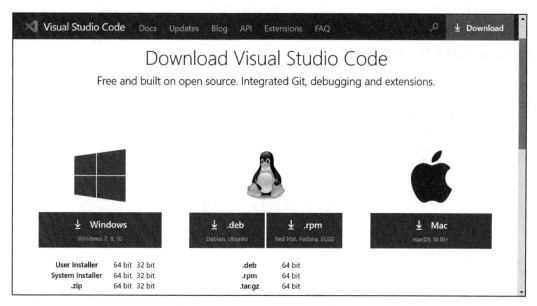

图 2-6 Visual Studio Code 下载页面

2.2.3 安装 TypeScript

虽然 Visual Studio Code 支持编写 TypeScript 语言的程序，但是它并没有内置 TypeScript 编译器。为了能够编译 TypeScript 程序，我们还需要单独安装 TypeScript 语言。

安装 TypeScript 语言最简单的方式是使用 npm 工具。如果你的计算机中还没有安装 Node.js，则需要到 Node.js 的官网[⊖]上下载 LTS[⊜]版本的安装包并安装。在安装 Node.js 的同时，也会自动安装 npm 工具。安装完成后，可使用如下命令来验证安装是否成功：

```
node -v
```

若安装成功，运行上面的命令会输出 Node.js 的版本号，如 "12.13.0"。

接下来，使用下面的命令全局安装 TypeScript：

```
npm install -g typescript
```

"npm install" 是 npm 命令行工具提供的命令之一，该命令用来安装 npm 代码包及其

⊖ Visual Studio Code 官网地址为 https://code.visualstudio.com/。

⊖ Node.js 的官网地址为 https://nodejs.org/en/。

⊜ LTS（长期支持）是软件生命周期管理策略的一种，它的维护周期比一般版本的维护周期要长一些。

依赖项；"-g"选项表示使用全局模式⊖安装 TypeScript 语言；最后的"typescript"代表的
是 TypeScript 语言在 npm 注册表中的名字。

当安装完成后，可以使用下面的命令来验证 TypeScript 是否安装成功：

```
tsc --version
```

若安装成功，则运行该命令的结果可能会显示"Version 3.x.x"，该数字表示安装的
TypeScript 的版本号，如图 2-7 所示。

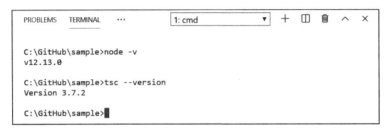

图 2-7　检查安装是否成功

至此，我们已经安装完了所有必要的软件。接下来就可以开始在本地编写"hello,
world"程序了。

2.2.4　创建文件

首先，新建一个名为 sample 的目录作为示例项目的根目录，所有代码都将放在这个目
录下。接下来，启动 Visual Studio Code，然后将 sample 文件夹拖曳到 Visual Studio Code
窗口中，或者可以使用快捷键"Ctrl + K Ctrl + O"打开"Open Folder ..."对话框找到刚刚
创建的 sample 目录，然后点击"Select Folder"按钮，在 Visual Studio Code 中打开此目录，
如图 2-8 所示。

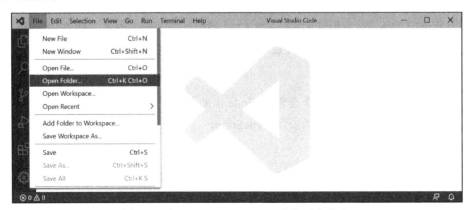

图 2-8　在 Visual Studio Code 中打开文件夹

⊖ npm 安装命令说明：https://docs.npmjs.com/cli/install。

2.2.4.1　新建 tsconfig.json 文件

使用新建文件快捷键"Ctrl + N"来创建一个文件并输入以下代码:

```
01  {
02      "compilerOptions": {
03          "strict": true,
04          "target": "es5"
05      }
06  }
```

使用保存文件快捷键"Ctrl + S"将这个文件保存为"tsconfig.json"。"tsconfig.json"
是 TypeScript 编译器默认使用的工程配置文件。此例中的配置文件启用了所有的严格类型
检查编译选项,并将输出 JavaScript 的版本指定为 ECMAScript 5。在本书后面的章节中,
将会详细介绍编译选项的使用方法。

2.2.4.2　新建 hello-world.ts 文件

使用新建文件快捷键"Ctrl + N"来创建一个文件并输入以下代码:

```
01  const greeting = 'hello, world';
02
03  console.log(greeting);
```

使用保存文件快捷键"Ctrl + S"将这个文件保存为"hello-world.ts",TypeScript 源文
件的常规扩展名为".ts"。

2.2.5　编译程序

Visual Studio Code 的任务管理器已经集成了对 TypeScript 编译器的支持,我们可以利
用它来编译 TypeScript 程序。使用 Visual Studio Code 任务管理器的另一个优点是它能将编
译过程中遇到的错误和警告信息显示在"Problems"面板里。

使用快捷键"Ctrl + Shift + B"或从菜单栏里选择"Terminal→Run Build Task"来打
开并运行构建任务面板,然后再选择"tsc: build - tsconfig.json"来编译 TypeScript 程序,
如图 2-9 所示。

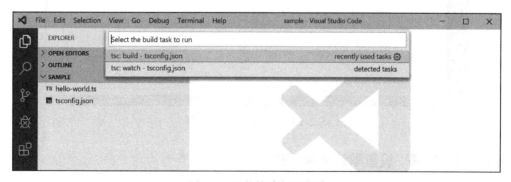

图 2-9　运行构建任务菜单

当编译完成后，在"hello-world.ts"文件的目录下会生成一个同名的"hello-world.js"文件，它就是编译输出的 JavaScript 程序。

此时的目录结构如下所示：

```
sample
|-- hello-world.js
|-- hello-world.ts
`-- tsconfig.json
```

生成的"hello-world.js"文件如下所示：

```
01 "use strict";
02 var greeting = 'hello, world';
03 console.log(greeting);
```

2.2.6 运行程序

在 Visual Studio Code 里，使用"Ctrl + `"（"`"为反引号，位于键盘上数字键 1 的左侧）快捷键打开命令行窗口。然后，使用 Node.js 命令行工具来运行"hello-world.js"，示例如下：

```
node hello-world.js
```

运行上述命令将打印出信息"hello, world"，如图 2-10 所示。

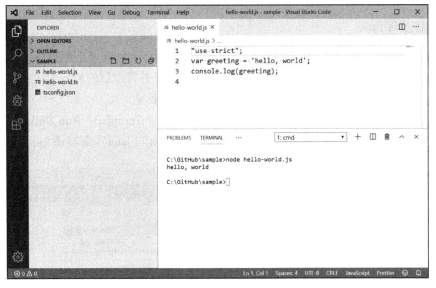

图 2-10 示例程序运行结果

2.2.7 可选步骤：设置默认构建任务

为了便于以后多次运行、编译 TypeScript 命令，我们可以将"tsc: build - tsconfig.json"

设置为默认构建任务。使用快捷键"Ctrl + Shift + B"打开运行构建任务面板，点击右侧齿轮形状的配置按钮打开任务配置文件，如图 2-11 所示。

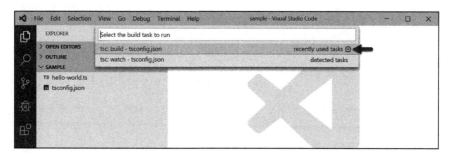

图 2-11 设置默认构建任务

然后，将下面的配置输入 task.json 文件并保存：

```
01  {
02      // See https://go.microsoft.com/fwlink/?LinkId=733558
03      // for the documentation about the tasks.json format
04      "version": "2.0.0",
05      "tasks": [
06          {
07              "type": "typescript",
08              "tsconfig": "tsconfig.json",
09              "problemMatcher": [
10                  "$tsc"
11              ],
12              "group": {
13                  "kind": "build",
14                  "isDefault": true
15              }
16          }
17      ]
18  }
```

这样配置之后，当使用快捷键"Ctrl + Shift + B"时会直接编译 TypeScript 程序。

TypeScript 语言概览

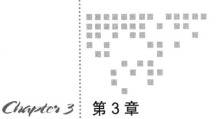

TypeScript 语言基础

本章主要内容:

❑ 变量声明和程序注释。

❑ JavaScript 中的数据类型及字面量表示。

❑ 典型的对象数据类型:对象、数组和函数。

TypeScript 是 JavaScript 的超集。更确切地说,TypeScript 是 ECMAScript 2015(ES6)的超集。TypeScript 语言支持 ECMAScript 2015 规范中定义的所有特性,例如类和模块等。JavaScript 程序本身就是合法的 TypeScript 程序。JavaScript 语言中的所有语法均可以在TypeScript 语言中使用并且具有完全相同的语义。

TypeScript 语言的设计原则中包含了以下几个基本原则:

❑ 保留 JavaScript 代码的运行时行为。

❑ 避免增加表达式级别的语法,仅增加类型相关语法。

❑ 与当前和未来版本的 ECMAScript 规范保持一致。

TypeScript 语言相当于 JavaScript 语言的"语法糖[⊖]"。本章将概括介绍 JavaScript 语言(ECMAScript 2015)的基础知识。

3.1 变量

在计算机程序中,一个变量使用给定的符号名与内存中的某个存储地址相关联并且可

⊖ 在计算机科学中,语法糖指的是编程语言里的某种语法,这种语法对语言的功能没有影响,但是会方便开发者的使用,能够让程序更加简洁,具有更高的可读性。

以容纳某个值。变量的值可以在程序的执行过程中改变。当我们操作变量时，实际上操作的是变量对应的存储地址中的数据。因此，在程序中可以使用变量来存储和操作数据。

3.1.1　变量名

在 JavaScript 中，每个变量都有唯一的名字，也叫作标识符。标识符的定义规则如下：

❑ 允许包含字母、数字、下划线和美元符号 "$"。

❑ 允许包含 Unicode 转义序列，如 "\u0069\u{6F}"。

❑ 仅允许使用字母、Unicode 转义序列、下划线和美元符号（$）作为第一个字符，不允许使用数字作为第一个字符。

❑ 标识符区分大小写。

❑ 不允许使用保留字作为标识符。

JavaScript 中的保留字列表如下所示：

```
break         case          catch         class
const         continue      debugger      default
delete        do            else          enum
export        extends       false         finally
for           function      if            import
in            instanceof    new           null
return        super         switch        this
throw         true          try           typeof
var           void          while         with
```

在 JavaScript 严格模式下，下列保留字不允许作为标识符使用，但在非严格模式下则没有限制：

```
implements    interface     let           package
private       protected     public        static
yield
```

3.1.2　变量声明

在 JavaScript 中有三种声明变量的方式，它们分别使用以下关键字：

❑ var

❑ let

❑ const

其中，var 声明是在 ECMAScript 2015 之前就已经支持的变量声明方式，而 let 和 const 声明则是在 ECMAScript 2015 中新引入的变量声明方式。在很多编程语言中都提供了对块级作用域的支持，它能够帮助开发者避免一些错误。使用 let 和 const 关键字能够声明具有块级作用域的变量，这弥补了 var 声明的不足。因此，推荐在程序中使用 let 和 const 声明来代替 var 声明。

3.1.2.1　var 声明

var 声明使用 var 关键字来定义。在声明变量时，可以为变量赋予一个初始值。若变量未初始化，则其默认值为 undefined。示例如下：

```
01 var x = 0;
02
03 var y; // undefined
```

3.1.2.2　let 声明

let 声明使用 let 关键字来定义。在声明变量时，可以为变量赋予一个初始值。若变量未初始化，则其默认值为 undefined。示例如下：

```
01 let x = 0;
02
03 let y; // undefined
```

3.1.2.3　const 声明

与 var 声明和 let 声明不同，const 声明用于定义一个常量。const 声明使用 const 关键字来定义，并且在定义时必须设置一个初始值。常量在初始化之后不允许重新赋值。示例如下：

```
01 const x = 0;
```

3.1.2.4　块级作用域

块级作用域的概念包含了两部分，即块和作用域。变量的作用域指的是该变量的可访问区域，一个变量只能在其所处的作用域内被访问，在作用域外是不可见的。块级作用域中的块指的是"块语句"。块语句用于将零条或多条语句组织在一起。在语法上，块语句使用一对大括号"{}"来表示。

块级作用域指的就是块语句所创建的作用域，使用 let 声明和 const 声明的变量具有块级作用域，但是使用 var 声明的变量不具有块级作用域。

3.2　注释

通过阅读代码能够了解程序在"做什么"，而通过阅读注释则能够了解"为什么要这样做"。在程序中，应该使用恰当的注释为代码添加描述性信息，以增加可读性和可维护性。在添加注释时，应该描述"为什么要这样做"，而非描述"做什么"。

TypeScript 支持三种类型的注释：

❑ 单行注释
❑ 多行注释
❑ 区域注释

3.2.1　单行注释与多行注释

单行注释使用双斜线"//"来表示，并且不允许换行。示例如下：

```
01  // single line comment
02  const x = 0;
```

多行注释以"/*"符号作为开始并以"*/"符号作为结束。正如其名，多行注释允许换行。示例如下：

```
01  /** multi-line comment */
02  const x = 0;
03
04  /**
05   * multi-line comment
06   * multi-line comment
07   */
08  const y = 0;
```

在 Visual Studio Code 中，单行注释和多行注释有一处体验上的差别。当将鼠标悬停在标识符上时，只有多行注释中的内容会显示在提示框中，单行注释中的内容不会显示在提示框中，如图 3-1 所示。

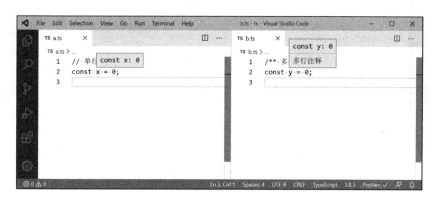

图 3-1　Visual Studio Code 中的单行注释和多行注释

3.2.2　区域注释

折叠代码是编辑器的常用功能，Visual Studio Code 能够识别出代码中可以折叠的代码块，如函数和 if 语句等，并允许将其折叠或展开，如图 3-2 所示。

区域注释不是一种新的注释语法，它借助单行注释的语法实现了定义代码折叠区域的功能。区域注释的语法如下所示：

```
01  //#region 区域描述
02
03  let x = 0;
04
05  //#endregion
```

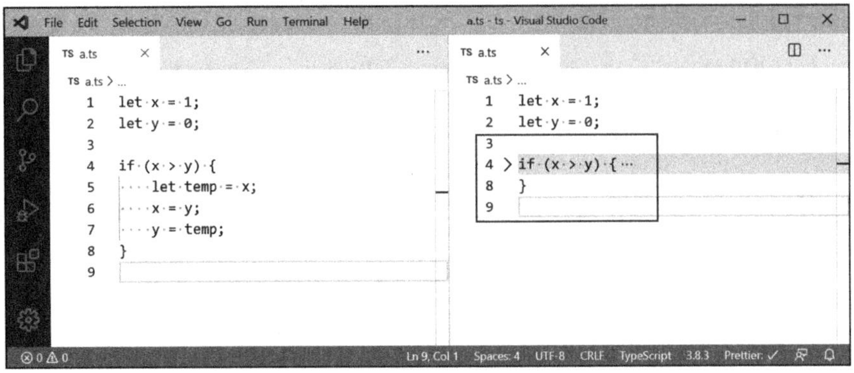

图 3-2　Visual Studio Code 中的代码折叠

其中，" //#region"定义了代码折叠区域的起始位置，" //#endregion"定义了代码折叠区域的结束位置。"区域描述"用于描述该折叠区域，当代码被折叠起来时，该描述信息会显示出来，如图 3-3 所示。

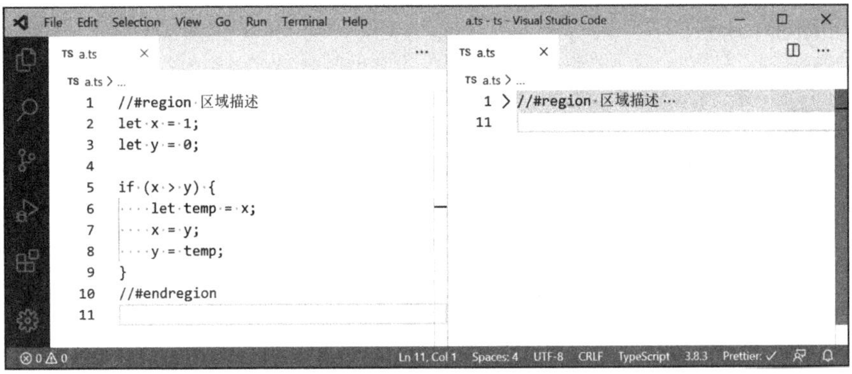

图 3-3　代码区域折叠

3.3　数据类型

计算机程序是通过操作值来运行的，数据类型是值的一个属性，它能够描述在该值上允许执行的操作。在 ECMAScript 2015 规范中定义了如下七种数据类型：

❏ Undefined
❏ Null
❏ Boolean
❏ String
❏ Symbol
❏ Number

❏ Object

其中，Undefined、Null、Boolean、String、Symbol 和 Number 类型是原始数据类型，Object 类型是非原始数据类型。原始数据类型是编程语言内置的基础数据类型，可用于构造复合类型。

3.3.1　Undefined

Undefined 类型只包含一个值，即 undefined。在变量未被初始化时，它的值为 undefined。

3.3.2　Null

Null 类型也只包含一个值，即 null。我们通常使用 null 值来表示未初始化的对象。此外，null 值也常被用在 JSON 文件中，表示一个值不存在。

3.3.3　Boolean

Boolean 类型包含两个逻辑值，分别是 true 和 false。

3.3.4　String

String 类型表示文本字符串，它由 0 个或多个字符构成。

JavaScript 使用 UTF-16 编码来表示一个字符。UTF-16 编码以两个字节作为一个编码单元，每个字符使用一个编码单元或者两个编码单元来表示。在底层存储中，字符串是由零个或多个 16 位无符号整数构成的有序序列。例如，字符串 'ab' 的存储结构如图 3-4 所示。

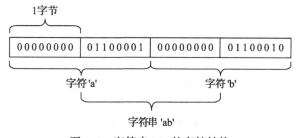

图 3-4　字符串 'ab' 的存储结构

在获取字符串长度时，返回的是字符串中包含的编码单元的数量。对于字符串 'ab' 而言，返回的长度是 2。因为字符 'a' 和字符 'b' 均由一个编码单元表示，总和为 2。前面介绍过，在 UTF-16 编码中，一个字符可能使用一个编码单元或者两个编码单元来表示。若字符串中包含需要使用两个编码单元表示的字符，那么获取字符串长度的结果可能不符合预期。例如下面的字符串：

```
01 '♡'.length; // 2
```

此例中，我们在获取字符"♡"的长度时得到的结果为 2，而期望的结果可能为 1。这是因为"♡"字符需要使用两个编码单元来表示，即 32 个二进制位。字符串 '♡' 的存储结构如图 3-5 所示。

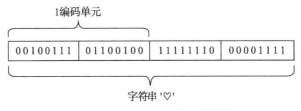

图 3-5 字符串 '♡' 的存储结构

此外，ECMAScript 2015 规定了字符串允许的最大长度为 $2^{53} - 1$，该数值也是 JavaScript 所能安全表示的最大整数。

3.3.5 Number

Number 类型表示一个数字。JavaScript 不详细区分整数类型、浮点数类型以及带符号的数字类型等。JavaScript 使用双精度 64 位浮点数格式（IEEE 754）来表示数字，因此所有数字本质上都是浮点数。在该格式中，符号部分占用 1 位（bit），指数部分占用 11 位，小数部分占用 52 位，一共占用 64 位。具体结构如图 3-6 所示。

图 3-6 IEEE 754 双精度 64 位浮点数表示法

3.3.6 Symbol

Symbol 是 ECMAScript 2015 新引入的原始类型。Symbol 值有一个重要特征，那就是每一个 Symbol 值都是唯一的且不可改变的。Symbol 值的主要应用场景是作为对象的属性名。

Symbol 的设计初衷是用来实现对象的私有属性，但实际上 Symbol 并不能实现真正意义上的私有属性。JavaScript 还是提供了一些方法允许程序去访问 Symbol 属性。虽然 Symbol 无法实现绝对的私有属性，但是它确实有助于缓解属性命名冲突问题。

3.3.6.1 Symbol()

JavaScript 提供了一个全局的" Symbol()"函数来创建 Symbol 类型的值。我们可以将" Symbol()"函数想象成 GUID（全局唯一标识符）的生成器，每次调用" Symbol()"函数都会生成一个完全不同的 Symbol 值。示例如下：

```
01  const sym = Symbol();
02  const obj = { [sym]: 'some value' };
03  obj[sym]; // 'some value'
```

3.3.6.2　Well-Known Symbol

JavaScript 内置了一些所谓的 Well-Known Symbol 常量。这些 Symbol 常量用作对象属性名，它们的功能是定制对象的特定行为。在 ECMAScript 2015 规范中一共定义了 11 个 Well-Known Symbol 常量，如表 3-1 所示。

表 3-1　Well-Known Symbol 常量

名　　称	描　　述
Symbol.hasInstance	方法值，用于判断一个对象是否为某个构造函数的实例，与 instanceof 运算符的行为相关
Symbol.isConcatSpreadable	布尔值，表示在执行 "Array.prototype.concat" 方法时，一个对象是否允许被展开
Symbol.iterator	方法值，表示迭代器函数，与 for ... of 语句的行为相关
Symbol.match	用于定义 "String.prototype.match()" 方法的行为
Symbol.replace	用于定义 "String.prototype.replace()" 方法的行为
Symbol.search	用于定义 "String.prototype.search()" 方法的行为
Symbol.species	用于定义在创建派生对象时使用的构造函数
Symbol.split	用于定义 "String.prototype.split()" 方法的行为
Symbol.toPrimitive	方法值，用于定义将一个对象转换为原始值时的行为
Symbol.toStringTag	用于定义 "Object.prototype.toString()" 方法的行为
Symbol.unscopables	用于定义对象值在 with 语句中的行为

3.3.7　Object

对象是属性的集合，每个对象属性都属于以下两种形式之一：

❑ 数据属性。可以为 Undefined、Null、Boolean、String、Number、Symbol 和 Object 类型的值。

❑ 存取器属性。由一个或两个存取器方法构成，用于获取和设置 Undefined、Null、Boolean、String、Number、Symbol 和 Object 类型的值。

对象属性使用键值来标识，键值只能为字符串或 Symbol 值。所有字符串（也包括空字符串）和 Symbol 值都是合法的键值。

3.4　字面量

在计算机科学中，字面量用于在源代码中表示某个固定值。在 JavaScript 程序中，字面量不是变量，它是直接给出的固定值。

3.4.1 Null 字面量

Null 字面量只有一个,记作 null。

3.4.2 Boolean 字面量

Boolean 字面量有两个,分别记作 true 和 false。

3.4.3 Number 字面量

Number 字面量包含四类:二进制整数字面量、八进制整数字面量、十进制数字面量以及十六进制整数字面量。

二进制整数字面量以 0b 或 0B 开头(第一个字符为数字 0),并只包含数字 0 或 1。八进制整数字面量以 0o 或 0O 开头(第一个字符为数字 0,第二个字符为字母 o),并且只包含数字 0 至 7。十进制数字面量由一串数字组成,支持整数、小数和科学记数法。十六进制整数字面量以 0x 或 0X 开头(第一个字符为数字 0),可以包含数字 0 至 9、小写字母 a 至 f 以及大写字母 A 至 F。

3.4.4 字符串字面量

字符串字面量是使用一对单引号或双引号包围起来的 Unicode 字符。字符串字面量中可以包含 Unicode 转义序列和十六进制转义序列。JavaScript 中的主流编码风格推荐使用单引号表示字符串字面量。

3.4.5 模板字面量

模板字面量是 ECMAScript 2015 引入的新特性,它提供了一种语法糖来帮助构造字符串。模板字面量的出现帮助开发者解决了一些长久以来的痛点,如动态字符串的拼接和创建多行字符串等。模板字符串的基本语法是使用反引号 "`"(键盘上数字键 1 左侧的按键)替换了字符串字面量中的单、双引号。

3.4.5.1 多行字符串

在使用字符串字面量创建多行字符串时,需要在每一处换行的位置添加转义字符 "\n",可读性较差。示例如下:

```
01 const template = "\n<table>\n  <tr>\n    <th>昵称</th>\n    <th>性别</th>\n  </tr>\n  <tr>\n    <td>多米</td>\n    <td>女</td>\n  </tr>\n</table>\n";
```

在阅读代码时,很难弄清楚这个字符串的含义。如果使用模板字面量来创建多行字符串,则更符合心智模型。例如,可以将上例中的字符串改写为如下的模板字面量:

```
01 const template = `
02 <table>
```

```
03    <tr>
04      <th>昵称</th>
05      <th>性别</th>
06    </tr>
07    <tr>
08      <td>多米</td>
09      <td>女</td>
10    </tr>
11  </table>
12  `;
```

3.4.5.2　字符串占位符

使用字符串占位符能够将动态的内容插入生成的字符串中。字符串占位符使用"${}"
符号表示，在大括号中可以插入任意的 JavaScript 表达式。例如，我们可以使用模板字面量
来构造一个 Web API 地址，示例如下：

```
01  const root = 'https://api.github.com';
02  const owner = 'microsoft';
03  const repo = 'TypeScript';
04
05  // https://api.github.com/repos/microsoft/TypeScript
06  const url = `${root}/repos/${owner}/${repo}`;
```

此例中，我们将 Web API 地址的组成部分放在了变量里并通过字符串占位符引用它们
的值，最终拼接成一个完整的地址。

3.5　对象

在 JavaScript 中，对象属于非原始类型。同时，对象也是一种复合数据类型，它由若干
个对象属性构成。对象属性可以是任意数据类型，如数字、函数或者对象等。当对象属性
为函数时，我们通常称之为方法。当然，这只是惯用叫法不同，在本质上并无差别。

3.5.1　对象字面量

对象字面量也叫作对象初始化器，是最常用的创建对象的方法。

3.5.1.1　数据属性

对象字面量的数据属性由属性名和属性值组成，语法如下所示：

```
{
    PropertyName: PropertyValue,
}
```

在该语法中，PropertyName 表示属性名；PropertyValue 表示属性值。对象属性名可以
为标识符、字符串字面量和数字字面量，对象属性值可以为任意值。

3.5.1.2　存取器属性

一个存取器属性由一个或两个存取器方法组成，存取器方法分为 get 方法和 set 方法两

种。get 方法能够将属性访问绑定到一个函数调用上，该方法用于获取一个属性值。set 方法可以将对象属性赋值绑定到一个函数调用上，当尝试给该属性赋值时，set 方法就会被调用。存取器属性的语法如下所示：

```
{
    get PropertyName() {
        return PropertyValue;
    }
    set PropertyName(value) { }
}
```

存取器属性中的 get 方法和 set 方法不要求同时存在。我们可以只定义 get 方法而不定义 set 方法，反过来也是一样。如果一个属性只定义了 get 方法而没有定义对应的 set 方法，那么该属性就成了只读属性。

3.5.1.3　可计算属性名

可计算属性名是指在定义对象字面量属性时使用表达式作为属性名。可计算属性名适用于对象属性名需要动态计算的场景之中。属性名表达式求值后将得到一个字符串或 Symbol 值，该字符串或 Symbol 值将被用作对象属性名。它的语法如下所示：

```
{
    [PropertyExpression]: PropertyValue,

    get [PropertyExpression]() {
        return PropertyValue;
    },
    set [PropertyExpression](value) { }
}
```

3.5.2　原型对象

每个对象都有一个原型。对象的原型既可以是一个对象，即原型对象，也可以是 null 值。原型对象又有其自身的原型，因此对象的原型会形成一条原型链，原型链将终止于 null 值。原型对象本质上是一个普通对象，用于在不同对象之间共享属性和方法。对象与其原型之间具有隐含的引用关系，如图 3-7 所示。

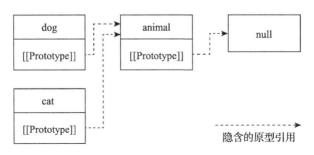

图 3-7　对象与原型间的引用关系

在图 3-7 中，animal、dog 和 cat 均表示对象。dog 和 cat 对象的原型对象均为 animal 对象；而 animal 对象的原型为 null 值。dog 和 cat 与其原型 animal 之间具有隐含的引用关系，该关系是通过对象的一个内部属性来维持的，即图 3-7 中的 "[[Prototype]]" 属性。所谓隐含的引用关系是指，对象的原型不是对象的公共属性，因此无法通过对象属性访问来直接获取对象的原型。该图也展示了对象的原型会形成一条原型链，例如从 dog 到 animal 并终止于 null 值的虚线就表示了一条原型链。

原型能够用来在不同对象之间共享属性和方法，JavaScript 中的继承机制也是通过原型来实现的。原型的作用主要体现在查询对象某个属性或方法时会沿着原型链依次向后搜索，如图 3-8 所示。

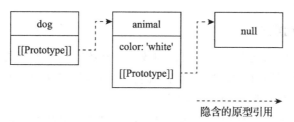

图 3-8　原型的作用

在访问 dog 对象上的 color 属性时，先尝试在 dog 对象上查找该属性。若找到 color 属性，则返回属性值；若没有找到 color 属性，则沿着原型链在原型对象 animal 中继续查找 color 属性。此例中，dog 对象没有 color 属性而 animal 对象包含了 color 属性，因此最终会返回 animal 对象上的 color 属性值。如果直到原型链的尽头（null 值）也没有找到相应属性，那么会返回 undefined 值而不是产生错误。

如果对象本身和其原型对象上同时存在要访问的属性，那么就会产生遮蔽效果。在这种情况下，当前对象自身定义的属性拥有最高的优先级，如图 3-9 所示。

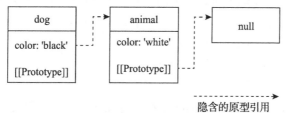

图 3-9　属性的遮蔽

此例中，在 dog 对象和 animal 对象上都定义了 color 属性。在 dog 对象上读取 color 属性时，dog 对象自身定义的 color 会被优先选用，而原型对象 animal 上的 color 属性会被忽略。

需要注意的是，原型对象在属性查询和属性设置时起到的作用是不对等的。在查询对象属性时会考虑对象的原型，但是在设置对象属性时不会考虑对象的原型，而是直接修改对象本身的属性值。

3.6 数组

数组表示一组有序元素的集合，它使用数字作为元素索引值。JavaScript 中的数组不是独立的数据类型，它属于对象数据类型。

3.6.1 数组字面量

数组字面量是常用的创建数组的方法。数组字面量使用一对中括号" [] "将数组元素包含在内，数组元素之间使用逗号分隔。示例如下：

```
01 const colors = ['red', 'green', 'blue'];
```

3.6.2 数组中的元素

数组中的元素可以为任意类型的值，如数字、函数或对象等。数组元素的类型也不必全部相同。数组元素可通过数字索引进行访问，索引值从零开始。当数组访问越界或使用了未知的索引时不会产生错误，而是会返回 undefined 值。

数组的长度表示数组中容纳的元素数量。在经典的数组数据结构里，数组是内存中一段长度固定的连续存储空间。在一些编程语言中声明数组时需要指定数组长度，并且之后无法动态改变。JavaScript 中的数组没有这个限制，因为它本质上是对象，数组元素相当于对象的一个属性。通过数组的 length 属性就能够获取数组的长度。JavaScript 数组的长度并不固定，当我们在数组中插入或删除元素时，数组长度会随之改变。

3.7 函数

函数是程序必不可少的组成部分之一，它允许我们创建可重用的代码单元。我们通常会将具有独立功能的代码提取成函数以提高代码的可重用性与可测试性。

JavaScript 中的函数是"头等函数"，它具有以下特性：

❏ 函数可以赋值给变量或对象属性。

❏ 函数可以作为参数传递给另一个函数。

❏ 函数可以作为函数返回值。

因为支持头等函数，所以 JavaScript 也在一定程度上支持函数式编程范式。接下来将概括介绍函数的使用方法。

3.7.1 函数声明

函数声明是最简单直接的函数定义方式。它的语法如下所示：

```
function name(param0, param1, ...) {
    body
}
```

函数声明由以下几部分组成：

❑ 必须以 function 关键字开始。

❑ 必须指定一个函数名，函数名应该是合法的标识符。

❑ 由一对小括号包围的可选形式参数列表，参数可以有零或多个。

❑ 由一对大括号包围的函数体。

3.7.2　函数表达式

除了函数声明外，还可以使用函数表达式来定义一个函数。函数表达式的语法与函数声明的语法有一个重要区别，那就是函数表达式中的函数名是可选的。当没有指定函数名时，该函数也叫作匿名函数。因为函数表达式属于表达式，并且表达式能够产生一个值，所以函数表达式能够产生一个值，该值是一个函数。函数表达式能够被应用在任何一处期待值的地方。例如，可以将函数表达式赋值给一个变量，也可以将函数表达式当作参数传递给其他函数。

立即执行的函数表达式

立即执行的函数表达式指的是在定义时就立即被调用的函数表达式。其常见的定义方式有以下两种：

```
01  ;(function () {
02      // ...
03  })();
```

或者

```
01  ;(function () {
02      // ...
03  }());
```

初看立即执行的函数表达式时可能会令人感到迷惑，尤其是包围函数表达式的一对小括号。这对小括号叫作分组运算符，常被使用在数学计算和逻辑表达式中。在分组运算符内部是一个表达式，将函数置于分组运算符之内时，该函数即成了函数表达式。若删除分组运算符，那么函数定义就成了函数声明，函数声明不允许被立即调用。实际上，分组运算符并非唯一能够将函数定义转换成函数表达式的运算符，例如，一元运算符也能完成这项工作。但综合来看，使用分组运算符是最优雅且副作用最小的选择。

在立即执行的函数表达式中，我们在起始和结尾位置分别添加了分号。这是为了防止使用代码压缩工具处理代码之后产生错误的语法。例如，将两个立即执行的函数表达式合并到一行并连接在一起后就可能出现错误。

立即执行的函数表达式有两个特点：其一是函数表达式和函数声明一样，都能够创建出新的作用域，在函数内部声明的变量不会对函数外部产生影响，因此提供了一定的数据封装性；其二是立即执行的函数表达式自身对外部作用域没有任何影响。在立即执行的函数表达式外部，无法通过函数表达式的函数名来访问它，而且在立即执行的函数表达式中，没有将函数引用赋值给任何外部变量。因此，立即执行的函数表达式与外界是孤立的。立即执行的函数表达式就好比创建的临时目录一样，我们可以在里面放置操作的临时文件，待操作完成后创建的临时目录和临时文件都会被清理掉，就好像没有出现过一样。

3.7.3　箭头函数

箭头函数是 ECMAScript 2015 中新增的特性，用来定义匿名的函数表达式。箭头函数一定是匿名函数。箭头函数最显著的特点是使用"胖箭头"符号连接函数的形式参数列表和函数体。箭头函数的基本语法如下所示：

```
(param0, param1, ...) => { body }
```

箭头函数除了能够提供简洁的语法外还有一个特别重要的特性，那就是箭头函数本身没有 this 绑定，它使用外层作用域中的 this 绑定。该特性能够帮助缓解程序中常见的一些错误。

TypeScript 语言进阶

本章主要内容：

❑ 新增的原始数据类型 BigInt。

❑ 实用的展开运算符和解构功能。

❑ 新引入的可选链运算符和空值合并运算符。

如果在 JavaScript 程序中使用了较新的语言特性，那么这段 JavaScript 程序必须在支持该语言特性的运行环境中才能运行。但是，开发者通常无法决定 JavaScript 程序的实际运行环境，这就可能产生兼容性问题。

TypeScript 语言的一大特色就是能够支持 JavaScript 语言中的新特性而不必过多担心兼容性问题。开发者可以在 TypeScript 程序中使用新的 JavaScript 语言特性，然后由 TypeScript 编译器将程序编译成兼容指定 ECMAScript 规范版本的 JavaScript 程序。通过这种方式，开发者既可以在程序中使用新的语言特性，又不必担心程序兼容性问题。

本章将介绍几个新的有代表性的语言特性。这些语言特性具有很强的实用性，在实际项目中使用得比较频繁。我们可以在 TypeScript 语言中直接使用它们。

4.1 BigInt

BigInt 是在 2019 年 9 月被正式纳入 ECMAScript 标准中的特性。虽然 BigInt 不是频繁使用的特性，但其特殊性在于它是一种新的原始数据类型，同时又属于数值类型的一种。由于 BigInt 类型的加入，JavaScript 中共支持两种数值类型，即 Number 类型和 BigInt 类型。目前，JavaScript 语言中共有以下七种原始数据类型：

- ❑ Undefined
- ❑ Null
- ❑ Boolean
- ❑ String
- ❑ Symbol
- ❑ Number
- ❑ BigInt

JavaScript 语言使用双精度 64 位浮点数格式来表示 Number 类型的值。Number 类型能够安全表示的最大整数为 $2^{53} - 1$，该数值能够使用内置的 Number 对象上的 MAX_SAFE_INTEGER 属性来表示。BigInt 类型能够表示任意精度的整数，尤其是大于 $2^{53} - 1$ 的整数，这也正是引入 BigInt 类型的原因。

4.1.1 创建 BigInt

我们可以使用以下两种方式来创建 BigInt 类型的值：

- ❑ 使用 BigInt 字面量。
- ❑ 使用 BigInt() 函数。

BigInt 字面量的语法是在一个整数后面添加一个小写字母"n"。字母"n"必须紧随数字之后，两者之间不允许存在空白字符。示例如下：

```
01 const unit = 1n;
```

使用 BigInt() 函数也能够创建 BigInt 类型的值。BigInt() 函数会尝试将传入的参数转换为 BigInt，最基本的使用场景是将一个整数转换为 BigInt 类型的值。示例如下：

```
01 const unit = BigInt(1);        // 1n
```

4.1.2 BigInt 与 Number

BigInt 类型的值能够与 Number 类型的值进行大小及相等关系的比较。在进行严格相等比较时，BigInt 类型的值与 Number 类型的值永远不相等。在进行非严格相等比较及大小关系比较时，BigInt 类型的值与 Number 类型的值将进行数学意义上的比较。

虽然 BigInt 类型的值可以与 Number 类型的值进行比较，但是 BigInt 类型的值不允许与 Number 类型的值一起进行混合数学运算。示例如下：

```
01 // 类型错误! 无法混合使用BigInt和其他类型
02 1 + 1n;
```

通过内置的 Number() 函数能够将 BigInt 类型的值转换为 Number 类型的值。但要注意，在 BigInt 类型与 Number 类型之间进行强制类型转换时有可能损失精度。示例如下：

```
01 Number(1n);    // 1
```

4.2　展开运算符

展开运算符是 ECMAScript 2015 中定义的运算符，可以用在多种上下文中，比如对象字面量、数组字面量和函数调用语句等。展开运算符使用连续的三个点符号 "…" 来表示。展开运算符的后面是一个表达式，表达式的求值结果为要展开的值。展开运算符的具体语法如下所示：

```
...expression
```

4.2.1　展开数组字面量

在数组字面量中可以使用展开运算符。数组字面量中的展开运算符可以应用在任何可迭代对象上，它的作用是将迭代产生的每个值插入数组字面量的指定位置上。示例如下：

```
01 const firstHalfYearSeasons = ['Spring', 'Summer'];
02 const seasons = [...firstHalfYearSeasons, 'Fall', 'Winter'];
03
04 seasons;          // ["Spring", "Summer", "Fall", "Winter"]
```

数组字面量可以仅由一个展开元素构成，这相当于对数组进行了复制操作。

4.2.2　展开对象字面量

在对象字面量中也可以使用展开运算符。对象字面量中的展开运算符会将操作数的自身可枚举属性复制到当前对象字面量中。示例如下：

```
01 const point2d = {
02     x: 0,
03     y: 0,
04 };
05
06 const point3d = {
07     ...point2d,
08     z: 0,
09 };
10
11 point3d;          // { x: 0, y: 0, z: 0 }
```

对象字面量可以仅由一个展开属性定义构成，这相当于对对象进行了复制操作。

4.2.3　展开函数参数

在调用一个函数时可以在实际参数列表中使用展开运算符来展开一个可迭代对象，它的作用是将迭代产生的每个值当成独立的实际参数传递给函数。示例如下：

```
01 const nums = [3, 1, 4];
02 const max = Math.max(...nums);
03
04 max;              // 4
```

Math.max() 是 JavaScript 的内置函数，它接受任意数量的数字参数并返回最大的数字。

4.3 解构

JavaScript 中的解构是指将数组或对象在结构上进行分解，将其拆分成独立的子结构，然后可以访问那些拆分后的子结构。解构提供了一种更加便利的数据访问方式，使用解构语法能够极大地简化代码。

4.3.1 数组解构

数组解构赋值使用了类似于数组字面量的表示方式。赋值运算符右侧为需要解构的数组，赋值运算符左侧是解构赋值的目标，在解构赋值的同时也支持声明新的变量。下例中，将对 point 数组进行解构，然后把数组的第一个元素 0 赋值给变量 x，第二个元素 1 赋值给变量 y：

```
01  const point = [0, 1];
02
03  const [x, y] = point;
04
05  x;      // 0
06  y;      // 1
```

4.3.2 对象解构

对象解构赋值使用了类似于对象字面量的表示方式。赋值运算符右侧为需要解构的对象，赋值运算符左侧是解构赋值的目标，在解构赋值的同时也支持声明新的变量。下例中，将对 point 对象进行解构，然后把属性 x 和 y 的值赋值给变量 x 和 y：

```
01  const point = { x: 0, y: 1 };
02
03  const { x, y } = point;
04
05  x;      // 0
06  y;      // 1
```

4.4 可选链运算符

可选链运算符是 2019 年 12 月纳入 ECMAScript 标准中的新特性。TypeScript 3.7 版本增加了对可选链运算符的支持，因此我们可以在 TypeScript 3.7 及以上的版本中直接使用该运算符。

当尝试访问对象属性时，如果对象的值为 undefined 或 null，那么属性访问将产生错误。为了提高程序的健壮性，在访问对象属性时通常需要检查对象是否已经初始化，只有当对象不为 undefined 和 null 时才去访问对象的属性。可选链运算符旨在帮助开发者省去冗长的 undefined 值和 null 值检查代码，增强了代码的表达能力。

4.4.1　基础语法

可选链运算符由一个问号和一个点号组成，即 "?."。可选链运算符有以下三种语法形式：

❑ 可选的静态属性访问。

❑ 可选的计算属性访问。

❑ 可选的函数调用或方法调用。

4.4.1.1　可选的静态属性访问

可选的静态属性访问语法如下所示：

```
obj?.prop
```

在该语法中，如果 obj 的值为 undefined 或 null，那么表达式的求值结果为 undefined；否则，表达式的求值结果为 obj.prop。

4.4.1.2　可选的计算属性访问

可选的计算属性访问语法如下所示：

```
obj?.[expr]
```

在该语法中，如果 obj 的值为 undefined 或 null，那么表达式的求值结果为 undefined；否则，表达式的求值结果为 obj[expr]。

4.4.1.3　可选的函数调用或方法调用

可选的函数调用或方法调用语法如下所示：

```
fn?.()
```

在该语法中，如果 fn 的值为 undefined 或 null，那么表达式的求值结果为 undefined；否则，表达式的求值结果为 fn()。

4.4.2　短路求值

如果可选链运算符左侧操作数的求值结果为 undefined 或 null，那么右侧的操作数不会再被求值，我们将这种行为称作短路求值。在下例中，由于变量 a 的值为 undefined，因此第 4 行中的变量 x 将不会执行自增运算：

```
01 let x = 0;
02 let a = undefined;
03
04 a?.[++x]; // undefined
05 x;        // 0
```

值得一提的是，二元逻辑运算符"&&"和"||"也具有短路求值的特性。

4.5 空值合并运算符

空值合并运算符在 2019 年 11 月成为 ECMAScript 标准中的候选特性。虽然还不是最终的标准，但核心功能已经基本确定。TypeScript 3.7 版本增加了对空值合并运算符的支持，因此我们可以在 TypeScript 3.7 及以上的版本中直接使用该运算符。

空值合并运算符是一个新的二元逻辑运算符，它使用两个问号"??"作为标识。空值合并运算符的语法如下所示：

```
a ?? b
```

该语法中，当且仅当"??"运算符左侧操作数 a 的值为 undefined 或 null 时，返回右侧操作数 b；否则，返回左侧操作数 a。

空值合并运算符与可选链运算符一样都具有短路求值的特性。当空值合并运算符左侧操作数的值不为 undefined 和 null 时，右侧操作数不会被求值，而是直接返回左侧操作数。

TypeScript 类型基础

本章主要内容：

❑ 如何为程序添加静态类型信息。

❑ TypeScript 中的原始类型，如 boolean 类型、枚举类型和字面量类型等。

❑ 具有特殊性质的顶端类型和尾端类型。

❑ 与数组相关的数组类型和元组类型。

❑ 与对象相关的对象类型、函数类型、接口和类。

❑ 能够命名任意类型的类型别名。

从本章开始，我们将正式进入 TypcScript 核心类型系统的介绍。在接下来的三章中，我们将由浅到深详细地介绍 TypeScript 中的类型。类型能够用来为程序中的实体，如函数、变量以及对象属性等添加静态的约束。TypeScript 编译器会在程序运行之前就对代码进行静态类型检查，这样就能够提前发现程序中是否存在某种行为缺失。

本章将介绍 TypeScript 中最常用的基础类型，在后续章节中要介绍的高级类型大多是由这些基础类型构成的。在学习了本章的内容后，我们就能够为 TypeScript 程序中的大部分代码添加静态类型信息。

5.1 类型注解

在 TypeScript 中，我们可以使用类型注解来明确标识类型。类型注解的语法由一个冒号 "：" 和某种具体类型 "Type" 组成，示例如下：

```
:Type
```

TypeScript 中的类型注解总是放在被修饰的实体之后。示例如下：

```
01  const greeting: string = 'Hello, World!';
```

此例中，我们为常量 greeting 添加了类型注解，将它标记成了 string 类型。

TypeScript 中的类型注解是可选的，编译器在大部分情况下都能够自动推断出表达式的类型。示例如下：

```
01  const greeting = 'Hello, World!';
```

此例中，虽然没有给常量 greeting 添加类型注解，但是 TypeScript 仍然能够从 greeting 的初始值中推断出它是 string 类型的常量。关于类型推断的详细介绍请参考 7.3 节。

5.2　类型检查

类型检查是验证程序中类型约束是否正确的过程。类型检查既可以在程序编译时进行，即静态类型检查；也可以在程序运行时进行，即动态类型检查。TypeScript 支持静态类型检查，JavaScript 支持动态类型检查。

为了满足不同用户的需求，TypeScript 提供了两种静态类型检查模式：

❑ 非严格类型检查（默认方式）。
❑ 严格类型检查。

5.2.1　非严格类型检查

非严格类型检查是 TypeScript 默认的类型检查模式。在该模式下，类型检查的规则相对宽松。例如，在非严格类型检查模式下不会对 undefined 值和 null 值做过多限制，允许将 undefined 值和 null 值赋值给 string 类型的变量。当进行 JavaScript 代码到 TypeScript 代码的迁移工作时，非严格类型检查是一个不错的选择，因为它能够让我们快速地完成迁移工作。

5.2.2　严格类型检查

该模式下的类型检查比较激进，会尽可能地发现代码中的错误。例如，在严格类型检查模式下不允许将 undefined 值和 null 值赋值给 string 类型的变量。启用严格类型检查模式能够最大限度地利用 TypeScript 静态类型检查带来的益处。从长远来讲，使用严格类型检查模式对提高代码质量更加有利，因此建议在新的工程中启用严格类型检查。

TypeScript 提供了若干个与严格类型检查相关的编译选项，例如 "--strictNullChecks" 和 "--noImplicitAny" 等。关于严格类型检查编译选项的详细介绍请参考 8.2 节。

在学习 TypeScript 语言的过程中，推荐启用所有严格类型检查编译选项。如果使用 TypeScript 官网提供的在线代码编辑器，那么这些严格类型检查编译选项是默认开启的。如果使用本地开发环境,那么可以在工程的 tsconfig.json 配置文件中启用"--strict"编译选项。示例如下:

```
01  {
02      "compilerOptions": {
03          "strict": true,
04      }
05  }
```

此例中,将"--strict"编译选项设置为 true 将开启所有的严格类型检查编译选项。它包含了前面提到的"--strictNullChecks"和"--noImplicitAny"编译选项。关于配置文件的详细介绍请参考 8.3 节。

接下来,让我们开始学习 TypeScript 中的类型。

5.3 原始类型

JavaScript 语言中的每种原始类型都有与之对应的 TypeScript 类型。除此之外,TypeScript 还对原始类型进行了细化与扩展,增加了枚举类型和字面量类型等。

到目前为止,TypeScript 中的原始类型包含以下几种:

❑ boolean
❑ string
❑ number
❑ bigint
❑ symbol
❑ undefined
❑ null
❑ void
❑ 枚举类型
❑ 字面量类型

本节将详细介绍除枚举类型和字面量类型之外的原始类型。对于枚举类型和字面量类型,我们将在独立的章节中介绍它们。

5.3.1 boolean

TypeScript 中的 boolean 类型对应于 JavaScript 中的 Boolean 原始类型。该类型能够表示两个逻辑值:true 和 false。

boolean 类型使用 boolean 关键字来表示。示例如下:

```
01  const yes: boolean = true;
02  const no: boolean = false;
```

5.3.2　string

TypeScript 中的 string 类型对应于 JavaScript 中的 String 原始类型。该类型能够表示采用 Unicode UTF-16 编码格式存储的字符序列。

string 类型使用 string 关键字表示。我们通常使用字符串字面量或模板字面量来创建 string 类型的值。示例如下：

```
01 const foo: string = 'foo';
02 const bar: string = `bar, ${foo}`;
```

5.3.3　number

TypeScript 中的 number 类型对应于 JavaScript 中的 Number 原始类型。该类型能够表示采用双精度 64 位二进制浮点数格式存储的数字。

number 类型使用 number 关键字来表示。示例如下：

```
01 // 二进制数
02 const bin: number = 0b1010;
03
04 // 八进制数
05 const oct: number = 0o744;
06
07 // 十进制数
08 const integer: number = 10;
09 const float: number = 3.14;
10
11 // 十六进制数
12 const hex: number = 0xffffff;
```

5.3.4　bigint

TypeScript 中的 bigint 类型对应于 JavaScript 中的 BigInt 原始类型。该类型能够表示任意精度的整数，但也仅能表示整数。bigint 采用了特殊的对象数据结构来表示和存储一个整数。

bigint 类型使用 bigint 关键字来表示。示例如下：

```
01 // 二进制整数
02 const bin: bigint = 0b1010n;
03
04 // 八进制整数
05 const oct: bigint = 0o744n;
06
07 // 十进制整数
08 const integer: bigint = 10n;
09
10 // 十六进制整数
11 const hex: bigint = 0xffffffn;
```

5.3.5　symbol 与 unique symbol

TypeScript 中的 symbol 类型对应于 JavaScript 中的 Symbol 原始类型。该类型能够表示任意的 Symbol 值。

symbol 类型使用 symbol 关键字来表示。示例如下：

```
01  // 自定义Symbol
02  const key: symbol = Symbol();
03
04  // Well-Known Symbol
05  const symbolHasInstance: symbol = Symbol.hasInstance;
```

在 3.4 节中介绍过，字面量能够表示一个固定值。例如，数字字面量 "3" 表示固定数值 "3"；字符串字面量 "'up'" 表示固定字符串 "'up'"。symbol 类型不同于其他原始类型，它不存在字面量形式。symbol 类型的值只能通过 "Symbol()" 和 "Symbol.for()" 函数来创建或直接引用某个 "Well-Known Symbol" 值。示例如下：

```
01  const s0: symbol = Symbol();
02  const s1: symbol = Symbol.for('foo');
03  const s2: symbol = Symbol.hasInstance;
04  const s3: symbol = s0;
```

为了能够将一个 Symbol 值视作表示固定值的字面量，TypeScript 引入了 "unique symbol" 类型。"unique symbol" 类型使用 "unique symbol" 关键字来表示。示例如下：

```
01  const s0: unique symbol = Symbol();
02  const s1: unique symbol = Symbol.for('s1');
```

"unique symbol" 类型的主要用途是用作接口、类等类型中的可计算属性名。因为如果使用可计算属性名在接口中添加了一个类型成员，那么必须保证该类型成员的名字是固定的，否则接口定义将失去意义。下例中，允许将 "unique symbol" 类型的常量 x 作为接口的类型成员，而 symbol 类型的常量 y 不能作为接口的类型成员，因为 symbol 类型不止包含一个可能值：

```
01  const x: unique symbol = Symbol();
02  const y: symbol = Symbol();
03
04  interface Foo {
05      [x]: string; // 正确
06
07      [y]: string;
08  //  ~~~
09  //  错误：接口中的计算属性名称必须引用类型为字面量类型
10  //  或'unique symbol'的表达式
11  }
```

我们将在后面的章节中介绍类和接口类型。

实际上，"unique symbol" 类型的设计初衷是作为一种变通方法，让一个 Symbol 值具有字面量的性质，即仅表示一个固定的值。"unique symbol" 类型没有改变 Symbol 值没有字面量表示形式的事实。为了能够将某个 Symbol 值视作表示固定值的字面量，TypeScript 对 "unique symbol" 类型和 Symbol 值的使用施加了限制。

　　TypeScript 选择将一个 Symbol 值与声明它的标识符绑定在一起，并通过绑定了该 Symbol 值的标识符来表示"Symbol 字面量"。这种设计的前提是要确保 Symbol 值与标识符之间的绑定关系是不可变的。因此，TypeScript 中只允许使用 const 声明或 readonly 属性声明来定义"unique symbol"类型的值。示例如下：

```
01  // 必须使用const声明
02  const a: unique symbol = Symbol();
03
04  interface WithUniqueSymbol {
05      // 必须使用readonly修饰符
06      readonly b: unique symbol;
07  }
08
09  class C {
10      // 必须使用static和readonly修饰符
11      static readonly c: unique symbol = Symbol();
12  }
```

　　此例第 1 行，常量 a 的初始值为 Symbol 值，其类型为"unique symbol"类型。在标识符 a 与其初始值 Symbol 值之间形成了绑定关系，并且该关系是不可变的。这是因为常量的值是固定的，不允许再被赋予其他值。标识符 a 能够固定表示该 Symbol 值，标识符 a 的角色相当于该 Symbol 值的字面量形式。

　　如果使用 let 或 var 声明定义"unique symbol"类型的变量，那么将产生错误，因为标识符与 Symbol 值之间的绑定是可变的。示例如下：

```
01  let a: unique symbol = Symbol();
02  //  ~
03  // 错误: 'unique symbol' 类型的变量必须使用'const'
04
05  var b: unique symbol = Symbol();
06  //  ~
07  // 错误: 'unique symbol' 类型的变量必须使用'const'
```

　　"unique symbol"类型的值只允许使用"Symbol()"函数或"Symbol.for()"方法的返回值进行初始化，因为只有这样才能够"确保"引用了唯一的 Symbol 值。示例如下：

```
01  const a: unique symbol = Symbol();
02  const b: unique symbol = Symbol('desc');
03
04  const c: unique symbol = a;
05  //    ~
06  //    错误: a的类型与c的类型不兼容
07
08  const d: unique symbol = b;
09  //    ~
10  //    错误: b的类型与d的类型不兼容
```

　　但是，我们知道使用相同的参数调用"Symbol.for()"方法实际上返回的是相同的 Symbol 值。因此，可能出现多个"unique symbol"类型的值实际上是同一个 Symbol 值的情况。由于设计上的局限性，TypeScript 目前无法识别出这种情况，因此不会产生编译错误，开发者必须要留意这种特殊情况。示例如下：

```
01 const a: unique symbol = Symbol.for('same');
02 const b: unique symbol = Symbol.for('same');
```

此例中，编译器会认为 a 和 b 是两个不同的 Symbol 值，而实际上两者是相同的。

在设计上，每一个"unique symbol"类型都是一种独立的类型。在不同的"unique symbol"类型之间不允许相互赋值；在比较两个"unique symbol"类型的值时，也将永远返回 false。示例如下：

```
01 const a: unique symbol = Symbol();
02 const b: unique symbol = Symbol();
03
04 if (a === b) {
05 //  ~~~~~~~
06 //  该条件永远为false
07
08    console.log('unreachable code');
09 }
```

由于"unique symbol"类型是 symbol 类型的子类型，因此可以将"unique symbol"类型的值赋值给 symbol 类型。示例如下：

```
01 const a: unique symbol = Symbol();
02
03 const b: symbol = a;
```

如果程序中未使用类型注解来明确定义是 symbol 类型还是"unique symbol"类型，那么 TypeScript 会自动地推断类型。示例如下：

```
01 // a和b均为'symbol'类型，因为没有使用const声明
02 let a = Symbol();
03 let b = Symbol.for('');
04
05 // c和d均为'unique symbol'类型
06 const c = Symbol();
07 const d = Symbol.for('');
08
09 // e和f均为'symbol'类型，没有使用Symbol()或Symbol.for()初始化
10 const e = a;
11 const f = a;
```

关于类型推断的详细介绍请参考 7.3 节。

5.3.6 Nullable

TypeScript 中的 Nullable 类型指的是值可以为 undefined 或 null 的类型。

JavaScript 中有两个比较特殊的原始类型，即 Undefined 类型和 Null 类型。两者分别仅包含一个原始值，即 undefined 值和 null 值，它们通常用来表示某个值还未进行初始化。

在 TypeScript 早期的版本中，没有提供与 JavaScript 中 Undefined 类型和 Null 类型相对应的类型。TypeScript 允许将 undefined 值和 null 值赋值给任何其他类型。虽然在 TypeScript 语言的内部实现中确实存在这两种原始类型，但是之前没有将它们开放给开发者使用。

TypeScript 2.0 版本的一个改变就是增加了 undefined 类型和 null 类型供开发者使用。虽然看上去是一项普通的改进，但却有着非凡的意义。因为，不当地使用 undefined 值和 null 值是程序缺陷的主要来源之一，并有可能导致价值亿万美元的错误[⊖]。相信一定有不少读者都曾经遇到过如下的 JavaScript 程序错误：

```
TypeError: Cannot read property 'xxx' of undefined
```

现在，在 TypeScript 程序中能够明确地指定某个值的类型是否为 undefined 类型或 null 类型。TypeScript 编译器也能够对代码进行更加细致的检查以找出程序中潜在的错误。

5.3.6.1　undefined

undefined 类型只包含一个可能值，即 undefined 值。undefined 类型使用 undefined 关键字标识。示例如下：

```
01 const foo: undefined = undefined;
```

5.3.6.2　null

null 类型只包含一个可能值，即 null 值。null 类型使用 null 关键字标识。示例如下：

```
01 const foo: null = null;
```

5.3.6.3　--strictNullChecks

TypeScript 2.0 还增加了一个新的编译选项 "--strictNullChecks"，即严格的 null 检查模式。虽然该编译选项的名字中只提及了 null，但实际上它同时作用于 undefined 类型和 null 类型的类型检查。

在默认情况下，"--strictNullChecks" 编译选项没有被启用。这时候，除尾端类型外的所有类型都是 Nullable 类型。也就是说，除尾端类型外所有类型都能够接受 undefined 值和 null 值。关于尾端类型的详细介绍请参考 5.8 节。

例如，在没有启用 "--strictNullChecks" 编译选项时，允许将 undefined 值和 null 值赋值给 string 类型等其他类型。示例如下：

```
01 /**
02  * --strictNullChecks=false
03  */
04 let m1: boolean   = undefined;
05 let m2: string    = undefined;
06 let m3: number    = undefined;
```

⊖　Null 类型的发明者 Tony Hoare 曾将 Null 描述为 "billion-dollar mistake"。

```
07  let m4: bigint    = undefined;
08  let m5: symbol    = undefined;
09  let m6: undefined = undefined;
10  let m7: null      = undefined;
11
12  let n1: boolean   = null;
13  let n2: string    = null;
14  let n3: number    = null;
15  let n4: bigint    = null;
16  let n5: symbol    = null;
17  let n6: undefined = null;
18  let n7: null      = null;
```

该模式存在一个明显的问题，就是无法检查出空引用的错误。例如，已知某一个变量的类型是 string，于是通过访问其 length 属性来获取该变量表示的字符串的长度。但如果 string 类型的变量值可以为 undefined 或 null，那么这段代码在运行时将产生错误。示例如下：

```
01  /**
02   * --strictNullChecks=false
03   */
04  let foo: string = undefined;    // 正确，可以通过类型检查
05
06  foo.length;                     // 在运行时，将产生类型错误
07
08  // 运行结果:
09  // Error: TypeError: Cannot read property 'length'
10  // of undefined
```

此例中，将 undefined 值赋值给 string 类型的变量 foo 时不会产生编译错误。但是，在运行时尝试读取 undefined 值的 length 属性将产生类型错误。这个问题可以通过启用"--strictNullChecks"编译选项来避免。

当启用了"--strictNullChecks"编译选项时，undefined 值和 null 值不再能够赋值给不相关的类型。例如，undefined 值和 null 值不允许赋值给 string 类型。在该模式下，undefined 值只能够赋值给 undefined 类型；同理，null 值也只能赋值给 null 类型。

还是以上例中的代码为例，如果我们启用了"--strictNullChecks"编译选项，那么 TypeScript 编译器就能够检查出代码中的错误。示例如下：

```
01  /**
02   * --strictNullChecks=true
03   */
04  let foo: string = undefined;
05  //  ~~~
06  // 编译错误! 类型 'undefined' 不能赋值给类型 'string'
07
08  foo.length;
```

此例第 4 行，TypeScript 在执行静态类型检查时就能够发现这处类型错误，从而避免了在代码运行时才发现这个缺陷。

前面我们说在启用了"--strictNullChecks"编译选项时，undefined 值只能够赋值给 undefined 类型，null 值只能够赋值给 null 类型，实际上这种表述不完全准确。因为在该模式下，undefined 值和 null 值允许赋值给顶端类型，同时 undefined 值也允许赋值给 void 类型。这些类型在后面的章节中会有详细介绍。示例如下：

```
01 /**
02  * --strictNullChecks=true
03  */
04 let m1: void = undefined;
05
06 let m2: any     = undefined;
07 let m3: unknown = undefined;
08
09 let n2: any     = null;
10 let n3: unknown = null;
```

undefined 类型和 null 类型是不同的类型，它们必须被区分对待，不能互换使用。示例如下：

```
01 /**
02  * --strictNullChecks=true
03  */
04 const foo: undefined = null;
05 //     ~~~
06 //     编译错误！类型 'null' 不能赋值给类型 'undefined'
07
08 const bar: null = undefined;
09 //     ~~~
10 //     编译错误！类型 'undefined' 不能赋值给类型 'null'
```

在了解了"--strictNullChecks"编译选项的作用后，让我们来看一看如何启用该编译选项。在默认情况下，"--strictNullChecks"编译选项没有被启用，我们需要在工程下的 tsconfig.json 配置文件中启用该编译选项，通过将"strictNullChecks"属性设置为"true"就能够启用"--strictNullChecks"编译选项。同理，如果将该属性设置为"false"则会关闭该编译选项。关于配置文件的详细介绍请参考 8.3 节。示例如下：

```
01 {
02    "compilerOptions": {
03       "strictNullChecks": true
04    }
05 }
```

如果读者使用的是 TypeScript 官网提供的在线代码编辑器，则可以在"Config"菜单中找到该选项并选中，即可启用该选项。

5.3.7　void

void 类型表示某个值不存在，该类型用作函数的返回值类型。若一个函数没有返回值，那么该函数的返回值类型为 void 类型。除了将 void 类型作为函数返回值类型外，在其他地方使用 void 类型是无意义的。关于函数类型的详细介绍请参考 5.12 节。

void 类型使用 void 关键字来表示。示例如下：

```
01 function log(message: string): void {
02     console.log(message);
03 }
```

此例中，log 函数的参数类型为 string，返回值类型为 void，表示该函数"没有"返回值。

当启用了"--strictNullChecks"编译选项时，只允许将 undefined 值赋值给 void 类型。示例如下：

```
01 /**
02  * --strictNullChecks=true
03  */
04
05 // 正确
06 function foo(): void {
07     return undefined;
08 }
09
10 // 编译错误! 类型 'null' 不能赋值给类型 'void'
11 function bar(): void {
12     return null;
13 }
```

如果没有启用"--strictNullChecks"编译选项，那么允许将 undefined 值和 null 值赋值给 void 类型。示例如下：

```
01 /**
02  * --strictNullChecks=false
03  */
04
05 // 正确
06 function foo(): void {
07     return undefined;
08 }
09
10 // 正确
11 function bar(): void {
12     return null;
13 }
```

5.4 枚举类型

枚举类型由零个或多个枚举成员构成，每个枚举成员都是一个命名的常量。

在 TypeScript 中，枚举类型是一种原始类型，它通过 enum 关键字来定义。例如，我们可以使用枚举类型来表示一年四季，示例如下：

```
01 enum Season {
02     Spring,
```

```
03     Summer,
04     Fall,
05     Winter,
06 }
```

按照枚举成员的类型可以将枚举类型划分为以下三类：

❑ 数值型枚举
❑ 字符串枚举
❑ 异构型枚举

5.4.1　数值型枚举

数值型枚举是最常用的枚举类型，是 number 类型的子类型，它由一组命名的数值常量构成。定义数值型枚举的方法如下所示：

```
01 enum Direction {
02     Up,
03     Down,
04     Left,
05     Right
06 }
07
08 const direction: Direction = Direction.Up;
```

此例中，我们使用 enum 关键字定义了枚举类型 Direction，它包含了四个枚举成员 Up、Down、Left 和 Right。在使用枚举成员时，可以像访问对象属性一样访问枚举成员。

每个数值型枚举成员都表示一个具体的数字。如果在定义枚举时没有设置枚举成员的值，那么 TypeScript 将自动计算枚举成员的值。根据 TypeScript 语言的规则，第一个枚举成员的值为 0，其后每个枚举成员的值等于前一个枚举成员的值加 1。因此，Direction 枚举中 Up 的值为 0、Down 的值为 1，以此类推。示例如下：

```
01 enum Direction {
02     Up,        // 0
03     Down,      // 1
04     Left,      // 2
05     Right,     // 3
06 }
```

在定义数值型枚举时，可以为一个或多个枚举成员设置初始值。对于未指定初始值的枚举成员，其值为前一个枚举成员的值加 1。在 5.4.5 节中将详细介绍枚举成员的计算规则。示例如下：

```
01 enum Direction {
02     Up = 1,    // 1
03     Down,      // 2
04     Left = 10, // 10
05     Right,     // 11
06 }
```

前文提到，数值型枚举是 number 类型的子类型，因此允许将数值型枚举类型赋值给 number 类型。例如，下例中常量 direction 为 number 类型，可以使用数值型枚举 Direction 来初始化 direction 常量。示例如下：

```
01 enum Direction {
02     Up,
03     Down,
04     Left,
05     Right
06 }
07
08 const direction: number = Direction.Up;
```

需要注意的是，number 类型也能够赋值给枚举类型，即使 number 类型的值不在枚举成员值的列表中也不会产生错误。示例如下：

```
01 enum Direction {
02     Up,
03     Down,
04     Left,
05     Right,
06 }
07
08 const d1: Direction = 0;  // Direction.Up
09 const d2: Direction = 10; // 不会产生错误
```

5.4.2 字符串枚举

字符串枚举与数值型枚举相似。在字符串枚举中，枚举成员的值为字符串。字符串枚举成员必须使用字符串字面量或另一个字符串枚举成员来初始化。字符串枚举成员没有自增长的行为。示例如下：

```
01 enum Direction {
02     Up = 'UP',
03     Down = 'DOWN',
04     Left = 'LEFT',
05     Right = 'RIGHT',
06
07     U = Up,
08     D = Down,
09     L = Left,
10     R = Right,
11 }
```

字符串枚举是 string 类型的子类型，因此允许将字符串枚举类型赋值给 string 类型。例如，下例中常量 direction 为 string 类型，可以使用字符串枚举 Direction 来初始化 direction 常量：

```
01 enum Direction {
02     Up = 'UP',
```

```
03     Down = 'DOWN',
04     Left = 'LEFT',
05     Right = 'RIGHT',
06 }
07
08 const direction: string = Direction.Up;
```

但是反过来，不允许将 string 类型赋值给字符串枚举类型，这一点与数值型枚举是不同的。例如，下例中将字符串 " 'UP' " 赋值给字符串枚举类型的常量 direction 将产生编译错误：

```
01 enum Direction {
02     Up = 'UP',
03     Down = 'DOWN',
04     Left = 'LEFT',
05     Right = 'RIGHT',
06 }
07
08 const direction: Direction = 'UP';
09 //    ~~~~~~~~~
10 //     编译错误！类型 'UP' 不能赋值给类型 'Direction'
```

5.4.3　异构型枚举

TypeScript 允许在一个枚举中同时定义数值型枚举成员和字符串枚举成员，我们将这种类型的枚举称作异构型枚举。异构型枚举在实际代码中很少被使用，虽然在语法上允许定义异构型枚举，但是不推荐在代码中使用异构型枚举。我们可以尝试使用对象来代替异构型枚举。

下例中定义了一个简单的异构型枚举：

```
01 enum Color {
02     Black = 0,
03     White = 'White',
04 }
```

在定义异构型枚举时，不允许使用计算的值作为枚举成员的初始值。示例如下：

```
01 enum Color {
02     Black = 0 + 0,
03     //      ~~~~~
04     //      编译错误！在带有字符串成员的枚举中不允许使用计算值
05
06     White = 'White',
07 }
```

在异构型枚举中，必须为紧跟在字符串枚举成员之后的数值型枚举成员指定一个初始值。下例中，ColorA 枚举的定义是正确的，但是 ColorB 枚举的定义是错误的，必须为数值型枚举成员 Black 指定一个初始值。示例如下：

```
01 enum ColorA {
02     Black,
03     White = 'White',
04 }
05
06 enum ColorB {
07     White = 'White',
08     Black,
09 //  ~~~~~
10 //   编译错误！枚举成员必须有一个初始值
11 }
```

5.4.4 枚举成员映射

不论是哪种类型的枚举，都可以通过枚举成员名去访问枚举成员值。下例中，通过枚举名 Bool 和枚举成员名 False 与 True 能够访问枚举成员的值：

```
01 enum Bool {
02     False = 0,
03     True = 1,
04 }
05
06 Bool.False;        // 0
07 Bool.True;         // 1
```

对于数值型枚举，不但可以通过枚举成员名来获取枚举成员值，也可以反过来通过枚举成员值去获取枚举成员名。下例中，通过枚举成员值 "Bool.False" 能够获取其对应的枚举成员名，即字符串 "'False'"：

```
01 enum Bool {
02     False = 0,
03     True = 1,
04 }
05
06 Bool[Bool.False];  // 'False'
07 Bool[Bool.True];   // 'True'
```

对于字符串枚举和异构型枚举，则不能够通过枚举成员值去获取枚举成员名。

5.4.5 常量枚举成员与计算枚举成员

每个枚举成员都有一个值，根据枚举成员值的定义可以将枚举成员划分为以下两类：

❑ 常量枚举成员

❑ 计算枚举成员

5.4.5.1 常量枚举成员

若枚举类型的第一个枚举成员没有定义初始值，那么该枚举成员是常量枚举成员并且初始值为 0。示例如下：

```
01 enum Foo {
02     A,          // 0
03 }
```

此例中，枚举成员 A 是常量枚举成员，并且"Foo.A"的值为 0。

若枚举成员没有定义初始值并且与之紧邻的前一个枚举成员值是数值型常量，那么该枚举成员是常量枚举成员并且初始值为紧邻的前一个枚举成员值加 1。如果紧邻的前一个枚举成员的值不是数值型常量，那么将产生错误。示例如下：

```
01 enum Foo {
02     A,          // 0
03     B,          // 1
04 }
05
06 enum Bar {
07     C = 'C',
08     D,          // 编译错误
09 }
```

此例中，枚举成员"Foo.A"和"Foo.B"都是常量枚举成员。枚举成员"Bar.D"的定义将产生编译错误，因为它没有指定初始值并且前一个枚举成员"Bar.C"的值不是数值。

若枚举成员的初始值是常量枚举表达式，那么该枚举成员是常量枚举成员。常量枚举表达式是 TypeScript 表达式的子集，它能够在编译阶段被求值。常量枚举表达式的具体规则如下：

❑ 常量枚举表达式可以是数字字面量、字符串字面量和不包含替换值的模板字面量。
❑ 常量枚举表达式可以是对前面定义的常量枚举成员的引用。
❑ 常量枚举表达式可以是用分组运算符包围起来的常量枚举表达式。
❑ 常量枚举表达式中可以使用一元运算符"+""-""~"，操作数必须为常量枚举表达式。
❑ 常量枚举表达式中可以使用二元运算符"+""-""*""**""/""%""<<"">>"">>>""&""|""^"，两个操作数必须为常量枚举表达式。

例如，下例中的枚举成员均为常量枚举成员：

```
01 enum Foo {
02     A = 0,          // 数字字面量
03     B = 'B',        // 字符串字面量
04     C = `C`,        // 无替换值的模板字面量
05     D = A,          // 引用前面定义的常量枚举成员
06 }
07
08 enum Bar {
09     A = -1,         // 一元运算符
10     B = 1 + 2,      // 二元运算符
11     C = (4 / 2) * 3, // 分组运算符（小括号）
12 }
```

字面量枚举成员是常量枚举成员的子集。字面量枚举成员是指满足下列条件之一的枚举成员，具体条件如下：

❑ 枚举成员没有定义初始值。

❑ 枚举成员的初始值为数字字面量、字符串字面量和不包含替换值的模板字面量。

❑ 枚举成员的初始值为对其他字面量枚举成员的引用。

下例中，Foo 枚举的所有成员都是字面量枚举成员，同时它们也都是常量枚举成员：

```
01  enum Foo {
02      A,
03      B = 1,
04      C = -3,
05      D = 'foo',
06      E = `bar`,
07      F = A
08  }
```

5.4.5.2 计算枚举成员

除常量枚举成员之外的其他枚举成员都属于计算枚举成员。下例中，枚举成员 "Foo.A" 和 "Foo.B" 均为计算枚举成员：

```
01  enum Foo {
02      A = 'A'.length,
03      B = Math.pow(2, 3)
04  }
```

5.4.5.3 使用示例

枚举表示一组有限元素的集合，并通过枚举成员名来引用集合中的元素。有时候，程序中并不关注枚举成员值。在这种情况下，让 TypeScript 去自动计算枚举成员值是很方便的。示例如下：

```
01  enum Direction {
02      Up,
03      Down,
04      Left,
05      Right,
06  }
07
08  function move(direction: Direction) {
09      switch (direction) {
10          case Direction.Up:
11              console.log('Up');
12              break;
13          case Direction.Down:
14              console.log('Down');
15              break;
16          case Direction.Left:
17              console.log('Left');
18              break;
19          case Direction.Right:
```

```
20              console.log('Right');
21              break;
22      }
23 }
24
25 move(Direction.Up);   // 'Up'
26 move(Direction.Down); // 'Down'
```

　　程序不依赖枚举成员值时，能够降低代码耦合度，使程序易于扩展。例如，我们想给
Direction 枚举添加一个名为 None 的枚举成员来表示未知方向。按照惯例，None 应作为第
一个枚举成员。因此，我们可以将代码修改如下：

```
01 enum Direction {
02      None,
03      Up,
04      Down,
05      Left,
06      Right,
07 }
08
09 function move(direction: Direction) {
10      switch (direction) {
11          case Direction.None:
12              console.log('None');
13              break;
14          case Direction.Up:
15              console.log('Up');
16              break;
17          case Direction.Down:
18              console.log('Down');
19              break;
20          case Direction.Left:
21              console.log('Left');
22              break;
23          case Direction.Right:
24              console.log('Right');
25              break;
26      }
27 }
28
29 move(Direction.Up);   // 'Up'
30 move(Direction.Down); // 'Down'
31 move(Direction.None); // 'None'
```

　　此例中，枚举成员 Up、Down、Left 和 Right 的值已经发生了改变，Up 的值由 0 变为 1，
以此类推。由于 move() 函数的行为不直接依赖枚举成员的值，因此本次代码修改对 move()
函数的已有功能不产生任何影响。但如果程序中依赖了枚举成员的具体值，那么这次代码
修改就会破坏现有的代码，如下所示：

```
01 enum Direction {
02      None,
03      Up,
```

```
04        Down,
05        Left,
06        Right,
07 }
08
09 function move(direction: Direction) {
10    switch (direction) {
11        // 不会报错，但是逻辑错误，Direction.Up的值已经不是数字0
12        case 0:
13            console.log('Up');
14            break;
15
16        // 省略其他代码
17    }
18 }
```

5.4.6 联合枚举类型

当枚举类型中的所有成员都是字面量枚举成员时，该枚举类型成了联合枚举类型。

5.4.6.1 联合枚举成员类型

联合枚举类型中的枚举成员除了能够表示一个常量值外，还能够表示一种类型，即联合枚举成员类型。

下例中，Direction 枚举是联合枚举类型，Direction 枚举成员 Up、Down、Left 和 Right 既表示数值常量，也表示联合枚举成员类型：

```
01 enum Direction {
02     Up,
03     Down,
04     Left,
05     Right,
06 }
07
08 const up: Direction.Up = Direction.Up;
```

此例第 8 行，第一个"Direction.Up"表示联合枚举成员类型，第二个"Direction.Up"则表示数值常量 0。

联合枚举成员类型是联合枚举类型的子类型，因此可以将联合枚举成员类型赋值给联合枚举类型。示例如下：

```
01 enum Direction {
02     Up,
03     Down,
04     Left,
05     Right,
06 }
07
08 const up: Direction.Up = Direction.Up;
09
10 const direction: Direction = up;
```

　　此例中，常量 up 的类型是联合枚举成员类型 "Direction.Up"，常量 direction 的类型是联合枚举类型 Direction。由于 "Direction.Up" 类型是 Direction 类型的子类型，因此可以将常量 up 赋值给常量 direction。

5.4.6.2　联合枚举类型

联合枚举类型是由所有联合枚举成员类型构成的联合类型。示例如下：

```
01 enum Direction {
02     Up,
03     Down,
04     Left,
05     Right,
06 }
07
08 type UnionDirectionType =
09     | Direction.Up
10     | Direction.Down
11     | Direction.Left
12     | Direction.Right;
```

　　此例中，Direction 枚举是联合枚举类型，它等同于联合类型 UnionDirectionType，其中 "|" 符号是定义联合类型的语法。关于联合类型的详细介绍请参考 6.3 节。

　　由于联合枚举类型是由固定数量的联合枚举成员类型构成的联合类型，因此编译器能够利用该性质对代码进行类型检查。示例如下：

```
01 enum Direction {
02     Up,
03     Down,
04     Left,
05     Right,
06 }
07
08 function f(direction: Direction) {
09     if (direction === Direction.Up) {
10         // Direction.Up
11     } else if (direction === Direction.Down) {
12         // Direction.Down
13     } else if (direction === Direction.Left) {
14         // Direction.Left
15     } else {
16         // 能够分析出此处的direction为Direction.Right
17         direction;
18     }
19 }
```

　　此例中，编译器能够分析出 Direction 联合枚举类型只包含四种可能的联合枚举成员类型。在 "if-else" 语句中，编译器能够根据控制流分析出最后的 else 分支中 direction 的类型为 "Direction.Right"。

　　下面再来看另外一个例子。Foo 联合枚举类型由两个联合枚举成员类型 "Foo.A" 和

"Foo.B"构成。编译器能够检查出在第 7 行 if 条件判断语句中的条件表达式结果永远为 true，因此将产生编译错误。示例如下：

```
01  enum Foo {
02      A = 'A',
03      B = 'B',
04  }
05
06  function bar(foo: Foo) {
07      if (foo !== Foo.A || foo !== Foo.B) {
08          //                   ~~~~~~~~~~~~~
09          //                   编译错误：该条件永远为'true'
10      }
11  }
```

让我们继续深入联合枚举类型。下例中，由于 Foo 联合枚举类型等同于联合类型 "Foo.A | Foo.B"，因此它是联合类型 "'A' | 'B'" 的子类型：

```
01  enum Foo {
02      A = 'A',
03      B = 'B',
04  }
05
06  enum Bar {
07      A = 'A',
08  }
09
10  enum Baz {
11      B = 'B',
12      C = 'C',
13  }
14
15  function f1(x: 'A' | 'B') {
16      console.log(x);
17  }
18
19  function f2(foo: Foo, bar: Bar, baz: Baz) {
20      f1(foo);
21      f1(bar);
22
23      f1(baz);
24      // ~~~
25      // 错误：类型 'Baz' 不能赋值给参数类型'A' | 'B'
26  }
```

此例第 15 行，f1 函数接受 "'A' | 'B'" 联合类型的参数 x。第 20 行，允许使用 Foo 枚举类型的参数 foo 调用函数 f1，因为 Foo 枚举类型是 "'A' | 'B'" 类型的子类型。第 21 行，允许使用 Bar 枚举类型的参数 bar 调用函数 f1，因为 Bar 枚举类型是 'A' 类型的子类型，显然也是 "'A' | 'B'" 类型的子类型。第 23 行，不允许使用 Baz 枚举类型的参数 baz 调用函数 f1，因为 Baz 枚举类型是 "'B' | 'C'" 类型的子类型，显然与 "'A' | 'B'" 类型不兼容，所以

会产生错误。

关于子类型兼容性的详细介绍请参考 7.1 节。

5.4.7　const 枚举类型

枚举类型是 TypeScript 对 JavaScript 的扩展，JavaScript 语言本身并不支持枚举类型。在编译时，TypeScript 编译器会将枚举类型编译为 JavaScript 对象。例如，我们定义如下的枚举：

```
01  enum Direction {
02      Up,
03      Down,
04      Left,
05      Right,
06  }
07
08  const d: Direction = Direction.Up;
```

此例中的代码编译后生成的 JavaScript 代码如下所示，为了支持枚举成员名与枚举成员值之间的正、反向映射关系，TypeScript 还生成了一些额外的代码：

```
01  "use strict";
02  var Direction;
03  (function (Direction) {
04      Direction[Direction["Up"] = 0] = "Up";
05      Direction[Direction["Down"] = 1] = "Down";
06      Direction[Direction["Left"] = 2] = "Left";
07      Direction[Direction["Right"] = 3] = "Right";
08  })(Direction || (Direction = {}));
09
10  const d = Direction.Up;
```

有时候我们不会使用枚举成员值到枚举成员名的反向映射，因此没有必要生成额外的反向映射代码，只需要生成如下代码就能够满足需求：

```
01  "use strict";
02  var Direction;
03  (function (Direction) {
04      Direction["Up"] = 0;
05      Direction["Down"] = 1;
06      Direction["Left"] = 2;
07      Direction["Right"] = 3;
08  })(Direction || (Direction = {}));
09
10  const d = Direction.Up;
```

更进一步讲，如果我们只关注第 10 行枚举类型的使用方式就会发现，完全不需要生成与 Direction 对象相关的代码，只需要将 "Direction.Up" 替换为它所表示的常量 0 即可。经过此番删减后的代码量将大幅减少，并且不会改变程序的运行结果，如下所示：

```
01 "use strict";
02 const d = 0;
```

const 枚举类型具有相似的效果。const 枚举类型将在编译阶段被完全删除，并且在使用了 const 枚举类型的地方会直接将 const 枚举成员的值内联到代码中。

const 枚举类型使用"const enum"关键字定义，示例如下：

```
01 const enum Directions {
02     Up,
03     Down,
04     Left,
05     Right,
06 }
07
08 const directions = [
09     Directions.Up,
10     Directions.Down,
11     Directions.Left,
12     Directions.Right,
13 ];
```

此例中的代码经过 TypeScript 编译器编译后生成的 JavaScript 代码如下所示：

```
01 "use strict";
02 const directions = [
03     0 /* Up */,
04     1 /* Down */,
05     2 /* Left */,
06     3 /* Right */
07 ];
```

我们能够注意到，为了便于代码调试和保持代码的可读性，TypeScript 编译器在内联了 const 枚举成员的位置还额外添加了注释，注释的内容为枚举成员的名字。

5.5　字面量类型

TypeScript 支持将字面量作为类型使用，我们称之为字面量类型。每一个字面量类型都只有一个可能的值，即字面量本身。

5.5.1　boolean 字面量类型

boolean 字面量类型只有以下两种：
- ❑ true 字面量类型。
- ❑ false 字面量类型。

原始类型 boolean 等同于由 true 字面量类型和 false 字面量类型构成的联合类型，即：

```
01 type BooleanAlias = true | false;
```

true 字面量类型只能接受 true 值；同理，false 字面量类型只能接受 false 值，示例如下：

```
01 const a: true = true;
02
03 const b: false = false;
```

boolean 字面量类型是 boolean 类型的子类型，因此可以将 boolean 字面量类型赋值给 boolean 类型，示例如下：

```
01 const a: true = true;
02 const b: false = false;
03
04 let c: boolean;
05 c = a;
06 c = b;
```

5.5.2　string 字面量类型

字符串字面量和模板字面量都能够创建字符串。字符串字面量和不带参数的模板字面量可以作为 string 字面量类型使用。示例如下：

```
01 const a: 'hello' = 'hello';
02
03 const b: `world` = `world`;
```

string 字面量类型是 string 类型的子类型，因此可以将 string 字面量类型赋值给 string 类型。示例如下：

```
01 const a: 'hello' = 'hello';
02 const b: `world` = `world`;
03
04 let c: string;
05 c = a;
06 c = b;
```

5.5.3　数字字面量类型

数字字面量类型包含以下两类：
- number 字面量类型。
- bigint 字面量类型。

所有的二进制、八进制、十进制和十六进制数字字面量都可以作为数字字面量类型。示例如下：

```
01 const a0: 0b1 = 1;
02 const b0: 0o1 = 1;
03 const c0: 1 = 1;
04 const d0: 0x1 = 1;
05
06 const a1: 0b1n = 1n;
```

```
07 const b1: 0o1n = 1n;
08 const c1: 1n = 1n;
09 const d1: 0x1n = 1n;
```

除了正数数值外，负数也可以作为数字字面量类型。示例如下：

```
01 const a0: -10 = -10;
02 const b0: 10 = 10;
03
04 const a1: -10n = -10n;
05 const b1: 10n = 10n;
```

number 字面量类型和 bigint 字面量类型分别是 number 类型和 bigint 类型的子类型，因此可以进行赋值操作。示例如下：

```
01 const one: 1 = 1;
02 const num: number = one;
03
04 const oneN: 1n = 1n;
05 const numN: bigint = oneN;
```

5.5.4 枚举成员字面量类型

在 5.4 节中介绍了联合枚举成员类型。我们也可以将其称作枚举成员字面量类型，因为联合枚举成员类型使用枚举成员字面量形式表示。示例如下：

```
01 enum Direction {
02     Up,
03     Down,
04     Left,
05     Right,
06 }
07
08 const up: Direction.Up = Direction.Up;
09 const down: Direction.Down = Direction.Down;
10 const left: Direction.Left = Direction.Left;
11 const right: Direction.Right = Direction.Right;
```

关于枚举类型的详细介绍请参考 5.4 节。

5.6 单元类型

单元类型（Unit Type）也叫作单例类型（Singleton Type），指的是仅包含一个可能值的类型。由于这个特殊的性质，编译器在处理单元类型时甚至不需要关注单元类型表示的具体值。

TypeScript 中的单元类型有以下几种：

❑ undefined 类型。

- ❑ null 类型。
- ❑ unique symbol 类型。
- ❑ void 类型。
- ❑ 字面量类型。
- ❑ 联合枚举成员类型。

我们能够看到这些单元类型均只包含一个可能值。示例如下：

```
01 const a: undefined = undefined;
02 const b: null = null;
03 const c: unique symbol = Symbol();
04 const d: void = undefined;
05 const e: 'hello' = 'hello';
06
07 enum Foo { A, B }
08 const f: Foo.A = Foo.A;
```

5.7　顶端类型

顶端类型（Top Type）源自于数学中的类型论，同时它也被广泛应用于计算机编程语言中。顶端类型是一种通用类型，有时也称为通用超类型，因为在类型系统中，所有类型都是顶端类型的子类型，或者说顶端类型是所有其他类型的父类型。顶端类型涵盖了类型系统中所有可能的值。

TypeScript 中有以下两种顶端类型：

- ❑ any
- ❑ unknown

5.7.1　any

any 类型是从 TypeScript 1.0 开始就支持的一种顶端类型。any 类型使用 any 关键字作为标识，示例如下：

```
01 let x: any;
```

在 TypeScript 中，所有类型都是 any 类型的子类型。我们可以将任何类型的值赋值给 any 类型。示例如下：

```
01 let x: any;
02
03 x = true;
04 x = 'hi';
05 x = 3.14;
06 x = 99999n;
07 x = Symbol();
08 x = undefined;
09 x = null;
```

```
10  x = {};
11  x = [];
12  x = function () {};
```

需要注意的是，虽然 any 类型是所有类型的父类型，但是 TypeScript 允许将 any 类型赋值给任何其他类型。示例如下：

```
01  let x: any;
02
03  let a: boolean   = x;
04  let b: string    = x;
05  let c: number    = x;
06  let d: bigint    = x;
07  let e: symbol    = x;
08  let f: void      = x;
09  let g: undefined = x;
10  let h: null      = x;
```

在 any 类型上允许执行任意的操作而不会产生编译错误。例如，我们可以读取 any 类型的属性或者将 any 类型当作函数调用，就算 any 类型的实际值不支持这些操作也不会产生编译错误。示例如下：

```
01  const a: any = 0;
02
03  a.length;
04
05  a();
06
07  a[0];
```

在程序中，我们使用 any 类型来跳过编译器的类型检查。如果声明了某个值的类型为 any 类型，那么就相当于告诉编译器："不要对这个值进行类型检查。"当 TypeScript 编译器看到 any 类型的值时，也会对它开启"绿色通道"，让其直接通过类型检查。在将已有的 JavaScript 程序迁移到 TypeScript 程序的过程中，使用 any 类型来暂时绕过类型检查是一项值得掌握的技巧。示例如下：

```
01  function parse(data: any) {
02      //              ~~~
03      //              编译器不检查data参数的类型
04
05      console.log(data.id);
06  }
```

从长远来看，我们应该尽量减少在代码中使用 any 类型。因为只有开发者精确地描述了类型信息，TypeScript 编译器才能够更加准确有效地进行类型检查，这也是我们选择使用 TypeScript 语言的主要原因之一。

--noImplicitAny

TypeScript 中的类型注解是可选的。若一个值没有明确的类型注解，编译器又无法自动推断出它的类型，那么这个值的默认类型为 any 类型。示例如下：

```
01  function f1(x) {
02      //        ~
03      //        参数x的类型为any
04      console.log(x);
05  }
06
07  function f2(x: any) {
08      console.log(x);
09  }
```

此例中，函数 f1 的参数 x 没有使用类型注解，编译器也无法从代码中推断出参数 x 的类型。于是，函数 f1 的参数 x 将隐式地获得 any 类型。最终，函数 f1 的类型等同于函数 f2 的类型。在这种情况下，编译器会默默地忽略对参数 x 的类型检查，这会导致编译器无法检查出代码中可能存在的错误。

在大多数情况下，我们想要避免上述情况的发生。因此，TypeScript 提供了一个"--noImplicitAny"编译选项来控制该行为。当启用了该编译选项时，如果发生了隐式的 any 类型推断，那么会产生编译错误。示例如下：

```
01  function f(x) {
02      //      ~
03      //        编译错误！参数'x'具有隐式的'any'类型
04
05      console.log(x);
06  }
```

此例中，参数 x 具有隐式的 any 类型，因此将产生编译错误。

我们可以使用如下方式在"tsconfig.json"配置文件中启用"--noImplicitAny"编译选项：

```
01  {
02      "compilerOptions": {
03          "noImplicitAny": true
04      }
05  }
```

关于配置文件的详细介绍请参考 8.3 节。

5.7.2　unknown

TypeScript 3.0 版本引入了另一种顶端类型 unknown。unknown 类型使用 unknown 关键字作为标识。示例如下：

```
01  let x: unknown;
```

根据顶端类型的性质，任何其他类型都能够赋值给 unknown 类型，该行为与 any 类型是一致的。示例如下：

```
01 let x: unknown;
02
03 x = true;
04 x = 'hi';
05 x = 3.14;
06 x = 99999n;
07 x = Symbol();
08 x = undefined;
09 x = null;
10 x = {};
11 x = [];
12 x = function () {};
```

unknown 类型是比 any 类型更安全的顶端类型，因为 unknown 类型只允许赋值给 any 类型和 unknown 类型，而不允许赋值给任何其他类型，该行为与 any 类型是不同的。示例如下：

```
01 let x: unknown;
02
03 // 正确
04 const a1: any = x;
05 const b1: unknown = x;
06
07 // 错误
08 const a2: boolean  = x;
09 const b2: string   = x;
10 const c2: number   = x;
11 const d2: bigint   = x;
12 const e2: symbol   = x;
13 const f2: undefined = x;
14 const g2: null     = x;
```

同时，在 unknown 类型上也不允许执行绝大部分操作。示例如下：

```
01 let x: unknown;
02
03 // 错误
04 x + 1;
05 x.foo;
06 x();
```

在程序中使用 unknown 类型时，我们必须将其细化为某种具体类型，否则将产生编译错误。示例如下：

```
01 function f1(message: any) {
02     return message.length;
03     //            ~~~~~~
04     //            无编译错误
05 }
06
07 f1(undefined);
08
09 function f2(message: unknown) {
```

```
10     return message.length;
11     //             ~~~~~~
12     //             编译错误! 属性'length'不存在于'unknown'类型上
13 }
14
15 f2(undefined);
```

此例中，函数 f1 的参数 message 为 any 类型，在函数体中直接读取参数 message 的 length 属性不会产生编译错误，因为编译器不会对 any 类型进行任何类型检查。但如果像第 7 行那样在调用 f1 函数时传入 undefined 值作为实际参数，则会产生运行时的类型错误。

在函数 f2 中，我们将参数 message 的类型定义为 unknown 类型。这样做的话，在函数体中就不能直接读取参数 message 的 length 属性，否则将产生编译错误。在使用 unknown 类型的参数 message 时，编译器会强制我们将其细化为某种具体类型。示例如下：

```
01 function f2(message: unknown) {
02     if (typeof message === 'string') {
03         return message.length;
04     }
05 }
06
07 f2(undefined);
```

此例中，我们使用 typeof 运算符去检查参数 message 是否为字符串，只有当 message 是一个字符串时，我们才会去读取其 length 属性。这样修改之后，既不会产生编译错误，也不会产生运行时错误。

5.7.3　小结

现在，我们已经了解了 any 类型和 unknown 类型的功能与特性。下面我们将对两者进行简单的对比与总结。

❑ TypeScript 中仅有 any 和 unknown 两种顶端类型。

❑ TypeScript 中的所有类型都能够赋值给 any 类型和 unknown 类型，相当于两者都没有写入的限制。

❑ any 类型能够赋值给任何其他类型，唯独不包括马上要介绍的 never 类型。

❑ unknown 类型仅能够赋值给 any 类型和 unknown 类型。

❑ 在使用 unknown 类型之前，必须将其细化为某种具体类型，而使用 any 类型时则没有任何限制。

❑ unknown 类型相当于类型安全的 any 类型。这也是在有了 any 类型之后，TypeScript 又引入 unknown 类型的根本原因。

在程序中，我们应尽量减少顶端类型的使用，因为它们是拥有较弱类型约束的通用类型。如果在编码时确实无法知晓某个值的类型，那么建议优先使用 unknown 类型来代替 any 类型，因为它比 any 类型更加安全。

5.8　尾端类型

在类型系统中，尾端类型（Bottom Type）是所有其他类型的子类型。由于一个值不可能同时属于所有类型，例如一个值不可能同时为数字类型和字符串类型，因此尾端类型中不包含任何值。尾端类型也称作 0 类型或者空类型。

TypeScript 中只存在一种尾端类型，即 never 类型。

5.8.1　never

TypeScript 2.0 版本引入了仅有的尾端类型——never 类型。never 类型使用 never 关键字来标识，不包含任何可能值。示例如下：

```
01 function f(): never {
02     throw new Error();
03 }
```

根据尾端类型的定义，never 类型是所有其他类型的子类型。所以，never 类型允许赋值给任何类型，尽管并不存在 never 类型的值。示例如下：

```
01 let x: never;
02
03 let a: boolean   = x;
04 let b: string    = x;
05 let c: number    = x;
06 let d: bigint    = x;
07 let e: symbol    = x;
08 let f: void      = x;
09 let g: undefined = x;
10 let h: null      = x;
```

正如尾端类型其名，它在类型系统中位于类型结构的最底层，没有类型是 never 类型的子类型。因此，除 never 类型自身外，所有其他类型都不能够赋值给 never 类型。示例如下：

```
01 let x: never;
02 let y: never;
03
04 // 正确
05 x = y;
06
07 // 错误
08 x = true;
09 x = 'hi';
10 x = 3.14;
11 x = 99999n;
12 x = Symbol();
13 x = undefined;
14 x = null;
15 x = {};
16 x = [];
17 x = function () {};
```

需要注意的是，就算是类型约束最宽松的 any 类型也不能够赋值给 never 类型。示例如下：

```
01  let x: any;
02  let y: never = x;
03  //  ~
04  //  编译错误：类型'any'不能赋值给类型'never'
```

5.8.2　应用场景

never 类型主要有以下几种典型的应用场景。

场景一　never 类型可以作为函数的返回值类型，它表示该函数无法返回一个值。我们知道，如果函数体中没有使用 return 语句，那么在正常执行完函数代码后会返回一个 undefined 值。在这种情况下，函数的返回值类型是 void 类型而不是 never 类型。只有在函数根本无法返回一个值的时候，函数的返回值类型才是 never 类型。

一种情况就是函数中抛出了异常，这会导致函数终止执行，从而不会返回任何值。在这种情况下，函数的返回值类型为 never 类型。示例如下：

```
01  function throwError(): never {
02      throw new Error();
03
04      // <- 该函数永远无法执行到末尾，返回值类型为'never'
05  }
```

此例中，throwError 函数的功能是直接抛出一个异常，它永远也不会返回一个值，因此该函数的返回值类型为 never 类型。

若函数中的代码不是直接抛出异常而是间接地抛出异常，那么函数的返回值类型也是 never 类型。示例如下：

```
01  function throwError(): never {
02      throw new Error();
03  }
04
05  function fail(): never {
06      return throwError();
07  }
```

此例中，fail 函数包含了一条 return 语句，return 语句中表达式的类型为 never 类型，因此 fail 函数的返回值类型也为 never 类型。

除了抛出异常之外，还有一种情况函数也无法正常返回一个值，即如果函数体中存在无限循环从而导致函数的执行永远也不会结束，那么在这种情况下函数的返回值类型也为 never 类型。示例如下：

```
01  function infiniteLoop(): never {
02      while (true) {
03          console.log('endless...');
04      }
05  }
```

此例中，infiniteLoop 函数的执行永远也不会结束，这意味着它无法正常返回一个值。因此，该函数的返回值类型为 never 类型。

场景二 在"条件类型"中常使用 never 类型来帮助完成一些类型运算。例如，"Exclude<T, U>"类型是 TypeScript 内置的工具类型之一，它借助于 never 类型实现了从类型 T 中过滤掉类型 U 的功能。示例如下：

```
01 type Exclude<T, U> = T extends U ? never : T;
```

下例中，我们使用"Exclude<T, U>"工具类型从联合类型"boolean | string"中剔除了 string 类型，最终得到的结果类型为 boolean 类型。示例如下：

```
01 type T = Exclude<boolean | string, string>; // boolean
```

关于条件类型的详细介绍请参考 6.7 节。

场景三 最后一个要介绍的 never 类型的应用场景与类型推断功能相关。在 TypeScript 编译器执行类型推断操作时，如果发现已经没有可用的类型，那么推断结果为 never 类型。示例如下：

```
01 function getLength(message: string) {
02     if (typeof message === 'string') {
03         message; // string
04     } else {
05         message; // never
06     }
07 }
```

此例中，getLength 函数声明定义了参数 message 的类型为 string。

第 2 行，在 if 语句中使用 typeof 运算符来判断 message 是否为 string 类型。若参数 message 为 string 类型，则执行该分支内的代码。因此，第 3 行中参数 message 的类型为 string 类型。

第 5 行，在 else 分支中参数 message 的类型应该是非 string 类型。由于函数声明中定义了参数 message 的类型是 string 类型，因此 else 分支中已经不存在其他可选类型。在这种情况下，TypeScript 编译器会将参数 message 的类型推断为 never 类型，表示不存在这样的值。

5.9 数组类型

数组是十分常用的数据结构，它表示一组有序元素的集合。在 TypeScript 中，数组值的数据类型为数组类型。

5.9.1 数组类型定义

TypeScript 提供了以下两种方式来定义数组类型：

❑ 简便数组类型表示法。

❑ 泛型数组类型表示法。

以上两种数组类型定义方式仅在编码风格上有所区别，两者在功能上没有任何差别。

5.9.1.1　简便数组类型表示法

简便数组类型表示法借用了数组字面量的语法，通过在数组元素类型之后添加一对方括号"[]"来定义数组类型。它的语法如下所示：

```
TElement[]
```

该语法中，TElement 代表数组元素的类型，方括号"[]"代表数组类型。在 TElement 与"[]"之间不允许出现换行符号。

下例中，我们使用"number[]"类型注解定义了常量 digits 的类型为 number 数组类型，它表示 digits 数组中元素的类型为 number 类型。示例如下：

```
01 const digits: number[] = [0, 1, 2, 3, 4, 5, 6, 7, 8, 9];
```

如果数组中元素的类型为复合类型，则需要在数组元素类型上使用分组运算符，即小括号。例如，下例中的 red 数组既包含字符串元素也包含数字元素。因此，red 数组元素的类型为 string 类型和 number 类型构成的联合类型，即"string | number"。在使用简便数组类型表示法时，必须先将联合类型放在分组运算符内，然后再在后面添加一对方括号。示例如下：

```
01 const red: (string | number)[] = ['f', f, 0, 0, 0, 0];
```

此例中，若在类型注解里没有使用分组运算符，则表示 string 类型和 number[] 类型的联合类型，即"string | (number[])"。该类型与实际数组类型不兼容，因此将产生编译错误。示例如下：

```
01 const red: string | number[] = ['f', 'f', 0, 0, 0, 0];
02 //         ~~~
03 //       编译错误
```

5.9.1.2　泛型数组类型表示法

泛型数组类型表示法是另一种表示数组类型的方法。顾名思义，泛型数组类型表示法就是使用泛型来表示数组类型。它的语法如下所示：

```
Array<TElement>
```

该语法中，Array 代表数组类型；"<TElement>"是类型参数的语法，其中 TElement 代表数组元素的类型。关于泛型的详细介绍请参考 6.1 节。

下例中，我们使用"Array<number>"类型注解定义了常量 digits 的类型为 number 数组类型，它表示 digits 数组中元素的类型为 number 类型。示例如下：

```
01 const digits: Array<number> = [0, 1, 2, 3, 4, 5, 6, 7, 8, 9];
```

在使用泛型数组类型表示法时，就算数组中元素的类型为复合类型也不需要使用分组运算符。我们还是以既包含字符串元素也包含数字元素的 red 数组为例，示例如下：

```
01 const red: Array<string | number> = ['f', 'f', 0, 0, 0, 0];
```

此例中，我们不再需要对联合类型"string | number"使用分组运算符。

5.9.1.3 两种方法比较

正如前文所讲，简便数组类型表示法和泛型数组类型表示法在功能上没有任何差别，两者只是在编程风格上有所差别。

在定义简单数组类型时，如数组元素为单一原始类型或类型引用，使用简便数组类型表示法更加清晰和简洁。示例如下：

```
01 let a: string[];
02
03 let b: HTMLButtonElement[];
```

如果数组元素是复杂类型，如对象类型和联合类型等，则可以选择使用泛型数组类型表示法。它也许能让代码看起来更加整洁一些。示例如下：

```
01 let a: Array<string | number>;
02
03 let b: Array<{ x: number; y: number }>;
```

总结起来，目前存在以下三种常见的编码风格供读者参考：

❑ 始终使用简便数组类型表示法。
❑ 始终使用泛型数组类型表示法。
❑ 当数组元素类型为单一原始类型或类型引用时，始终使用简便数组类型表示法；在其他情况下不做限制。

5.9.2 数组元素类型

在定义了数组类型之后，当访问数组元素时能够获得正确的元素类型信息。示例如下：

```
01 const digits: number[] = [0, 1, 2, 3, 4, 5, 6, 7, 8, 9];
02
03 const zero = digits[0];
04 //        ~~~~
05 //        number类型
```

此例中，虽然没有给常量 zero 添加类型注解，但是 TypeScript 编译器能够从数组类型中推断出 zero 的类型为 number 类型。

我们知道，当访问数组中不存在的元素时将返回 undefined 值。TypeScript 的类型系统无法推断出是否存在数组访问越界的情况，因此即使访问了不存在的数组元素，还是会得到声明的数组元素类型。示例如下：

```
01 const digits: number[] = [0, 1, 2, 3, 4, 5, 6, 7, 8, 9];
02
```

```
03  // 没有编译错误
04  const out: number = digits[100];
```

5.9.3　只读数组

只读数组与常规数组的区别在于，只读数组仅允许程序读取数组元素而不允许修改数组元素。

TypeScript 提供了以下三种方式来定义一个只读数组：

❑ 使用"ReadonlyArray<T>"内置类型。

❑ 使用 readonly 修饰符。

❑ 使用"Readonly<T>"工具类型。

以上三种定义只读数组的方式只是语法不同，它们在功能上没有任何差别。

5.9.3.1　ReadonlyArray<T>

在 TypeScript 早期版本中，提供了"ReadonlyArray<T>"类型专门用于定义只读数组。在该类型中，类型参数 T 表示数组元素的类型。示例如下：

```
01  const red: ReadonlyArray<number> = [255, 0, 0];
```

此例中，定义了只读数组 red，该数组中元素的类型为 number。

5.9.3.2　readonly

TypeScript 3.4 版本中引入了一种新语法，使用 readonly 修饰符能够定义只读数组。在定义只读数组时，将 readonly 修饰符置于数组类型之前即可。示例如下：

```
01  const red: readonly number[] = [255, 0, 0];
```

注意，readonly 修饰符不允许与泛型数组类型表示法一起使用。示例如下：

```
01  const red: readonly Array<number> = [255, 0, 0];
02  //               ~~~~~~~~
03  //               编译错误
```

5.9.3.3　Readonly<T>

"Readonly<T>"是 TypeScript 提供的一个内置工具类型，用于定义只读对象类型。该工具类型能够将类型参数 T 的所有属性转换为只读属性，它的定义如下所示：

```
01  type Readonly<T> = {
02      readonly [P in keyof T]: T[P];
03  };
```

由于 TypeScript 3.4 支持了使用 readonly 修饰符来定义只读数组，所以从 TypeScript 3.4 开始可以使用"Readonly<T>"工具类型来定义只读数组。示例如下：

```
01  const red: Readonly<number[]> = [255, 0, 0];
```

需要注意的是，类型参数 T 的值为数组类型"number[]"，而不是数组元素类型 number。

在这一点上，它与"ReadonlyArray<T>"类型是有区别的。

5.9.3.4 注意事项

我们可以通过数组元素索引来访问只读数组元素，但是不能修改只读数组元素。示例如下：

```
01 const red: readonly number[] = [255, 0, 0];
02
03 red[0];                              // 正确
04
05 red[0] = 0;                          // 编译错误
```

在只读数组上也不支持任何能够修改数组元素的方法，如 push 和 pop 方法等。示例如下：

```
01 const red: readonly number[] = [255, 0, 0];
02
03 red.push(0);                         // 编译错误
04 red.pop();                           // 编译错误
```

在进行赋值操作时，允许将常规数组类型赋值给只读数组类型，但是不允许将只读数组类型赋值给常规数组类型。换句话说，不能通过赋值操作来放宽对只读数组的约束。示例如下：

```
01 const a: number[] = [0];
02 const ra: readonly number[] = [0];
03
04 const x: readonly number[] = a;      // 正确
05
06 const y: number[] = ra;              // 编译错误
```

5.10 元组类型

元组（Tuple）表示由有限元素构成的有序列表。在 JavaScript 中，没有提供原生的元组数据类型。TypeScript 对此进行了补充，提供了元组数据类型。由于元组与数组之间存在很多共性，因此 TypeScript 使用数组来表示元组。

在 TypeScript 中，元组类型是数组类型的子类型。元组是长度固定的数组，并且元组中每个元素都有确定的类型。

5.10.1 元组的定义

定义元组类型的语法与定义数组字面量的语法相似，具体语法如下所示：

```
[T0, T1, ..., Tn]
```

该语法中的 T0、T1 和 Tn 表示元组中元素的类型，针对元组中每一个位置上的元素都需要定义其数据类型。

下例中，我们使用元组来表示二维坐标系中的一个点。该元组中包含两个 number 类型的元素，分别表示点的横坐标和纵坐标。示例如下：

```
01 const point: [number, number] = [0, 0];
```

元组中每个元素的类型不必相同。例如，可以定义一个表示考试成绩的元组，元组的第一个元素是 string 类型的科目名，第二个元素是 number 类型的分数。示例如下：

```
01 const score: [string, number] = ['math', 100];
```

元组的值实际上是一个数组，在给元组类型赋值时，数组中每个元素的类型都要与元组类型的定义保持兼容。例如，对于"[number, number]"类型的元组，它只接受包含两个 number 类型元素的数组。示例如下：

```
01 const point: [number, number] = [0, 0];
```

若数组元素的类型与元组类型的定义不匹配，则会产生编译错误。示例如下：

```
01 let point: [number, number];
02
03 point = [0, 'y'];       // 编译错误
04 point = ['x', 0];       // 编译错误
05 point = ['x', 'y'];     // 编译错误
```

在给元组类型赋值时，还要保证数组中元素的数量与元组类型定义中元素的数量保持一致，否则将产生编译错误。示例如下：

```
01 let point: [number, number];
02
03 point = [0];            // 编译错误
04 point = [0, 0, 0];      // 编译错误
```

5.10.2　只读元组

元组可以定义为只读元组，这与只读数组是类似的。只读元组类型是只读数组类型的子类型。定义只读元组有以下两种方式：

❑ 使用 readonly 修饰符。

❑ 使用"Readonly<T>"工具类型。

以上两种定义只读元组的方式只是语法不同，它们在功能上没有任何差别。

5.10.2.1　readonly

TypeScript 3.4 版本中引入了一种新语法，使用 readonly 修饰符能够定义只读元组。在定义只读元组时，将 readonly 修饰符置于元组类型之前即可。示例如下：

```
01 const point: readonly [number, number] = [0, 0];
```

此例中，point 是包含两个元素的只读元组。

5.10.2.2　Readonly<T>

由于 TypeScript 3.4 支持了使用 readonly 修饰符来定义只读元组，所以从 TypeScript 3.4 开始可以使用"Readonly<T>"工具类型来定义只读元组。示例如下：

```
01 const point: Readonly<[number, number]> = [0, 0];
```

此例中，point 是包含两个元素的只读元组。在"Readonly<T>"类型中，类型参数 T 的值为元组类型"[number, number]"。

5.10.2.3　注意事项

在给只读元组类型赋值时，允许将常规元组类型赋值给只读元组类型，但是不允许将只读元组类型赋值给常规元组类型。换句话说，不能通过赋值操作来放宽对只读元组的约束。示例如下：

```
01 const a: [number] = [0];
02 const ra: readonly [number] = [0];
03
04 const x: readonly [number] = a;        // 正确
05
06 const y: [number] = ra;                // 编译错误
```

5.10.3　访问元组中的元素

由于元组在本质上是数组，所以我们可以使用访问数组元素的方法去访问元组中的元素。在访问元组中指定位置上的元素时，编译器能够推断出相应的元素类型。示例如下：

```
01 const score: [string, number] = ['math', 100];
02
03 const course = score[0];               // string
04 const grade = score[1];                // number
05
06 const foo: boolean = score[0];
07 //    ~~~
08 //    编译错误！类型 'string' 不能赋值给类型 'boolean'
09
10 const bar: boolean = score[1];
11 //    ~~~
12 //    编译错误！类型 'number' 不能赋值给类型 'boolean'
```

当访问数组中不存在的元素时不会产生编译错误。与之不同的是，当访问元组中不存在的元素时会产生编译错误。示例如下：

```
01 const score: [string, number] = ['math', 100];
02
03 const foo = score[2];
04 //          ~~~~~~~~
05 //          编译错误！该元组类型只有两个元素，找不到索引为 '2' 的元素
```

修改元组元素值的方法与修改数组元素值的方法相同。示例如下：

```
01  const point: [number, number] = [0, 0];
02
03  point[0] = 1;
04  point[1] = 1;
```

5.10.4　元组类型中的可选元素

在定义元组时，可以将某些元素定义为可选元素。定义元组可选元素的语法是在元素类型之后添加一个问号"？"，具体语法如下所示：

```
[T0?, T1?, ..., Tn?]
```

该语法中的 T0、T1 和 Tn 表示元组中元素的类型。

如果元组中同时存在可选元素和必选元素，那么可选元素必须位于必选元素之后，具体语法如下所示：

```
[T0, T1?, ..., Tn?]
```

该语法中的 T0 表示必选元素的类型，T1 和 Tn 表示可选元素的类型。

下例中定义了一个包含三个元素的元组 tuple，其中第一个元素是必选元素，后两个元素是可选元素：

```
01  const tuple: [boolean, string?, number?] = [true, 'yes', 1];
```

在给元组赋值时，可以不给元组的可选元素赋值。例如，对于上例中的 tuple 元组，它的值可以为仅包含一个元素的数组，或者是包含两个元素的数组，再或者是包含三个元素的数组。示例如下：

```
01  let tuple: [boolean, string?, number?] = [true, 'yes', 1];
02
03  tuple = [true];
04  tuple = [true, 'yes'];
05  tuple = [true, 'yes', 1];
```

5.10.5　元组类型中的剩余元素

在定义元组类型时，可以将最后一个元素定义为剩余元素。定义元组剩余元素类型的语法如下所示：

```
[...T[]]
```

该语法中，元组的剩余元素是数组类型，T 表示剩余元素的类型。

下例中，在元组 tuple 的定义中包含了剩余元素。其中，元组的第一个元素为 number 类型，其余的元素均为 string 类型。示例如下：

```
01  const tuple: [number, ...string[]] = [0, 'a', 'b'];
```

如果元组类型的定义中含有剩余元素，那么该元组的元素数量是开放的，它可以包含零个或多个指定类型的剩余元素。示例如下：

```
01  let tuple: [number, ...string[]];
02
03  tuple = [0];
04  tuple = [0, 'a'];
05  tuple = [0, 'a', 'b'];
06  tuple = [0, 'a', 'b', 'c'];
```

5.10.6　元组的长度

对于经典的元组类型，即不包含可选元素和剩余元素的元组而言，元组中元素的数量是固定的。也就是说，元组拥有一个固定的长度。TypeScript 编译器能够识别出元组的长度并充分利用该信息来进行类型检查。示例如下：

```
01  function f(point: [number, number]) {
02      // 编译器推断出length的类型为数字字面量类型2
03      const length = point.length;
04
05      if (length === 3) {        // 编译错误! 条件表达式永远为 false
06          // ...
07      }
08  }
```

此例第 3 行，TypeScript 编译器能够推断出常量 length 的类型为数字字面量类型 2。第 5 行在 if 条件表达式中，数字字面量类型 2 与数字字面量类型 3 没有交集。因此，编译器能够分析出该比较结果永远为 false。在这种情况下，编译器将产生编译错误。

当元组中包含了可选元素时，元组的长度不再是一个固定值。编译器能够根据元组可选元素的数量识别出元组所有可能的长度，进而构造出一个由数字字面量类型构成的联合类型来表示元组的长度。示例如下：

```
01  const tuple: [boolean, string?, number?] = [true, 'yes', 1];
02
03  let len = tuple.length;        // 1 | 2 | 3
04
05  len = 1;
06  len = 2;
07  len = 3;
08
09  len = 4;                       // 编译错误! 类型'4'不能赋值给类型'1 | 2 | 3'
```

此例第 1 行，元组 tuple 中共包含 3 个元素，其中第一个元素是必选元素，后面两个元素是可选元素，元组 tuple 中可能的元素数量为 1、2 或 3 个。TypeScript 编译器能够推断出此信息并构造出联合类型"1 | 2 | 3"作为该元组 length 属性的类型。

第 5、6、7 行，允许将数字 1、2 和 3 赋值给 len 变量。第 9 行，不允许将数字 4 赋值给 len 变量，因为数字字面量类型 4 与联合类型"1 | 2 | 3"不兼容。

若元组类型中定义了剩余元素，那么该元组拥有不定数量的元素。因此，该元组 length

属性的类型将放宽为 number 类型。示例如下：

```
01  const tuple: [number, ...string[]] = [0, 'a'];
02
03  const len = tuple.length;      // number
```

5.10.7　元组类型与数组类型的兼容性

前文提到过，元组类型是数组类型的子类型，只读元组类型是只读数组类型的子类型。在进行赋值操作时，允许将元组类型赋值给类型兼容的元组类型和数组类型。示例如下：

```
01  const point: [number, number] = [0, 0];
02
03  const nums: number[] = point; // 正确
04
05  const strs: string[] = point; // 编译错误
```

此例中，元组 point 的两个元素都是 number 类型，因此允许将 point 赋值给 number 数组类型，而不允许将 point 赋值给 string 数组类型。

元组类型允许赋值给常规数组类型和只读数组类型，但只读元组类型只允许赋值给只读数组类型。示例如下：

```
01  const t: [number, number] = [0, 0];
02  const rt: readonly [number, number] = [0, 0];
03
04  let a: number[] = t;
05
06  let ra: readonly number[];
07  ra = t;
08  ra = rt;
```

由于数组类型是元组类型的父类型，因此不允许将数组类型赋值给元组类型。示例如下：

```
01  const nums: number[] = [0, 0];
02
03  let point: [number, number] = nums;
04  //   ~~~~~
05  //   编译错误
```

5.11　对象类型

在 JavaScript 中存在这样一种说法，那就是"一切皆为对象"。有这种说法是因为 JavaScript 中的绝大多数值都可以使用对象来表示。例如，函数、数组和对象字面量等本质上都是对象。对于原始数据类型，如 String 类型，JavaScript 也提供了相应的构造函数来创建能够表示原始值的对象。例如，下例中使用内置的 String 构造函数创建了一个表示字符串的对象，示例如下：

```
01  const hi = new String('hi');
```

在某些操作中，原始值还会自动地执行封箱[⊖]操作，将原始数据类型转换为对象数据类型。例如，在字符串字面量上直接调用内置的"toUpperCase()"方法时，JavaScript 会先将字符串字面量转换为对象类型，然后再调用字符串对象上的"toUpperCase()"方法。示例如下：

```
01  // 自动封箱，将'hi'转换为String对象类型
02  'hi'.toUpperCase();
03
04  // 自动封箱，将3转换为Number对象类型
05  // 注意：这里使用了两个点符号
06  3..toString()
```

前面已经介绍过的数组类型、元组类型以及后面章节中将介绍的函数类型、接口等都属于对象类型。由于对象类型的应用非常广泛，因此 TypeScript 提供了多种定义对象类型的方式。在本节中，我们将首先介绍三种基本的对象类型：

❑ Object 类型（首字母为大写字母 O）

❑ object 类型（首字母为小写字母 o）

❑ 对象类型字面量

在后面的章节中，我们会陆续介绍定义对象类型的其他方式。

5.11.1 Object

这里的 Object 指的是 Object 类型，而不是 JavaScript 内置的"Object()"构造函数。请读者一定要注意区分这两者，Object 类型表示一种类型，而"Object()"构造函数则表示一个值。因为"Object()"构造函数是一个值，因此它也有自己的类型。但要注意的是，"Object()"构造函数的类型不是 Object 类型。为了更好地理解 Object 类型，让我们先了解一下"Object()"构造函数。

JavaScript 提供了内置的"Object()"构造函数来创建一个对象。示例如下：

```
01  const obj = new Object();
```

在实际代码中，使用"Object()"构造函数来创建对象的方式并不常用。在创建对象时，我们通常会选择使用更简洁的对象字面量。虽然不常使用"Object()"构造函数来创建对象，但是"Object()"构造函数提供了一些非常常用的静态方法，例如"Object.assign()"方法和"Object.create()"方法等。

接下来，让我们深入分析一下 TypeScript 源码中对"Object()"构造函数的类型定义。下面仅摘取一部分着重关注的类型定义：

```
01  interface ObjectConstructor {
```

⊖ 封箱的英文为 boxing，指将原始值包装在一个对象中的过程。在执行了封箱操作后就能像使用对象一样使用原始数据类型。

```
02
03     readonly prototype: Object;
04
05     // 省略了其他成员
06 }
07
08 declare var Object: ObjectConstructor;
```

由该定义能够直观地了解到"Object()"构造函数的类型是 ObjectConstructor 类型而不是 Object 类型，它们是不同的类型。第 3 行，prototype 属性的类型为 Object 类型。构造函数的 prototype 属性值决定了实例对象的原型。此外，"Object.prototype"是一个特殊的对象，它是 JavaScript 中的公共原型对象。也就是说，如果程序中没有刻意地修改一个对象的原型，那么该对象的原型链上就会有"Object.prototype"对象，因此也会继承"Object.prototype"对象上的属性和方法。

现在，我们可以正式地引出 Object 类型。Object 类型是特殊对象"Object.prototype"的类型，该类型的主要作用是描述 JavaScript 中几乎所有对象都共享（通过原型继承）的属性和方法。Object 类型的具体定义如下所示（取自 TypeScript 源码）：

```
01 interface Object {
02     /**
03      * The initial value of Object.prototype.constructor
04      * is the standard built-in Object constructor.
05      */
06     constructor: Function;
07
08     /**
09      * Returns a string representation of an object.
10      */
11     toString(): string;
12
13     /**
14      * Returns a date converted to a string using the
15      * current locale.
16      */
17     toLocaleString(): string;
18
19     /**
20      * Returns the primitive value of the specified object.
21      */
22     valueOf(): Object;
23
24     /**
25      * Determines whether an object has a property with
26      * the specified name.
27      * @param v A property name.
28      */
29     hasOwnProperty(v: PropertyKey): boolean;
30
31     /**
32      * Determines whether an object exists in another
33      * object's prototype chain.
```

```
34       */
35      isPrototypeOf(v: Object): boolean;
36
37      /**
38       * Determines whether a specified property is enumerable.
39       * @param v A property name.
40       */
41      propertyIsEnumerable(v: PropertyKey): boolean;
42  }
```

通过该类型定义能够了解到，Object 类型里定义的方法都是通用的对象方法，如"valueOf()"方法。

5.11.1.1 类型兼容性

Object 类型有一个特点，那就是除了 undefined 值和 null 值外，其他任何值都可以赋值给 Object 类型。示例如下：

```
01  let obj: Object;
02
03  // 正确
04  obj = { x: 0 };
05  obj = true;
06  obj = 'hi';
07  obj = 1;
08
09  // 编译错误
10  obj = undefined;
11  obj = null;
```

对象能够赋值给 Object 类型是理所当然的，但为什么原始值也同样能够赋值给 Object 类型呢？实际上，这样设计正是为了遵循 JavaScript 语言的现有行为。我们在本章开篇处介绍了 JavaScript 语言中存在自动封箱操作。当在原始值上调用某个方法时，JavaScript 会对原始值执行封箱操作，将其转换为对象类型，然后再调用相应方法。Object 类型描述了所有对象共享的属性和方法，而 JavaScript 允许在原始值上直接访问这些方法，因此 TypeScript 允许将原始值赋值给 Object 类型。示例如下：

```
01  'str'.valueOf();
02
03  const str: Object = 'str';
04  str.valueOf();
```

5.11.1.2 常见错误

在使用 Object 类型时容易出现的一个错误是，将 Object 类型应用于自定义变量、参数或属性等的类型。示例如下：

```
01  const point: Object = { x: 0, y: 0 };
```

此例中，将常量 point 的类型定义为 Object 类型。虽然该代码不会产生任何编译错误，但它是一个明显的使用错误。原因刚刚介绍过，Object 类型的用途是描述"Object.

prototype"对象的类型，即所有对象共享的属性和方法。在描述自定义对象类型时有很多更好的选择，完全不需要使用 Object 类型，例如接下来要介绍的 object 类型和对象字面量类型等。在 TypeScript 官方文档[⊖]中也明确地指出了不应该使用 Object 类型，而是应该使用 object 类型来代替。

5.11.2　object

在 TypeScript 2.2 版本中，增加了一个新的 object 类型表示非原始类型。object 类型使用 object 关键字作为标识，object 类型名中的字母全部为小写。示例如下：

```
01 const point: object = { x: 0, y: 0 };
```

object 类型的关注点在于类型的分类，它强调一个类型是非原始类型，即对象类型。object 类型的关注点不是该对象类型具体包含了哪些属性，例如对象类型是否包含一个名为 name 的属性，因此，不允许读取和修改 object 类型上的自定义属性。示例如下：

```
01 const obj: object = { foo: 0 };
02
03 // 编译错误! 属性'foo'不存在于类型'object'上
04 obj.foo;
05
06 // 编译错误! 属性'foo'不存在于类型'object'上
07 obj.foo = 0;
```

在 object 类型上仅允许访问对象的公共属性和方法，也就是 Object 类型中定义的属性和方法。示例如下：

```
01 const obj: object = {};
02
03 obj.toString();
04 obj.valueOf();
```

5.11.2.1　类型兼容性

我们知道，JavaScript 中的数据类型可以划分为原始数据类型和对象数据类型两大类。针对 JavaScript 中的每一种原始数据类型，TypeScript 都提供了对应的类型：

- ❑ boolean
- ❑ string
- ❑ number
- ❑ bigint
- ❑ symbol
- ❑ undefined

⊖ 官方文档对此的说明可参见 https://www.typescriptlang.org/docs/handbook/declaration-files/do-s-and-don-ts.html#number-string-boolean-symbol-and-object。

❏ null

但是在以前的版本中，TypeScript 唯独没有提供一种类型用来表示非原始类型，也就是对象类型。上一节介绍的 Object 类型无法表示非原始类型，因为允许将原始类型赋值给 Object 类型。例如，将字符串赋值给 Object 类型不会产生错误。示例如下：

```
01 const a: Object = 'hi';
```

新的 object 类型填补了这个功能上的缺失。object 类型能够准确地表示非原始类型，因为原始类型不允许赋给 object 类型。示例如下：

```
01 let nonPrimitive: object;
02
03 // 下列赋值语句均会产生编译错误
04 nonPrimitive = true;
05 nonPrimitive = 'hi';
06 nonPrimitive = 1;
07 nonPrimitive = 1n;
08 nonPrimitive = Symbol();
09 nonPrimitive = undefined;
10 nonPrimitive = null;
```

只有非原始类型，也就是对象类型能够赋给 object 类型。示例如下：

```
01 let nonPrimitive: object;
02
03 // 正确
04 nonPrimitive = {};
05 nonPrimitive = { x: 0 };
06 nonPrimitive = [0];
07 nonPrimitive = new Date();
08 nonPrimitive = function () {};
```

object 类型仅能够赋值给以下三种类型：

❏ 顶端类型 any 和 unknown。

❏ Object 类型。

❏ 空对象类型字面量 "{}"（将在 5.11.3 节中介绍）。

由于所有类型都是顶端类型的子类型，所以 object 类型能够赋值给顶端类型 any 和 unknown。示例如下：

```
01 const nonPrimitive: object = {};
02
03 const a: any = nonPrimitive;
04 const b: unknown = nonPrimitive;
```

Object 类型描述了所有对象都共享的属性和方法，所以很自然地表示对象类型的 object 类型能够赋值给 Object 类型。示例如下：

```
01 const nonPrimitive: object = {};
02
03 const obj: Object = nonPrimitive;
```

object 类型也能够赋值给空对象类型字面量"{}"。我们将在 5.11.3 节中介绍空对象类型字面量。示例如下：

```
01  const nonPrimitive: object = {};
02
03  const obj: {} = nonPrimitive;
```

5.11.2.2　实例应用

在 JavaScript 中，有一些内置方法只接受对象作为参数。例如，我们前面提到的"Object.create()"方法，该方法的第一个参数必须传入对象或者 null 值作为新创建对象的原型。如果传入了原始类型的值，例如数字 1，那么将产生运行时的类型错误。示例如下：

```
01  // 正确
02  const a = Object.create(Object.prototype);
03  const b = Object.create(null);
04
05  // 类型错误
06  const c = Object.create(1);
```

在没有引入 object 类型之前，没有办法很好地描述"Object.create()"方法签名的类型。TypeScript 也只好将该方法第一个参数的类型定义为 any 类型。如此定义参数类型显然不够准确，而且对类型检查也没有任何帮助。示例如下：

```
01  interface ObjectConstructor {
02      create(o: any, ...): any;
03
04      // 省略了其他成员
05  }
```

在引入了 object 类型之后，TypeScript 更新了"Object.create()"方法签名的类型，使用 object 类型来替换 any 类型。示例如下：

```
01  interface ObjectConstructor {
02      create(o: object | null, ...): any;
03
04      // 省略了其他成员
05  }
```

现在，我们能够正确描述"Object.create()"方法的参数类型。如果传入了原始类型的参数，编译器在进行静态类型检查时就能够发现这个错误。示例如下：

```
01  const a = Object.create(1);
02  //                      ~
03  //                      编译错误
```

5.11.3　对象类型字面量

对象类型字面量是定义对象类型的方法之一。下例中，我们使用对象类型字面量定义了一个对象类型。该对象类型中包含了两个属性成员 x 和 y，它们的类型均为 number 类型。示例如下：

```
01 const point: { x: number; y: number } = { x: 0, y: 0 };
02 //             ~~~~~~~~~~~~~~~~~~~~~~~~
03 //                 对象类型字面量
```

接下来，将介绍对象类型字面量的具体使用方法。

5.11.3.1 基础语法

对象类型字面量的语法与对象字面量的语法相似。在定义对象类型字面量时，需要将类型成员依次列出。对象类型字面量的语法如下所示：

```
{
    TypeMember;
    TypeMember;
    ...
}
```

在该语法中，TypeMember 表示对象类型字面量中的类型成员，类型成员置于一对大括号 "{}" 之内。

在各个类型成员之间，不但可以使用分号 "；" 进行分隔，还可以使用逗号 "，" 进行分隔，这两种分隔符不存在功能上的差异。示例如下：

```
{
    TypeMember,
    TypeMember,
    ...
}
```

类型成员列表中的尾后分号和尾后逗号是可选的。示例如下：

```
{
    TypeMember;
    TypeMember;
}

{
    TypeMember;
    TypeMember
}
```

对象类型字面量的类型成员可分为以下五类：
❑ 属性签名
❑ 调用签名
❑ 构造签名
❑ 方法签名
❑ 索引签名

下面我们将以属性签名为例来介绍对象类型字面量的使用方法，其他种类的类型成员将在 5.12 节和 5.13 节中进行详细介绍。

5.11.3.2　属性签名

属性签名声明了对象类型中属性成员的名称和类型。它的语法如下所示：

```
{
    PropertyName: Type;
}
```

在该语法中，PropertyName 表示对象属性名，可以为标识符、字符串、数字和可计算属性名；Type 表示该属性的类型。

下例中，我们使用对象类型字面量定义了 Point 对象类型，该类型表示二维坐标系中的点。Point 对象类型包含两个属性签名类型成员，分别为表示横坐标的属性 x 和表示纵坐标的属性 y，两者的类型均为 number 类型。示例如下：

```
01 let point: { x: number; y: number } = { x: 0, y: 0 };
```

属性签名中的属性名可以为可计算属性名，但需要该可计算属性名满足以下条件之一：

❑ 可计算属性名的类型为 string 字面量类型或 number 字面量类型。示例如下：

```
01 const a: 'a' = 'a';
02 const b: 0 = 0;
03
04 let obj: {
05     [a]: boolean;
06     [b]: boolean;
07
08     ['c']: boolean;
09     [1]: boolean;
10 };
```

❑ 可计算属性名的类型为 "unique symbol" 类型。示例如下：

```
01 const s: unique symbol = Symbol();
02
03 let obj: {
04     [s]: boolean;
05 };
```

❑ 可计算属性名符合 "Symbol.xxx" 的形式。示例如下：

```
01 let obj: {
02     [Symbol.toStringTag]: string;
03 };
```

在属性签名的语法中，表示类型的 Type 部分是可以省略的，允许只列出属性名而不定义任何类型。在这种情况下，该属性的类型默认为 any 类型。示例如下：

```
01 {
02     x;
03     y;
04 }
05
```

```
06  // 等同于:
07
08  {
09      x: any;
10      y: any;
11  }
```

注意，此例中的代码仅在没有启用"--noImplicitAny"编译选项的情况下才能够正常编译。若启用了"--noImplicitAny"编译选项，则会产生编译错误，因为对象属性隐式地获得了 any 类型。示例如下：

```
01  {
02      x;
03  //  ~
04  //  编译错误! 成员 'x' 隐式地获得了 'any' 类型
05  }
```

在程序中，不推荐省略属性签名中的类型。

5.11.3.3　可选属性

在默认情况下，通过属性签名定义的对象属性是必选属性。如果在属性签名中的属性名之后添加一个问号"?"，那么将定义一个可选属性。定义可选属性成员的语法如下所示：

```
{
    PropertyName?: Type;
}
```

在给对象类型赋值时，可选属性可以被忽略。下例中，我们修改了前面定义的 Point 对象类型，添加一个可选属性 z 来表示点的 Z 轴坐标。这样 Point 对象类型也能够表示三维坐标系中的点。示例如下：

```
01  let point: { x: number; y: number; z?: number };
02  //           ~~~~~~~~~~~~~~~~~~~~~~~~~~~~~~~~~~~~~~
03  //           Point对象类型
04
05  point = { x: 0, y: 0 };
06  point = { x: 0, y: 0, z: 0 };
```

此例中，Point 对象类型的属性 z 是可选属性。在给 point 变量赋值时，既可以为属性 z 赋予一个 number 类型的值，也可以完全忽略属性 z。

在"--strictNullChecks"模式下，TypeScript 会自动在可选属性的类型定义中添加 undefined 类型。因此，下例中两个 Point 对象类型的定义是等价的：

```
{
    x: number;
    y: number;
    z?: number;
};

// 等同于:
```

```
{
    x: number;
    y: number;
    z?: number | undefined;
};
```

该行为的结果是，我们可以为可选属性传入 undefined 值来明确地表示忽略该属性的值，示例如下：

```
01 let point: { x: number; y: number; z?: number };
02
03 point = { x: 0, y: 0 };
04 point = { x: 0, y: 0, z: undefined };
05 point = { x: 0, y: 0, z: 0 };
```

同时也要注意，在 "--strictNullChecks" 模式下，null 类型与 undefined 类型是区别对待的。此例中，不允许给属性 z 赋予 null 值，如下所示：

```
01 let point: { x: number; y: number; z?: number };
02
03 point = {
04     x: 0,
05     y: 0,
06     z: null,
07 //  ~
08 // 编译错误! 类型'null'不能赋值给类型'number | undefined'
09 };
```

在非 "--strictNullChecks" 模式下，null 值与 undefined 值均可以赋值给可选属性。因为在该模式下，null 值与 undefined 值几乎可以赋值给任意类型。

在操作对象类型的值时，只允许读写对象类型中已经定义的必选属性和可选属性。若访问了未定义的属性，则会产生编译错误。例如，下例中 point 的类型里没有定义属性 t，因此不允许读写属性 t：

```
01 let point: { x: number; y: number; z?: number };
02
03 // 正确
04 point = { x: 0, y: 0 };
05 point.x;
06 point.y;
07
08 // 正确
09 point = { x: 0, y: 0, z: 0 };
10 point.x;
11 point.y;
12 point.z;
13
14 point = { x: 0, y: 0, z: 0, t: 0 };    // 编译错误
15 point.t;                               // 编译错误
```

5.11.3.4　只读属性

在属性签名定义中添加 readonly 修饰符能够定义对象只读属性。定义只读属性的语法

如下所示：

```
{
    readonly PropertyName: Type;
}
```

下例中，我们将 Point 对象类型中的属性 x 和属性 y 定义为只读属性：

```
01 let point: {
02     readonly x: number;
03     readonly y: number;
04 };
05
06 point = { x: 0, y: 0 };
```

只读属性的值在初始化后不允许再被修改，示例如下：

```
01 let point: {
02     readonly x: number;
03     readonly y: number;
04 };
05
06 // 正确，初始化
07 point = { x: 0, y: 0 };
08
09 point.x = 1;
10 //    ~
11 //    编译错误！不允许给x赋值，因为它是只读属性
12
13 point.y = 1;
14 //    ~
15 //    编译错误！不允许给y赋值，因为它是只读属性
```

5.11.3.5　空对象类型字面量

如果对象类型字面量没有定义任何类型成员，那么它就成了一种特殊的类型，即空对象类型字面量“{}”。空对象类型字面量表示不带有任何属性的对象类型，因此不允许在“{}”类型上访问任何自定义属性。示例如下：

```
01 const point: {} = { x: 0, y: 0 };
02
03 point.x;
04 //    ~
05 //    编译错误！属性 'x' 不存在于类型 '{}'
06
07 point.y;
08 //    ~
09 //    编译错误！属性 'y' 不存在于类型 '{}'
```

在空对象类型字面量“{}”上，允许访问对象公共的属性和方法，也就是 Object 类型上定义的方法和属性。示例如下：

```
01 const point: {} = { x: 0, y: 0 };
02
03 point.valueOf();
```

现在，读者可能会发现空对象类型字面量 "{}" 与 Object 类型十分相似。而事实上也正是如此，单从行为上来看两者是可以互换使用的。例如，除了 undefined 值和 null 值外，其他任何值都可以赋值给空对象类型字面量 "{}" 和 Object 类型。同时，空对象类型字面量 "{}" 和 Object 类型之间也允许互相赋值。示例如下：

```
01  let a: Object = 'hi';
02  let b: {} = 'hi';
03
04  a = b;
05  b = a;
```

两者的区别主要在于语义上。全局的 Object 类型用于描述对象公共的属性和方法，它相当于一种专用类型，因此程序中不应该将自定义变量、参数等类型直接声明为 Object 类型。空对象类型字面量 "{}" 强调的是不包含属性的对象类型，同时也可以作为 Object 类型的代理来使用。最后，也要注意在某些场景中新的 object 类型可能是更加合适的选择。

5.11.4　弱类型

弱类型（Weak Type）是 TypeScript 2.4 版本中引入的一个概念。弱类型指的是同时满足以下条件的对象类型：

❏ 对象类型中至少包含一个属性。
❏ 对象类型中所有属性都是可选属性。
❏ 对象类型中不包含字符串索引签名、数值索引签名、调用签名和构造签名（详细介绍请参考 5.13 节）。

例如，下例中 config 变量的类型是一个弱类型：

```
01  let config: {
02      url?: string;
03      async?: boolean;
04      timeout?: number;
05  };
```

5.11.5　多余属性

对象多余属性可简单理解为多出来的属性。多余属性会对类型间关系的判定产生影响。例如，一个类型是否为另一个类型的子类型或父类型，以及一个类型是否能够赋值给另一个类型。显然，多余属性是一个相对的概念，只有在比较两个对象类型的关系时谈论多余属性才有意义。

假设存在源对象类型和目标对象类型两个对象类型，那么当满足以下条件时，我们说源对象类型相对于目标对象类型存在多余属性，具体条件如下：

❏ 源对象类型是一个 "全新（Fresh）的对象字面量类型"。
❏ 源对象类型中存在一个或多个在目标对象类型中不存在的属性。

"全新的对象字面量类型"指的是由对象字面量推断出的类型，如图 5-1 所示。

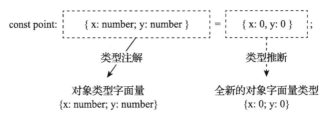

图 5-1 全新的对象字面量类型

此例中，由赋值语句右侧的对象字面量"{ x: 0, y: 0 }"推断出的类型为全新的对象字面量类型"{ x: 0, y: 0 }"。同时也要注意区分，赋值语句左侧类型注解中的"{ x: number, y: number }"不是全新的对象字面量类型。如果我们将赋值语句右侧的类型视作源对象类型，将赋值语句左侧的类型视作目标对象类型，那么不存在多余属性。

我们对这段代码稍加修改，如下所示：

```
01 const point: { x: number; y: number } = {
02     x: 0,
03     y: 0,
04     z: 0,
05 //  ~~~~
06 //  z是多余属性
07 };
```

我们为赋值语句右侧的对象字面量增加了一个 z 属性。这时，赋值语句右侧的类型仍为全新的对象字面量类型。若仍将"{ x: number, y: number }"视为目标对象类型，那么源对象类型"{ x: 0, y: 0, z: 0 }"存在一个多余属性 z。

目标对象类型中的可选属性与必选属性是被同等对待的。例如，下例中 point 的类型为弱类型，而赋值语句右侧源类型中的属性 z 仍然是多余属性：

```
08 const point: { x?: number; y?: number } = {
09     x: 0,
10     y: 0,
11     z: 0,
12 //  ~~~~
13 //  z是多余属性
14 };
```

5.11.5.1 多余属性检查

多余属性检查是 TypeScript 1.6 引入的功能。多余属性会影响类型间的子类型兼容性以及赋值兼容性，也就是说编译器不允许在一些操作中存在多余属性。例如，将对象字面量赋值给变量或属性时，或者将对象字面量作为函数参数来调用函数时，编译器会严格检查是否存在多余属性。若存在多余属性，则会产生编译错误。示例如下：

```
01 let point: {
02     x: number;
03     y: number;
04 } = { x: 0, y: 0, z: 0 };
05 //                ~~~~
06 //                编译错误！z是多余属性
07
08 function f(point: { x: number; y: number }) {}
09 f({ x: 0, y: 0, z: 0 });
10 //               ~~~~
11 //               编译错误！z是多余属性
```

此例第 4 行的赋值语句中，属性 z 是多余属性，因此编译器不允许该赋值操作并产生编译错误。同理，在第 9 行的函数调用语句中，属性 z 是多余属性，编译器也会产生编译错误。

在了解了多余属性检查的基本原理之后，让我们来思考一下它背后的设计意图。在正常的使用场景中，如果我们直接将一个对象字面量赋值给某个确定类型的变量，那么通常没有理由去故意添加多余属性。考虑如下代码：

```
12 const point: { x: number; y: number } = {
13     x: 0,
14     y: 0,
15     z: 0,
16 //  ~~~~
17 //  z是多余属性
18 };
```

此例中明确定义了常量 point 的类型是只包含两个属性 x 和 y 的对象类型。在使用对象字面量构造该类型的值时，自然而然的做法是构造一个完全符合该类型定义的值，即只包含两个属性 x 和 y 的对象，完全没有理由再添加多余的属性。

我们再看一个函数调用的场景，如下所示：

```
01 function f(point: { x: number; y: number }) {
02     point;
03 }
04
05 f({ x: 0, y: 0, z: 0 });
06 //               ~~~~
07 //               z是多余属性
```

此例中，函数参数 point 的类型为 "{ x: number; y: number }"。第 5 行，调用函数 f 时传入的对象字面量带有多余属性 z，这很可能是一个误操作。

让我们再换一个角度，从类型可靠性的角度来看待多余属性检查。当把对象字面量赋值给目标对象类型时，若存在多余属性，那么将意味着对象字面量本身的类型彻底丢失了，如图 5-2 所示。

此例中，将包含多余属性的对象字面量赋值给类型为 "{ x: number; y: number }" 的 point 常量后，程序中就再也无法引用对象字面量 "{ x: 0, y: 0, z: 0 }" 的类型了。从类型系统的角度来看，该赋值操作造成了类型信息的永久性丢失，因此编译器认为这是一个错误。

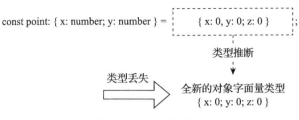

图 5-2　多余属性检查

多余属性检查能够带来的最直接的帮助是发现属性名的拼写错误。示例如下：

```
01  const task: { canceled?: boolean } = { cancelled: true };
02  //                                     ~~~~~~~~~~~~~~~~
03  //                                     编译错误！对象字面量只允许包含已知属性
04  //                                     'cancelled'不存在于'{ canceled?: boolean }'
                                           类型中
05  //                                     是否指的是'canceled'属性
```

此例中，常量 task 的类型为"{ canceled?: boolean }"。其中，canceled 属性是可选属性，因此允许不设置该属性的值。

在赋值语句右侧的"{ cancelled: true }"对象字面量中，只包含一个 cancelled 属性。仔细查看该代码会发现，对象字面量"{ cancelled: true }"与"{ canceled?: boolean }"类型中的属性名拼写相差了一个字母"l"。如果编译器不进行多余属性检查，那么此例中的代码不会产生编译错误。更糟糕的是，常量 task 中的 canceled 属性没有按照预期被设置为 true，而是使用默认值 undefined。undefined 是一个"假"值，它与想要设置的 true 正好相反。这就给程序注入了一个让人难以察觉的错误。

如果编译器能够执行多余属性检查，那么它能够识别出对象字面量中的 cancelled 属性是一个多余属性，从而产生编译错误。更好的是，编译器不但能够提示多余属性的错误，还能够根据"Levenshtein distance"[⊖]算法来推测可能的属性名。这也是为什么在第 5 行中，编译器能够提示出"是否指的是 'canceled' 属性？"这条消息。

5.11.5.2　允许多余属性

在前文中，我们介绍了什么是多余属性以及为什么要进行多余属性检查。多余属性检查在绝大多数场景中都是合理的，因此推荐在程序中尽可能地利用这个功能。但如果确定不想让编译器对代码进行多余属性检查，那么有多种方式能够实现这个效果。接下来，让我们以如下的代码为例来介绍每一种方法：

```
01  const point: { x: number } = { x: 0, y: 0 };
02  //                                    ~~~~
03  //                                    y是多余属性
```

⊖　Levenshtein distance，可译作"莱文斯坦距离"，是编辑距离的一种。它能够表示在两个字符串之间，由一个字符串转换为另一个字符串所需的最少编辑次数。该算法的典型应用场景是拼写检查工具、diff 差异比较工具等。

能够忽略多余属性检查的方法如下：

❑ 使用类型断言，这是推荐的方法。

类型断言能够对类型进行强制转换。例如，我们可以将对象字面量 "{ x: 0, y: 0 }" 的类型强制转换为 "{ x: number }" 类型。关于类型断言的详细介绍请参考 6.10 节。类型断言能够绕过多余属性检查的真正原因是，处于类型断言表达式中的对象字面量将不再是 "全新的对象字面量类型"，因此编译器也就不会对其进行多余属性检查，下例中的第 5 行代码能够证明这一点：

```
01 // 无编译错误
02 const p0: { x: number } = { x: 0, y: 0 } as { x: number };
03
04 // 无编译错误
05 const p1: { x: number } = { x: 0, y: 0 } as { x: 0; y: 0 };
```

❑ 启用 "--suppressExcessPropertyErrors" 编译选项。

启用该编译选项能够完全禁用整个 TypeScript 工程的多余属性检查，但同时也将完全失去多余属性检查带来的帮助。我们可以在 tsconfig.json 配置文件中或命令行上启用该编译选项。关于配置文件的详细介绍请参考 8.3 节。示例如下：

```
01 {
02     "compilerOptions": {
03         "suppressExcessPropertyErrors": true
04     }
05 }
```

❑ 使用 "// @ts-ignore" 注释指令。

该注释指令能够禁用针对某一行代码的类型检查。关于注释指令的详细介绍请参考 8.5.2 节。示例如下：

```
01 // @ts-ignore
02 const point: { x: number } = { x: 0, y: 0 };
```

❑ 为目标对象类型添加索引签名。

若目标对象类型上存在索引签名，那么目标对象可以接受任意属性，因此也就谈不上多余属性。关于索引签名的详细介绍请参考 5.13.6 节。示例如下：

```
01 const point: {
02     x: number;
03     [prop: string]: number; // 索引签名
04 } = { x: 0, y: 0 };
```

❑ 最后一种方法也许不是很好理解。如果我们先将对象字面量赋值给某个变量，然后再将该变量赋值给目标对象类型，那么将不会执行多余属性检查。这种方法能够生效的原理与类型断言类似，那就是令源对象类型不为 "全新的对象字面量类型"，于是编译器将不执行多余属性检查。下面代码的第 4 行，赋值语句右侧不是对象字面量，而是一个标识符，因此 temp 的类型不是"全新的对象字面量类型"：

```
01  const temp = { x: 0, y: 0 };
02
03  // 无编译错误
04  const point: { x: number } = temp;
```

5.12 函数类型

在本节中，将介绍如何为函数添加类型，包括参数类型、返回值类型、this 类型以及函数重载等。

5.12.1 常规参数类型

在函数形式参数列表中，为参数添加类型注解就能够定义参数的类型。例如，下例中将 add 函数声明中的参数 x 和参数 y 的类型都定义为 number 类型：

```
01  function add(x: number, y: number) {
02      return x + y;
03  }
```

针对函数表达式和匿名函数，我们也可以使用相同的方法来定义参数的类型。示例如下：

```
01  const f = function (x: number, y: number) {
02      return x + y;
03  };
```

如果在函数形式参数列表中没有明确指定参数类型，并且编译器也无法推断参数类型，那么参数类型将默认为 any 类型。示例如下：

```
01  function add(x, y) {
02  //           ~~~~
03  //           参数x和y隐式地获得了'any'类型
04
05      return x + y;
06  }
```

注意，如果启用了"--noImplicitAny"编译选项，那么此例中的代码将会产生编译错误。我们必须指明参数的类型，如果期望的类型就是 any 类型，则需要使用类型注解来明确地标注。示例如下：

```
01  function add(x: any, y: any) {
02      return x + y;
03  }
```

5.12.2 可选参数类型

在 JavaScript 中，函数的每一个参数都是可选参数，而在 TypeScript 中，默认情况下函数的每一个参数都是必选参数。在调用函数时，编译器会检查传入实际参数的个数与函数定义中形式参数的个数是否相等。如果两者不相等，则会产生编译错误。如果一个参数是可选参数，那么就需要在函数类型定义中明确指定。

在函数形式参数名后面添加一个问号"?"就可以将该参数声明为可选参数。例如，下例中我们将 add 函数的参数 y 定义为可选参数：

```
01 function add(x: number, y?: number) {
02     return x + (y ?? 0);
03 }
```

我们也可以同时定义多个可选参数。示例如下：

```
01 function add(x: number, y?: number, z?: number) {
02     return x + (y ?? 0) + (z ?? 0);
03 }
```

函数的可选参数必须位于函数参数列表的末尾位置。在可选参数之后不允许再出现必选参数，否则将产生编译错误。例如，下例中 add 函数的第一个参数 x 是可选参数，在它之后的参数 y 是必选参数，因此将产生编译错误。示例如下：

```
01 function add(x?: number, y: number) {
02     //                   ~
03     //                   编译错误！必选参数不能出现在可选参数之后
04 }
```

如果函数的某个参数是可选参数，那么在调用该函数时既可以传入对应的实际参数，也可以完全不传入任何实际参数。例如，下例中参数 x 是必选参数，y 是可选参数。在调用 add 函数时，既可以传入一个实际参数，也可以传入两个实际参数。但是，若没有传入参数或者传入了多于两个的参数，则将产生编译错误。示例如下：

```
01 function add(x: number, y?: number) {
02     return x + (y ?? 0);
03 }
04
05 add();        // 编译错误
06 add(1);       // 正确
07 add(1, 2);    // 正确
08 add(1, 2, 3); // 编译错误
```

在"--strictNullChecks"模式下，TypeScript 会自动为可选参数添加 undefined 类型。因此，上例中 add 函数的定义等同于如下定义：

```
01 /**
02  * --strictNullChecks=true
03  */
04 function add(x: number, y?: number | undefined) {
05     return x + (y ?? 0);
06 }
```

TypeScript 允许给可选参数传入一个 undefined 值。示例如下：

```
01 /**
02  * --strictNullChecks=true
03  */
04 function add(x: number, y?: number) {
05     return x + (y ?? 0);
06 }
07
08 add(1);            // 1
09 add(1, 2);         // 3
10 add(1, undefined); // 1
```

需要注意的是，为参数添加 undefined 类型不等同于该参数是可选参数。若省略了"?"符号，则参数将成为必选参数，在调用时必须传入一个实际参数值。

5.12.3　默认参数类型

函数默认参数类型可以通过类型注解定义，也可以根据默认参数值自动地推断类型。例如，下例中函数默认参数 x 的类型通过类型注解明确定义，而默认参数 y 的类型则是根据默认值 0 推断出的类型，最后两个参数的类型均为 number 类型。示例如下：

```
01 function add(x: number = 0, y = 0) {
02     return x + y;
03 }
```

如果函数定义了默认参数，并且默认参数处于函数参数列表末尾的位置，那么该参数将被视为可选参数，在调用该函数时可以不传入对应的实际参数值。例如，下例中参数 y 是默认参数，且处于参数列表的末尾，因此参数 y 成了可选参数。在调用 add 函数时，允许不传入参数 y 的实际参数值。示例如下：

```
01 function add(x: number, y: number = 0) {
02     return x + y;
03 }
04
05 add(1);    // 1
06 add(1, 2); // 3
```

在语法上，同一个函数参数不允许同时声明为可选参数和默认参数，否则将产生编译错误。示例如下：

```
01 function f(x?: number = 0) {
02     //      ~
03     //      编译错误! 参数不能同时使用?符号和初始化值
04 }
```

如果默认参数之后存在必选参数，那么该默认参数不是可选的参数，在调用函数时必须传入对应的实际参数值。示例如下：

```
01 function add(x: number = 0, y: number) {
02     return x + y;
03 }
```

```
04
05 add(1);                // 编译错误
06 add(1, 2);             // 正确
07 add(undefined, 2); // 正确
```

5.12.4　剩余参数类型

必选参数、可选参数和默认参数处理的都是单个参数，而剩余参数处理的则是多个参数。如果函数定义中声明了剩余参数，那么在调用函数时会将多余的实际参数收集到剩余参数列表中。因此，剩余参数的类型应该为数组类型或元组类型。虽然剩余参数也可以定义为顶端类型或尾端类型，但是实际意义不大，因此不展开介绍。

5.12.4.1　数组类型的剩余参数

最常见的做法是将剩余参数的类型声明为数组类型。例如，下例中的 f 函数定义了"number[]"类型的剩余参数：

```
01 function f(...args: number[]) {}
```

在调用定义了剩余参数的函数时，剩余参数可以接受零个或多个实际参数。示例如下：

```
01 function f(...args: number[]) {}
02
03 f();
04 f(0);
05 f(0, 1);
```

5.12.4.2　元组类型的剩余参数

剩余参数的类型也可以定义为元组类型。例如，下例中剩余参数 args 的类型为包含两个元素的元组类型：

```
01 function f(...args: [boolean, number]) {}
```

如果剩余参数的类型为元组类型，那么编译器会将剩余参数展开为独立的形式参数声明，主要包括以下几种情况：

❑ 常规元组类型，示例如下：

```
01 function f0(...args: [boolean, number]) {}
02
03 // 等同于:
04
05 function f1(args_0: boolean, args_1: number) {}
```

❑ 带有可选元素的元组类型，示例如下：

```
01 function f0(...args: [boolean, string?]) {}
02
03 // 等同于:
04
05 function f1(args_0: boolean, args_1?: string) {}
```

❑ 带有剩余元素的元组类型，示例如下：

```
01 function f0(...args: [boolean, ...string[]]) {}
02
03 // 等同于:
04
05 function f1(args_0: boolean, ...args_1: string[]) {}
```

在了解了元组类型剩余参数的展开行为后，我们也就清楚了该如何传入对应的实际参数，如下所示：

```
01 function f0(...args: [boolean, number, string]) {}
02 f0(true, 0, '');
03
04 function f1(...args: [boolean, number, string?]) {}
05 f1(true, 0, '');
06 f1(true, 0);
07
08 function f2(...args: [boolean, number, ...string[]]) {}
09 f2(true, 0);
10 f2(true, 0, '');
11 f2(true, 0, '', 'hello');
12
13 function f3(...args: [boolean, number?, ...string[]]) {}
14 f3(true);
15 f3(true, 0);
16 f3(true, 0, '');
17 f3(true, 0, '', 'hello');
```

5.12.5 解构参数类型

在 4.3 节中，我们介绍了如何对数组和对象进行解构。解构还可以应用在函数参数列表中。示例如下：

```
01 function f0([x, y]) {}
02 f0([0, 1]);
03
04 function f1({ x, y }) {}
05 f1({ x: 0, y: 1 });
```

我们可以使用类型注解为解构参数添加类型信息。示例如下：

```
01 function f0([x, y]: [number, number]) {}
02 f0([0, 1]);
03
04 function f1({ x, y }: { x: number; y: number }) {}
05 f1({ x: 0, y: 1 });
```

5.12.6 返回值类型

在函数形式参数列表之后，可以使用类型注解为函数添加返回值类型。例如，下例中定义了 add 函数的返回值类型为 number 类型：

```
01  function add(x: number, y: number): number {
02  //                                   ~~~~~~
03  //                                   函数返回值类型
04      return x + y;
05  }
```

在绝大多数情况下，TypeScript 能够根据函数体内的 return 语句等自动推断出返回值类型，因此我们也可以省略返回值类型。示例如下：

```
01  function add(x: number, y: number) {
02      return x + y;
03  }
```

此例中，我们没有为 add 函数添加返回值类型，但是 TypeScript 能够根据表达式"x + y"的类型推断出 add 函数的返回值类型为 number 类型。

在 TypeScript 的原始类型里有一个特殊的空类型 void，该类型唯一有意义的使用场景就是作为函数的返回值类型。如果一个函数的返回值类型为 void，那么该函数只能返回 undefined 值。这意味着函数明确地返回了一个 undefined 值，或者函数没有调用 return 语句，在这种情况下函数默认返回 undefined 值。示例如下：

```
01  // f0和f1是正确的使用场景
02
03  function f0(): void {
04      return undefined;
05  }
06  function f1(): void {}
07
08
09  // f2, f3和f4是错误的使用场景
10
11  function f2(): void {
12      return false;
13  }
14
15  function f3(): void {
16      return 0;
17  }
18
19  function f4(): void {
20      return '';
21  }
```

如果没有启用"--strictNullChecks"编译选项，那么 void 返回值类型也允许返回 null 值。示例如下：

```
01  /**
02   * --strictNullChecks=false
03   */
04  function f0(): void {
05      return null;
06  }
```

5.12.7 函数类型字面量

在前面几节中，介绍了如何为现有函数添加参数和返回值类型。在本节中，我们将介绍如何使用函数类型字面量来描述某个函数的类型。

函数类型字面量是定义函数类型的方法之一，它能够指定函数的参数类型、返回值类型以及将在 6.1 节中介绍的泛型类型参数。函数类型字面量的语法与箭头函数的语法相似，具体语法如下所示：

```
(ParameterList) => Type
```

在该语法中，ParameterList 表示可选的函数形式参数列表；Type 表示函数返回值类型；形式参数列表与返回值类型之间使用胖箭头"=>"连接。

下例中，变量 f 的类型为函数类型，这代表变量 f 的值是一个函数。该函数类型通过函数类型字面量进行定义，表示一个不接受任何参数且返回值类型为 void 的函数。示例如下：

```
01 let f: () => void;
02 //      ~~~~~~~~~~
03 //      函数类型字面量
04
05 f = function () { /* no-op */ };
```

在函数类型字面量中定义函数参数的类型时，必须包含形式参数名，不允许只声明参数的类型。下例中，add 函数是正确的定义方式，而 f 函数则是错误的定义方式。编译器会将 f 函数参数列表中的 number 当作参数名，而不是参数类型。示例如下：

```
01 let add: (x: number, y: number) => number;
02
03 let f: (number) => number;
04 //      ~~~~~~
05 //      编译错误
```

函数类型字面量中的形式参数名与实际函数值中的形式参数名不必相同。例如，下例中函数类型字面量中声明的形式参数名为 x，而实际函数值的形式参数名为 y：

```
01 let f: (x: number) => number;
02
03 f = function (y: number): number {
04     return y;
05 };
```

函数类型字面量中的返回值类型必须明确指定，不允许省略。如果函数没有返回值，则需要指定 void 类型作为返回值类型。示例如下：

```
01 let foo: () => void;
02
03 let bar: () => ;
04 //             ~~
05 //             编译错误：未指定返回值类型
```

5.12.8　调用签名

函数在本质上是一个对象，但特殊的地方在于函数是可调用的对象。因此，可以使用对象类型来表示函数类型。若在对象类型中定义了调用签名类型成员，那么我们称该对象类型为函数类型。调用签名的语法如下所示：

```
{
    (ParameterList): Type
}
```

在该语法中，ParameterList 表示函数形式参数列表类型，Type 表示函数返回值类型，两者都是可选的。

下例中，我们使用对象类型字面量和调用签名定义了一个函数类型，该函数类型接受两个 number 类型的参数，并返回 number 类型的值：

```
01  let add: { (x: number, y: number): number };
02
03  add = function (x: number, y: number): number {
04      return x + y;
05  };
```

实际上，上一节介绍的函数类型字面量完全等同于仅包含一个类型成员并且是调用签名类型成员的对象类型字面量。换句话说，函数类型字面量是仅包含单个调用签名的对象类型字面量的简写形式，如下所示：

```
{ ( ParameterList ): Type }
```

```
// 简写为：
```

```
( ParameterList ) => Type
```

例如，"Math.abs()"是一个内置函数，它接受一个数字参数并返回该参数的绝对值。下面，我们分别使用函数类型字面量和带有调用签名的对象类型字面量来定义"Math.abs()"函数的类型：

```
01  const abs0: (x: number) => number = Math.abs;
02
03  const abs1: { (x: number): number } = Math.abs;
04
05  abs0(-1) === abs1(-1);          // true
```

函数类型字面量的优点是简洁，而对象类型字面量的优点是具有更强的类型表达能力。我们知道函数是一种对象，因此函数可以拥有自己的属性。下例中，函数 f 除了可以被调用以外，还提供了一个 version 属性：

```
01  function f(x: number) {
02      console.log(x);
03  }
04
05  f.version = '1.0';
```

```
06
07 f(1); // 1
08 f.version;              // '1.0'
```

若使用函数类型字面量，则无法描述 string 类型的 version 属性，因此也就无法准确地描述函数 f 的类型。示例如下：

```
01 function f(x: number) {
02     console.log(x);
03 }
04 f.version = '1.0';
05
06 let foo: (x: number) => void = f;
07
08 const version = foo.version;
09 //                    ~~~~~~~
10 //                 编译错误: '(x: number) => void' 类型
11 //                 上不存在 'version' 属性
```

在这种情况下，我们可以使用带有调用签名的对象类型字面量来准确地描述函数 f 的类型。示例如下：

```
01 function f(x: number) {
02     console.log(x);
03 }
04 f.version = '1.0';
05
06 let foo: { (x: number): void; version: string } = f;
07
08 const version = foo.version;  // string类型
```

5.12.9 构造函数类型字面量

在面向对象编程中，构造函数是一类特殊的函数，它用来创建和初始化对象。JavaScript 中的函数可以作为构造函数使用，在调用构造函数时需要使用 new 运算符。例如，我们可以使用内置的 Date 构造函数来创建一个日期对象，示例如下：

```
01 const date = new Date();
```

构造函数类型字面量是定义构造函数类型的方法之一，它能够指定构造函数的参数类型、返回值类型以及将在 6.1 节中介绍的泛型类型参数。构造函数类型字面量的具体语法如下所示：

```
new ( ParameterList ) => Type
```

在该语法中，new 是关键字，ParameterList 表示可选的构造函数形式参数列表类型，Type 表示构造函数返回值类型。

JavaScript 提供了一个内置的 Error 构造函数，它接受一个可选的 message 作为参数并返回新创建的 Error 对象。示例如下：

```
01 const a = new Error();
02 const b = new Error('Error message.');
```

我们可以使用如下构造函数类型字面量来表示 Error 构造函数的类型。该构造函数有一个可选参数 message 并返回 Error 类型的对象。示例如下：

```
01 let ErrorConstructor: new (message?: string) => Error;
```

5.12.10　构造签名

构造签名的用法与调用签名类似。若在对象类型中定义了构造签名类型成员，那么我们称该对象类型为构造函数类型。构造签名的语法如下所示：

```
{
    new (ParameterList): Type
}
```

在该语法中，new 是运算符关键字，ParameterList 表示构造函数形式参数列表类型，Type 表示构造函数返回值类型，两者都是可选的。

下例中，我们使用对象类型字面量和构造签名定义了一个构造函数类型，该构造函数接受一个 string 类型的参数，并返回新创建的对象：

```
01 let Dog: { new (name: string): object };
02
03 Dog = class {
04     private name: string;
05     constructor(name: string) {
06         this.name = name;
07     }
08 };
09
10 let dog = new Dog('huahua');
```

此例中，Dog 的类型为构造函数类型，它接受一个 string 类型的参数并返回 object 类型的值。

构造函数类型字面量完全等同于仅包含一个类型成员并且是构造签名类型成员的对象类型字面量。换句话说，构造函数类型字面量是仅包含单个构造签名的对象类型字面量的简写形式，如下所示：

```
{ new ( ParameterList ): Type }

// 简写为：

new ( ParameterList ) => Type
```

5.12.11　调用签名与构造签名

有一些函数被设计为既可以作为普通函数使用，同时又可以作为构造函数来使用。例如，JavaScript 内置的"Number()"函数和"String()"函数等都属于这类函数。示例如下：

```
01  const a: number = Number(1);
02
03  const b: Number = new Number(1);
```

若在对象类型中同时定义调用签名和构造签名，则能够表示既可以被直接调用，又可以作为构造函数使用的函数类型。示例如下：

```
{
    new (x: number): Number;      // <- 构造签名
    (x: number): number;          // <- 调用签名
}
```

此例中，对象类型字面量定义了一个构造签名 "new (x: number): Number;"，它接受一个 number 类型的参数，并返回 Number 类型的值。同时，该对象类型字面量还定义了一个调用签名 "(x: number): number;"，它接受一个 number 类型的参数，并返回 number 类型的值。示例如下：

```
01  declare const F: {
02      new (x: number): Number;  // <- 构造签名
03      (x: number): number;      // <- 调用签名
04  };
05
06  // 作为普通函数调用
07  const a: number = F(1);
08
09  // 作为构造函数调用
10  const b: Number = new F(1);
```

此例中，函数 F 的类型既是函数类型又是构造函数类型。因此，允许直接调用 F 函数，或者以构造函数的方式调用 F 函数。

5.12.12　重载函数

重载函数是指一个函数同时拥有多个同类的函数签名。例如，一个函数拥有两个及以上的调用签名，或者一个构造函数拥有两个及以上的构造签名。当使用不同数量和类型的参数调用重载函数时，可以执行不同的函数实现代码。

TypeScript 中的重载函数与其他编程语言中的重载函数略有不同。首先，让我们看一个重载函数的例子。下例中定义了一个重载函数 add。它接受两个参数，若两个参数的类型为 number，则返回它们的和；若两个参数的类型为数组，则返回合并后的数组。在调用 add 函数时，允许使用这两个调用签名之一并且能够得到正确的返回值类型。示例如下：

```
01  function add(x: number, y: number): number;
02  function add(x: any[], y: any[]): any[];
03  function add(x: number | any[], y: number | any[]): any {
04      if (typeof x === 'number' && typeof y === 'number') {
05          return x + y;
06      }
07      if (Array.isArray(x) && Array.isArray(y)) {
```

```
08          return [...x, ...y];
09      }
10 }
11
12 const a: number = add(1, 2);
13 const b: number[] = add([1], [2]);
```

在使用函数声明定义函数时能够定义重载函数。重载函数的定义由以下两部分组成：

❑ 一条或多条函数重载语句。

❑ 一条函数实现语句。

下面我们将分别介绍这两部分。

5.12.12.1　函数重载

不带有函数体的函数声明语句叫作函数重载。例如，下例中的 **add** 函数声明没有函数体，因此它属于函数重载：

```
01 function add(x: number, y: number): number;
```

函数重载的语法中不包含函数体，它只提供了函数的类型信息。函数重载只存在于代码编译阶段，在编译生成 JavaScript 代码时会被完全删除，因此在最终生成的 JavaScript 代码中不包含函数重载的代码。

函数重载允许存在一个或多个，但只有多于一个的函数重载才有意义，因为若只有一个函数重载，则可以直接定义函数实现。在函数重载中，不允许使用默认参数。函数重载应该位于函数实现（将在下一节中介绍）之前，每一个函数重载中的函数名和函数实现中的函数名必须一致。例如，下例中第 1 行和第 2 行分别定义了两个函数重载，第 3 行是函数实现。它们具有相同的函数名 **add**，并且每一个函数重载都位于函数实现之前。示例如下：

```
01 function add(x: number, y: number): number;
02 function add(x: any[], y: any[]): any[];
03 function add(x: number | any[], y: number | any[]): any {
04     // 省略了实现代码
05 }
```

同时需要注意，在各个函数重载语句之间以及函数重载语句与函数实现语句之间不允许出现任何其他语句，否则将产生编译错误。示例如下：

```
01 function add(x: number, y: number): number;
02
03 const a = 0; // <-- 编译错误
04
05 function add(x: any[], y: any[]): any[];
06
07 const b = 0; // <-- 编译错误
08
09 function add(x: number | any[], y: number | any[]): any {
10     // 省略了实现代码
11 }
```

5.12.12.2 函数实现

函数实现包含了实际的函数体代码，该代码不仅在编译时存在，在编译生成的 JavaScript 代码中同样存在。每一个重载函数只允许有一个函数实现，并且它必须位于所有函数重载语句之后，否则将产生编译错误。示例如下：

```
01  function add(x: number, y: number): number;
02  function add(x: any[], y: any[]): any[];
03
04  // 函数实现必须位于最后
05  function add(x: number | any[], y: number | any[]): any {
06      // 省略了实现代码
07  }
```

TypeScript 中的重载函数最令人迷惑的地方在于，函数实现中的函数签名不属于重载函数的调用签名之一，只有函数重载中的函数签名能够作为重载函数的调用签名。例如，下例中的 add 函数只有两个调用签名，分别为第 1 行与第 2 行定义的两个重载签名，而第 3 行函数实现中的函数签名不是 add 函数的调用签名，如下所示：

```
01  function add(x: number, y: number): number;
02  function add(x: any[], y: any[]): any[];
03  function add(x: number | any[], y: number | any[]): any {
04      // 省略了实现代码
05  }
```

因此，我们可以使用两个 number 类型的值来调用 add 函数，或者使用两个数组类型的值来调用 add 函数。但是，不允许使用一个 number 类型和一个数组类型的值来调用 add 函数，尽管在函数实现的函数签名中允许这种调用方式。示例如下：

```
01  // 正确的调用方式
02  add(1, 2);
03  add([1], [2]);
04
05  // 错误的调用方式
06  add(1, [2]);
07  add([1], 2);
```

函数实现需要兼容每个函数重载中的函数签名，函数实现的函数签名类型必须能够赋值给函数重载的函数签名类型。示例如下：

```
01  function foo(x: number): boolean;
02  //           ~~~
03  //       编译错误：重载签名与实现签名的返回值类型不匹配
04  function foo(x: string): void;
05  //           ~~~
06  //       编译错误：重载签名与实现签名的参数类型不匹配
07  function foo(x: number): void {
08      // 省略函数体代码
09  }
```

此例中，重载函数 foo 可能的参数类型为 number 类型或 string 类型，同时返回值类型可能为 boolean 类型或 void 类型。因此，在函数实现中的参数 x 必须同时兼容 number 类型和 string 类型，而返回值类型则需要兼容 boolean 类型和 void 类型。我们可以使用联合类型来解决这些问题，示例如下：

```
01  function foo(x: number): boolean;
02  function foo(x: string): void;
03  function foo(x: number | string): any {
04      // 省略函数体代码
05  }
```

在其他一些编程语言中允许存在多个函数实现，并且在调用重载函数时编程语言负责选择合适的函数实现执行。在 TypeScript 中，重载函数只存在一个函数实现，开发者需要在这个唯一的函数实现中实现所有函数重载的功能。这就需要开发者自行去检测参数的类型及数量，并根据判断结果去执行不同的操作。示例如下：

```
01  function add(x: number, y: number): number;
02  function add(x: any[], y: any[]): any[];
03  function add(x: number | any[], y: number | any[]): any {
04      if (typeof x === 'number' && typeof y === 'number') {
05          return x + y;
06      }
07
08      if (Array.isArray(x) && Array.isArray(y)) {
09          return [...x, ...y];
10      }
11  }
```

TypeScript 不支持为不同的函数重载分别定义不同的函数实现。从这点上来看，TypeScript 中的函数重载不是特别便利。

5.12.12.3　函数重载解析顺序

当程序中调用了一个重载函数时，编译器将首先构建出一个候选函数重载列表。一个函数重载需要满足如下条件才能成为本次函数调用的候选函数重载：

❑ 函数实际参数的数量不少于函数重载中定义的必选参数的数量。

❑ 函数实际参数的数量不多于函数重载中定义的参数的数量。

❑ 每个实际参数的类型能够赋值给函数重载定义中对应形式参数的类型。

候选函数重载列表中的成员将以函数重载的声明顺序作为初始顺序，然后进行简单的排序，将参数类型中包含字面量类型的函数重载排名提前。示例如下：

```
01  function f(x: string): void;        // <- 函数重载1
02  function f(y: 'specialized'): void; // <- 函数重载2
03  function f(x: string) {
04    // 省略函数体代码
05  }
06
07  f('specialized');
```

此例第 7 行，使用字符串参数 'specialized' 调用重载函数 f 时，函数重载 1 和函数重载

2 都满足候选函数重载的条件，因此两者都在候选函数重载列表中。但是因为函数重载 2 的函数签名中包含字面量类型，所以比函数重载 1 的优先级更高。

最终，构造出来的有序候选函数重载列表如下：

1）函数重载 2："function f(y: 'specialized'): void;"。

2）函数重载 1："function f(x: string): void;"。

若候选函数重载列表中存在一个或多个函数重载，则使用列表中第一个函数重载。因此，此例中将使用函数重载 2。

如果构建的候选函数重载列表为空列表，则会产生编译错误。例如，当使用 number 类型的参数调用此例中的函数 f 时不存在候选函数重载，因此会产生编译错误，如下所示：

```
01  f(1);                    // 编译错误
```

通过以上的介绍我们能够知道，函数重载的解析顺序依赖于函数重载的声明顺序以及函数签名中是否包含字面量类型。因此，TypeScript 中的函数重载功能可能没有其他一些编程语言那么"智能"。这就要求开发者在编写函数重载代码时一定要将最精确的函数重载定义放在最前面，因为它们定义的顺序将影响函数调用签名的选择。示例如下：

```
01  function f(x: any): number;   // <- 函数重载1
02  function f(x: string): 0 | 1; // <- 函数重载2
03  function f(x: any): any {
04      // ...
05  }
06
07  const a: 0 | 1 = f('hi');
08  //      ~
09  //      编译错误! 类型 'number' 不能赋值给类型 '0 | 1'
```

此例中，函数重载 2 比函数重载 1 更加精确，但函数重载 2 是在函数重载 1 之后定义的。由于函数重载 2 的参数中不包含字面量类型，因此编译器不会对候选函数重载列表进行重新排序。第 7 行，当使用字符串调用函数 f 时，函数重载 1 位于候选函数重载列表的首位，并被选为最终使用的函数重载。我们能看到"f('hi')"的返回值类型为 number 类型，而不是更精确的"0 | 1"联合类型。若想要修复这个问题，只需将函数重载 1 和函数重载 2 的位置互换即可。示例如下：

```
01  function f(x: string): 0 | 1;
02  function f(x: any): number;
03  function f(x: any): any {
04      // ...
05  }
06
07  const a: 0 | 1 = f('hi');      // 正确
```

到这里，我们已经介绍了重载函数的大部分功能。因为 TypeScript 语言的自身特点，所以它提供的函数重载功能可能不如其他编程语言那样便利。实际上在很多场景中我们并不需要声明重载函数，尤其是在函数返回值类型不变的情况下。示例如下：

```
01 function foo(x: string): boolean;
02 function foo(x: string, y: number): boolean;
03 function foo(x: string, y?: number): boolean {
04    // ...
05 }
06
07 const a = foo('hello');
08 const b = foo('hello', 2);
09
10
11 function bar(x: string, y?: number): boolean {
12    // ...
13 }
14
15 const c = bar('hello');
16 const d = bar('hello', 1);
```

此例中，foo 函数是重载函数，而 bar 函数则为普通函数声明。两个函数在功能上以及可接受的参数类型和函数返回值类型都是相同的。但是，bar 函数的声明代码更少也更加清晰。

5.12.12.4　重载函数的类型

重载函数的类型可以通过包含多个调用签名的对象类型来表示。例如，有以下重载函数定义：

```
01 function f(x: string): 0 | 1;
02 function f(x: any): number;
03 function f(x: any): any {
04     // ...
05 }
```

我们可以使用如下对象类型字面量来表示重载函数 f 的类型。在该对象类型字面量中，定义了两个调用签名类型成员，分别对应于重载函数的两个函数重载。示例如下：

```
{
    (x: string): 0 | 1;
    (x: any): number;
}
```

在定义重载函数的类型时，有以下两点需要注意：

❑ 函数实现的函数签名不属于重载函数的调用签名之一。

❑ 调用签名的书写顺序是有意义的，它决定了函数重载的解析顺序，一定要确保更精确的调用签名位于更靠前的位置。

对象类型字面量以及后面会介绍的接口都能够用来定义重载函数的类型，但是函数类型字面量无法定义重载函数的类型，因为它只能够表示一个调用签名。

5.12.12.5　小结

本节中，我们主要介绍了重载函数的定义和解析规则，以及如何描述重载函数的类型。细心的读者会发现，我们没有谈及构造函数的重载。实际上构造函数也支持重载并且与本节介绍的重载函数是类似的。关于重载构造函数的详细介绍请参考 5.15.7 节。

5.12.13 函数中 this 值的类型

this 是 JavaScript 中的关键字，它可以表示调用函数的对象或者实例对象等。本节将介绍函数声明和函数表达式中 this 值的类型。

在默认情况下，编译器会将函数中的 this 值设置为 any 类型，并允许程序在 this 值上执行任意的操作。因为，编译器不会对 any 类型进行类型检查。例如，下例中在 this 值上的所有访问操作都是允许的：

```
01  function f() {
02      // 以下语句均没有错误
03      this.a = true;
04      this.b++;
05      this.c = () => {};
06  }
```

5.12.13.1 --noImplicitThis

将 this 值的类型设置为 any 类型对类型检查没有任何帮助。因此，TypeScript 提供了一个 "--noImplicitThis" 编译选项。当启用了该编译选项时，如果 this 值默认获得了 any 类型，那么将产生编译错误；如果函数体中没有引用 this 值，则没有任何影响。示例如下：

```
01  /**
02   * --noImplicitThis=true
03   */
04  function f0() {
05      this.a = true;      // 编译错误
06      this.b++;           // 编译错误
07      this.c = () => {};  // 编译错误
08  }
09
10  // 没有错误
11  function f1() {
12      const a = true;
13  }
```

函数中 this 值的类型可以通过一个特殊的 this 参数来定义。下面我们将介绍这个特殊的 this 参数。

5.12.13.2 函数的 this 参数

TypeScript 支持在函数形式参数列表中定义一个特殊的 this 参数来描述该函数中 this 值的类型。示例如下：

```
01  function foo(this: { name: string }) {
02      this.name = 'Patrick';
03
04      this.name = 0;
05  //  ~~~~~~~~~
06  // 编译错误! 类型 0 不能赋值给类型 'string'
07  }
```

this 参数固定使用 this 作为参数名。this 参数是一个可选的参数，若存在，则必须作为函数形式参数列表中的第一个参数。this 参数的类型即为函数体中 this 值的类型。this 参数不同于常规的函数形式参数，它只存在于编译阶段，在编译生成的 JavaScript 代码中会被完全删除，在运行时的代码中不存在这个 this 参数。

如果我们想要定义一个纯函数或者是不想让函数代码依赖于 this 的值，那么在这种情况下可以明确地将 this 参数定义为 void 类型。这样做之后，在函数体中就不允许读写 this 的属性和方法。示例如下：

```
01  function add(this: void, x: number, y: number) {
02      this.name = 'Patrick';
03      //   ~~~~
04      //   编译错误：属性 'name' 不存在于类型 'void'
05  }
```

当调用定义了 this 参数的函数时，若 this 值的实际类型与函数定义中的期望类型不匹配，则会产生编译错误。示例如下：

```
01  function foo(this: { bar: string }, baz: number) {
02      // ...
03  }
04
05  // 编译错误
06  // 'this'类型为'void'，不能赋值给 '{ bar: string }' 类型的this
07  foo(0);
08
09  foo.call({ bar: 'hello' }, 0); // 正确
```

此例第 1 行，将 foo 函数 this 值的类型设置为对象类型 "{ bar: string }"。第 7 行，调用 foo 函数时 this 值的类型为 void 类型，它与期望的类型不匹配，因此产生编译错误。第 9 行，在调用 foo 函数时指定了 this 值为 "{ bar: 'hello' }"，其类型符合 this 参数的类型定义，因此不会产生错误。"Function.prototype.call()" 方法是 JavaScript 内置的方法，它能够指定调用函数时使用的 this 值。

5.13　接口

类似于对象类型字面量，接口类型也能够表示任意的对象类型。不同的是，接口类型能够给对象类型命名以及定义类型参数。接口类型无法表示原始类型，如 boolean 类型等。

接口声明只存在于编译阶段，在编译后生成的 JavaScript 代码中不包含任何接口代码。

5.13.1　接口声明

通过接口声明能够定义一个接口类型。接口声明的基础语法如下所示：

```
interface InterfaceName
{
```

```
        TypeMember;
        TypeMember;
        ...
    }
```

在该语法中，interface 是关键字，InterfaceName 表示接口名，它必须是合法的标识符，TypeMember 表示接口的类型成员，所有类型成员都置于一对大括号"{}"之内。

按照惯例，接口名的首字母需要大写。因为接口定义了一种类型，而类型名的首字母通常需要大写。示例如下：

```
01  interface Shape { }
```

在接口名之后，由一对大括号"{}"包围起来的是接口类型中的类型成员。这部分的语法与 5.11.3 节中介绍的对象类型字面量的语法完全相同。从语法的角度来看，接口声明就是在对象类型字面量之前添加了 interface 关键字和接口名。因此，在 5.11.3 节中介绍的语法规则同样适用于接口声明。例如，类型成员间的分隔符和类型成员的尾后分号、逗号。

同样地，接口类型的类型成员也分为以下五类：

- ❑ 属性签名
- ❑ 调用签名
- ❑ 构造签名
- ❑ 方法签名
- ❑ 索引签名

在 5.11.3 节中，我们详细介绍了属性签名。在 5.12 节中，我们详细介绍了调用签名和构造签名。这三种类型成员同样适用于接口类型。下面我们将简要回顾一下属性签名、调用签名和构造签名的语法，并着重介绍索引签名和方法签名。

5.13.2　属性签名

属性签名声明了对象类型中属性成员的名称和类型。属性签名的语法如下所示：

```
PropertyName: Type;
```

在该语法中，PropertyName 表示对象属性名，可以为标识符、字符串、数字和可计算属性名；Type 表示该属性的类型。示例如下：

```
01  interface Point {
02      x: number;
03      y: number;
04  }
```

关于属性签名的详细介绍请参考 5.11.3 节。

5.13.3　调用签名

调用签名定义了该对象类型表示的函数在调用时的类型参数、参数列表以及返回值类

型。调用签名的语法如下所示:

```
(ParameterList): Type
```

在该语法中,ParameterList 表示函数形式参数列表类型;Type 表示函数返回值类型,两者都是可选的。示例如下:

```
01 interface ErrorConstructor {
02     (message?: string): Error;
03 }
```

关于调用签名的详细介绍请参考 5.12.8 节。

5.13.4　构造签名

构造签名定义了该对象类型表示的构造函数在使用 new 运算符调用时的参数列表以及返回值类型。构造签名的语法如下所示:

```
new (ParameterList): Type
```

在该语法中,new 是运算符关键字;ParameterList 表示构造函数形式参数列表类型;Type 表示构造函数返回值类型,两者都是可选的。示例如下:

```
01 interface ErrorConstructor {
02     new (message?: string): Error;
03 }
```

关于调用签名的详细介绍请参考 5.12.10 节。

5.13.5　方法签名

方法签名是声明函数类型的属性成员的简写。方法签名的语法如下所示:

```
PropertyName(ParameterList): Type
```

在该语法中,PropertyName 表示对象属性名,可以为标识符、字符串、数字和可计算属性名;ParameterList 表示可选的方法形式参数列表类型;Type 表示可选的方法返回值类型。从语法的角度来看,方法签名是在调用签名之前添加一个属性名作为方法名。

下例中定义了 Document 接口,它包含一个方法签名类型成员。该方法的方法名为getElementById,它接受一个 string 类型的参数并返回" HTMLElement | null"类型的值。示例如下:

```
01 interface Document {
02     getElementById(elementId: string): HTMLElement | null;
03 }
```

之所以说方法签名是声明函数类型的属性成员的简写,是因为方法签名可以改写为具有同等效果但语法稍显复杂的属性签名。我们知道方法签名的语法如下所示:

```
PropertyName(ParameterList): Type
```

将上述方法签名改写为具有同等效果的属性签名，如下所示：

```
PropertyName: { (ParameterList): Type }
```

在改写后的语法中，属性名保持不变并使用对象类型字面量和调用签名来表示函数类型。由于该对象类型字面量中仅包含一个调用签名，因此也可以使用函数类型字面量来代替对象类型字面量。示例如下：

```
PropertyName: (ParameterList) => Type
```

下面我们通过一个真实的例子来演示这三种可以互换的接口定义方式：

```
01  interface A {
02      f(x: boolean): string;          // 方法签名
03  }
04
05  interface B {
06      f: { (x: boolean): string }; // 属性签名和对象类型字面量
07  }
08
09  interface C {
10      f: (x: boolean) => string;     // 属性签名和函数类型字面量
11  }
```

此例中我们定义了三个接口 A、B 和 C，它们都表示同一种类型，即定义了方法 f 的对象类型，方法 f 接受一个 boolean 类型的参数并返回 string 类型的值。

方法签名中的属性名可以为可计算属性名，这一点与属性签名中属性名的规则是相同的。关于可计算属性名规则的详细介绍请参考 5.11.3 节。示例如下：

```
01  const f = 'f';
02
03  interface A {
04      [f](x: boolean): string;
05  }
```

若接口中包含多个名字相同但参数列表不同的方法签名成员，则表示该方法是重载方法。例如，下例中的方法 f 是一个重载方法，它具有三种调用签名：

```
01  interface A {
02      f(): number;
03      f(x: boolean): boolean;
04      f(x: string, y: string): string;
05  }
```

5.13.6　索引签名

JavaScript 支持使用索引去访问对象的属性，即通过方括号 "[]" 语法去访问对象属性。一个典型的例子是数组对象，我们既可以使用数字索引去访问数组元素，也可以使用字符串索引去访问数组对象上的属性和方法。示例如下：

```
01  const colors = ['red', 'green', 'blue'];
02
03  // 访问数组中的第一个元素
04  const red = colors[0];
05
06  // 访问数组对象的length属性
07  const len = colors['length'];
```

接口中的索引签名能够描述使用索引访问的对象属性的类型。索引签名只有以下两种：

❏ 字符串索引签名。

❏ 数值索引签名。

5.13.6.1　字符串索引签名

字符串索引签名的语法如下所示：

```
[IndexName: string]: Type
```

在该语法中，IndexName 表示索引名，它可以为任意合法的标识符。索引名只起到占位的作用，它不代表真实的对象属性名；在字符串索引签名中，索引名的类型必须为 string 类型；Type 表示索引值的类型，它可以为任意类型。示例如下：

```
01  interface A {
02      [prop: string]: number;
03  }
```

一个接口中最多只能定义一个字符串索引签名。字符串索引签名会约束该对象类型中所有属性的类型。例如，下例中的字符串索引签名定义了索引值的类型为 number 类型。那么，该接口中所有属性的类型必须能够赋值给 number 类型。示例如下：

```
01  interface A {
02      [prop: string]: number;
03
04      a: number;
05      b: 0;
06      c: 1 | 2;
07  }
```

此例中，属性 a、b 和 c 的类型都能够赋值给字符串索引签名中定义的 number 类型，因此不会产生错误。接下来，我们再来看一个错误的例子：

```
01  interface B {
02      [prop: string]: number;
03
04      a: boolean;      // 编译错误
05      b: () => number; // 编译错误
06      c(): number;     // 编译错误
07  }
```

此例中，字符串索引签名中定义的索引值类型依旧为 number 类型。属性 a 的类型为 boolean 类型，它不能赋值给 number 类型，因此产生编译错误。属性 b 和方法 c 的类型均为函数类型，不能赋值给 number 类型，因此也会产生编译错误。

5.13.6.2　数值索引签名

数值索引签名的语法如下所示：

```
[IndexName: number]: Type
```

在该语法中，IndexName 表示索引名，它可以为任意合法的标识符。索引名只起到占位的作用，它不代表真实的对象属性名；在数值索引签名中，索引名的类型必须为 number 类型；Type 表示索引值的类型，它可以为任意类型。示例如下：

```
01 interface A {
02     [prop: number]: string;
03 }
```

一个接口中最多只能定义一个数值索引签名。数值索引签名约束了数值属性名对应的属性值的类型。示例如下：

```
01 interface A {
02     [prop: number]: string;
03 }
04
05 const obj: A = ['a', 'b', 'c'];
06
07 obj[0];          // string
```

若接口中同时存在字符串索引签名和数值索引签名，那么数值索引签名的类型必须能够赋值给字符串索引签名的类型。因为在 JavaScript 中，对象的属性名只能为字符串（或Symbol）。虽然 JavaScript 也允许使用数字等其他值作为对象的索引，但最终它们都会被转换为字符串类型。因此，数值索引签名能够表示的属性集合是字符串索引签名能够表示的属性集合的子集。

下例中，字符串索引签名的类型为 number 类型，数值索引签名的类型为数字字面量联合类型 "0 | 1"。由于 "0 | 1" 类型能够赋值给 number 类型，因此该接口定义是正确的。示例如下：

```
01 interface A {
02     [prop: string]: number;
03     [prop: number]: 0 | 1;
04 }
```

但如果我们交换字符串索引签名和数值索引签名的类型，则会产生编译错误。示例如下：

```
01 interface A {
02     [prop: string]: 0 | 1;
03     [prop: number]: number;    // 编译错误
04 }
```

5.13.7　可选属性与方法

在默认情况下，接口中属性签名和方法签名定义的对象属性都是必选的。在给接口类型赋值时，如果未指定必选属性则会产生编译错误。示例如下：

```
01  interface Foo {
02      x: string;
03      y(): number;
04  }
05
06  const a: Foo = { x: 'hi' };
07  //     ~
08  //     编译错误! 缺少属性 'y'
09
10  const b: Foo = { y() { return 0; } };
11  //     ~
12  //     编译错误! 缺少属性 'x'
13
14  // 正确
15  const c: Foo = {
16      x: 'hi',
17      y() { return 0; }
18  };
```

我们可以在属性名或方法名后添加一个问号 "?"，从而将该属性或方法定义为可选的。可选属性签名和可选方法签名的语法如下所示：

```
PropertyName?: Type
```

```
PropertyName?(ParameterList): Type
```

下例中，接口 Foo 的属性 x 和方法 y 都是可选的：

```
01  interface Foo {
02      x?: string;
03      y?(): number;
04  }
05
06  const a: Foo = {}
07  const b: Foo = { x: 'hi' }
08  const c: Foo = { y() { return 0; } }
09  const d: Foo = { x: 'hi', y() { return 0; } }
```

关于可选属性的详细介绍请参考 5.11.3 节。

如果接口中定义了重载方法，那么所有重载方法签名必须同时为必选的或者可选的。示例如下：

```
01  // 正确
02  interface Foo {
03      a(): void;
04      a(x: boolean): boolean;
05
06      b?(): void;
```

```
07      b?(x: boolean): boolean;
08  }
09
10  interface Bar {
11      a(): void;
12      a?(x: boolean): boolean;
13  //  ~
14  //  编译错误：重载签名必须全部为必选的或可选的
15  }
```

5.13.8　只读属性与方法

在接口声明中，使用 readonly 修饰符能够定义只读属性。readonly 修饰符只允许在属性签名和索引签名中使用，具体语法如下所示：

```
readonly PropertyName: Type

readonly [IndexName: string]: Type
readonly [IndexName: number]: Type
```

例如，下例的接口 A 中定义了只读属性 a 和只读的索引签名：

```
01  interface A {
02      readonly a: string;
03      readonly [prop: string]: string;
04      readonly [prop: number]: string;
05  }
```

若接口中定义了只读的索引签名，那么接口类型中的所有属性都是只读属性。示例如下：

```
01  interface A {
02      readonly [prop: string]: number;
03  }
04
05  const a: A = { x: 0 };
06
07  a.x = 1; // 编译错误！不允许修改属性值
```

如果接口中既定义了只读索引签名，又定义了非只读的属性签名，那么非只读的属性签名定义的属性依旧是非只读的，除此之外的所有属性都是只读的。例如，下例的接口 A 中定义了只读索引签名和非只读属性 x。最终的结果为，属性 x 是非只读的，其余的属性为只读属性。示例如下：

```
01  interface A {
02      readonly [prop: string]: number;
03      x: number;
04  }
05
06  const a: A = { x: 0, y: 0 };
07
08  a.x = 1; // 正确
09  a.y = 1; // 错误
```

关于只读属性的详细介绍请参考 5.11.3 节。

5.13.9　接口的继承

接口可以继承其他的对象类型，这相当于将继承的对象类型中的类型成员复制到当前接口中。接口可以继承的对象类型如下：

- ❑ 接口。
- ❑ 对象类型的类型别名。
- ❑ 类。
- ❑ 对象类型的交叉类型。

本节将通过接口与接口之间的继承来介绍接口继承的具体使用方法。关于类型别名的详细介绍请参考 5.14 节。关于类的详细介绍请参考 5.15 节。关于交叉类型的详细介绍请参考 6.4 节。

接口的继承需要使用 extends 关键字。下例中，Circle 接口继承了 Shape 接口。我们可以将 Circle 接口称作子接口，同时将 Shape 接口称作父接口。示例如下：

```
01 interface Shape {
02     name: string;
03 }
04
05 interface Circle extends Shape {
06     radius: number;
07 }
```

一个接口可以同时继承多个接口，父接口名之间使用逗号分隔。下例中，Circle 接口同时继承了 Style 接口和 Shape 接口：

```
01 interface Style {
02     color: string;
03 }
04
05 interface Shape {
06     name: string;
07 }
08
09 interface Circle extends Style, Shape {
10     radius: number;
11 }
```

当一个接口继承了其他接口后，子接口既包含了自身定义的类型成员，也包含了父接口中的类型成员。下例中，Circle 接口同时继承了 Style 接口和 Shape 接口，因此 Circle 接口中包含了 color、name 和 radius 属性：

```
01 interface Style {
02     color: string;
03 }
04
```

```
05 interface Shape {
06     name: string;
07 }
08
09 interface Circle extends Style, Shape {
10     radius: number;
11 }
12
13 const c: Circle = {
14     color: 'red',
15     name: 'circle',
16     radius: 1
17 };
```

如果子接口与父接口之间存在同名的类型成员，那么子接口中的类型成员具有更高的优先级。同时，子接口与父接口中的同名类型成员必须是类型兼容的。也就是说，子接口中同名类型成员的类型需要能够赋值给父接口中同名类型成员的类型，否则将产生编译错误。示例如下：

```
01 interface Style {
02     color: string;
03 }
04
05 interface Shape {
06     name: string;
07 }
08
09 interface Circle extends Style, Shape {
10     name: 'circle';
11
12     color: number;
13 // ~~~~~~~~~~~~~
14 // 编译错误: 'color' 类型不兼容,
15 // 'number' 类型不能赋值给 'string' 类型
16 }
```

此例中，Circle 接口同时继承了 Style 接口和 Shape 接口。Circle 接口与父接口之间存在同名的属性 name 和 color。Circle 接口中 name 属性的类型为字符串字面量类型 'circle'，它能够赋值给 Shape 接口中 string 类型的 name 属性，因此是正确的。而 Circle 接口中 color 属性的类型为 number，它不能够赋值给 Style 接口中 string 类型的 color 属性，因此产生编译错误。

如果仅是多个父接口之间存在同名的类型成员，而子接口本身没有该同名类型成员，那么父接口中同名类型成员的类型必须是完全相同的，否则将产生编译错误。示例如下：

```
01 interface Style {
02     draw(): { color: string };
03 }
04
05 interface Shape {
06     draw(): { x: number; y: number };
```

```
07 }
08
09 interface Circle extends Style, Shape {}
10 //          ~~~~~~
11 //          编译错误
```

此例中，Circle 接口同时继承了 Style 接口和 Shape 接口。Style 接口和 Shape 接口都包含一个名为 draw 的方法，但两者的返回值类型不同。当 Circle 接口尝试将两个 draw 方法合并时发生冲突，因此产生了编译错误。

解决这个问题的一个办法是，在 Circle 接口中定义一个同名的 draw 方法。这样 Circle 接口中的 draw 方法会拥有更高的优先级，从而取代父接口中的 draw 方法。这时编译器将不再进行类型合并操作，因此也就不会发生合并冲突。但是要注意，Circle 接口中定义的 draw 方法一定要与所有父接口中的 draw 方法是类型兼容的。示例如下：

```
01 interface Style {
02     draw(): { color: string };
03 }
04
05 interface Shape {
06     draw(): { x: number; y: number };
07 }
08
09 interface Circle extends Style, Shape {
10     draw(): { color: string; x: number; y: number };
11 }
```

此例中，Circle 接口中定义了一个 draw 方法，它的返回值类型为 "{ color: string; x: number; y: number }"。它既能赋值给 "{ color: string }" 类型，也能赋值给 "{ x: number; y: number }" 类型，因此不会产生编译错误。

关于类型兼容性的详细介绍请参考 7.1 节。

5.14 类型别名

如同接口声明能够为对象类型命名，类型别名声明则能够为 TypeScript 中的任意类型命名。

5.14.1 类型别名声明

类型别名声明能够定义一个类型别名，它的基本语法如下所示：

```
type AliasName = Type
```

在该语法中，type 是声明类型别名的关键字；AliasName 表示类型别名的名称；Type 表示类型别名关联的具体类型。

类型别名的名称必须为合法的标识符。由于类型别名表示一种类型，因此类型别名的

首字母通常需要大写。同时需要注意，不能使用 TypeScript 内置的类型名作为类型别名的
名称，例如 boolean、number 和 any 等。下例中，我们声明了一个类型别名 Point，它表示
包含两个属性的对象类型：

```
01 type Point = { x: number; y: number };
```

类型别名引用的类型可以为任意类型，例如原始类型、对象类型、联合类型和交叉类
型等。示例如下：

```
01 type StringType = string;
02
03 type BooleanType = true | false;
04
05 type Point = { x: number; y: number; z?: number };
```

在类型别名中，也可以引用其他类型别名。示例如下：

```
01 type Numeric = number | bigint;
02
03 // string | number | bigint
04 type StringOrNumber = string | Numeric;
```

类型别名不会创建出一种新的类型，它只是给已有类型命名并直接引用该类型。在程
序中，使用类型别名与直接使用该类型别名引用的类型是完全等价的。因此，在程序中可
以直接使用类型别名引用的类型来替换掉类型别名。示例如下：

```
01 type Point = { x: number; y: number };
02
03 let a: Point;
04 // let a: { x: number; y: number };
```

在程序中，可能会有一些比较复杂的或者书写起来比较长的类型，这时我们就可以
声明一个类型别名来引用该类型，这也便于我们对这个类型进行重用。例如，下例中的
DecimalDigit 类型比较长，如果在每个引用该类型的地方都完整地写出该类型会很不方
便。使用类型别名不但能够简化代码，还能够给该类型起一个具有描述性的名字。示例
如下：

```
01 type DecimalDigit = 0 | 1 | 2 | 3 | 4 | 5 | 6 | 7 | 8 | 9;
02
03 const digit: DecimalDigit = 6;
```

5.14.2 递归的类型别名

一般情况下，在类型别名声明中赋值运算符右侧的类型不允许引用当前定义的类型别
名。因为类型别名对其引用的类型使用的是及早求值的策略，而不是惰性求值的策略。因
此，如果类型别名引用了自身，那么在解析类型别名时就会出现无限递归引用的问题。示
例如下：

```
01  type T = T;
02  //    ~
03  //    编译错误! 类型别名 'T' 存在循环的自身引用
```

在 TypeScript 3.7 版本中，编译器对类型别名的解析进行了一些优化。在类型别名所引用的类型中，使用惰性求值的策略来解析泛型类型参数。因此，允许在泛型类型参数中递归地使用类型别名。总结起来，目前允许在以下场景中使用递归的类型别名：

1）若类型别名引用的类型为接口类型、对象类型字面量、函数类型字面量和构造函数类型字面量，则允许递归引用类型别名。示例如下：

```
01  type T0 = { name: T0 };
02  type T1 = () => T1;
03  type T2 = new () => T2;
```

2）若类型别名引用的是数组类型或元组类型，则允许在元素类型中递归地引用类型别名。示例如下：

```
01  type T0 = Array<T0>;
02
03  type T1 = T1[];
04
05  type T3 = [number, T3];
```

3）若类型别名引用的是泛型类或泛型接口，则允许在类型参数中递归的引用类型别名。关于泛型的详细介绍请参考 6.1 节。示例如下：

```
01  interface A<T> {
02      name: T;
03  }
04  type T0 = A<T0>;
05
06  class B<T> {
07      name: T | undefined;
08  }
09  type T1 = B<T1>;
```

通过递归的类型别名能够定义一些特别常用的类型。TypeScript 官方文档中给出了使用递归的类型别名来定义 Json 类型的例子，示例如下：

```
01  type Json =
02      | string
03      | number
04      | boolean
05      | null
06      | { [property: string]: Json }
07      | Json[];
08
09  const data: Json = {
10      name: 'TypeScript',
11      version: { major: 3 }
12  };
```

5.14.3 类型别名与接口

类型别名与接口相似，它们都可以给类型命名并通过该名字来引用表示的类型。虽然在大部分场景中两者是可以互换使用的，但类型别名和接口之间还是存在一些差别。

区别之一，类型别名能够表示非对象类型，而接口则只能表示对象类型。因此，当我们想要表示原始类型、联合类型和交叉类型等类型时只能使用类型别名。示例如下：

```
01 type NumericType = number | bigint;
```

区别之二，接口可以继承其他的接口、类等对象类型，而类型别名则不支持继承。示例如下：

```
01 interface Shape {
02     name: string;
03 }
04
05 interface Circle extends Shape {
06     radius: number;
07 }
```

若要对类型别名实现类似继承的功能，则需要使用一些变通方法。例如，当类型别名表示对象类型时，可以借助于交叉类型来实现继承的效果。示例如下：

```
01 type Shape = { name: string };
02
03 type Circle = Shape & { radius: number };
04
05 function foo(circle: Circle) {
06     const name = circle.name;
07     const radius = circle.radius;
08 }
```

此例中的方法只适用于表示对象类型的类型别名。如果类型别名表示非对象类型，则无法使用该方法。关于交叉类型的详细介绍请参考 6.4 节。

区别之三，接口名总是会显示在编译器的诊断信息（例如，错误提示和警告）和代码编辑器的智能提示信息中，而类型别名的名字只在特定情况下才会显示出来。示例如下：

```
01 type NumericType = number | bigint;
02
03 interface Circle {
04     radius: number;
05 }
06
07 function f(value: NumericType, circle: Circle) {
08     const bar: boolean = value;
09     //    ~~~
10     //    编译错误! 错误消息如下:
11     //    Type 'number | bigint' is not assignable to
12     //        type 'boolean'.
13
14     const baz: boolean = circle;
```

```
15   //      ~~~
16   //      编译错误! 错误消息如下:
17   //      Type 'Circle' is not assignable to type 'boolean'.
18 }
```

此例中，分别定义了 NumericType 类型别名和 Circle 接口。在 f 函数中，我们有意制造了两个和它们有关的类型错误。第 11 行，与类型别名有关的错误消息没有显示出类型别名的名字，而是将类型别名表示的具体类型展开显示，即" number | bigint "联合类型。第 17 行，在与接口有关的错误消息中直接显示了接口的名字 'Circle'。

只有当类型别名表示数组类型、元组类型以及类或接口的泛型实例类型时，才会在相关提示信息中显示类型别名的名字。示例如下:

```
01 type Point = [number, number];
02
03 function f(value: Point) {
04     const bar: boolean = value;
05     //      ~~~
06     //      编译错误! 错误消息如下:
07     //      Type 'Point' is not assignable to type 'boolean'.
08 }
```

区别之四，接口具有声明合并的行为，而类型别名则不会进行声明合并。示例如下:

```
01 interface A {
02     x: number;
03 }
04 interface A {
05     y: number;
06 }
```

此例中，定义了两个同名接口 A，最终这两个接口中的类型成员会被合并。合并后的接口 A 如下所示:

```
01 interface A {
02     x: number;
03     y: number;
04 }
```

关于声明合并的详细介绍请参考 7.10 节。

5.15 类

JavaScript 是一门面向对象的编程语言，它允许通过对象来建模和解决实际问题。同时，JavaScript 也支持基于原型链的对象继承机制。虽然大多数的面向对象编程语言都支持类，但是 JavaScript 语言在很长一段时间内都没有支持它。在 JavaScript 程序中，需要使用函数来实现类的功能。

在 ECMAScript 2015 规范中正式地定义了类。同时，TypeScript 语言也对类进行了全面的支持。

5.15.1 类的定义

虽然 JavaScript 语言支持了类，但其本质上仍是函数，类是一种语法糖。TypeScript 语言对 JavaScript 中的类进行了扩展，为其添加了类型支持，如实现接口、泛型类等。

定义一个类需要使用 class 关键字。类似于函数定义，类的定义也有以下两种方式：

❑ 类声明

❑ 类表达式

5.15.1.1 类声明

类声明能够创建一个类，类声明的语法如下所示：

```
class ClassName {
    // ...
}
```

在该语法中，class 是关键字；ClassName 表示类的名字。在类声明中的类名是必选的。按照惯例，类名的首字母应该大写。示例如下：

```
01 class Circle {
02     radius: number;
03 }
04
05 const c = new Circle();
```

此例中，我们声明了一个 Circle 类，它包含一个 number 类型的 radius 属性。使用 new 关键字能够创建类的实例。

与函数声明不同的是，类声明不会被提升，因此必须先声明后使用。示例如下：

```
01 const c0 = new Circle(); // 错误
02
03 class Circle {
04     radius: number;
05 }
06
07 const c1 = new Circle(); // 正确
```

在使用类声明时，不允许声明同名的类，否则将产生错误。示例如下：

```
01 // 错误! 重复的类声明
02
03 class Circle {
04     radius: number;
05 }
06
07 class Circle {
08     radius: number;
09 }
```

5.15.1.2　类表达式

类表达式是另一种定义类的方式，它的语法如下所示：

```
const Name = class ClassName {
    // ...
};
```

在该语法中，class 是关键字；Name 表示引用了该类的变量名；ClassName 表示类的名字。在类表达式中，类名 ClassName 是可选的。

例如，下例中使用类表达式定义了一个匿名类，同时使用常量 Circle 引用了该匿名类：

```
01 const Circle = class {
02     radius: number;
03 };
04
05 const a = new Circle();
```

如果在类表达式中定义了类名，则该类名只能够在类内部使用，在类外不允许引用该类名。示例如下：

```
01 const A = class B {
02     name = B.name;
03 };
04
05 const b = new B(); // 错误
```

5.15.2　成员变量

在类中定义成员变量的方法如下所示：

```
01 class Circle {
02     radius: number = 1;
03 }
```

此例中，Circle 类只包含一个成员变量。其中，radius 是成员变量名，成员变量名之后的类型注解定义了该成员变量的类型。最后，我们将该成员变量的初始值设置为 1。除了在成员变量声明中设置初始值，我们还可以在类的构造函数中设置成员变量的初始值。示例如下：

```
01 class Circle {
02     radius: number;
03
04     constructor() {
05         this.radius = 1;
06     }
07 }
```

此例中，在构造函数里将 radius 成员变量的值初始化为 1。同时注意，在构造函数中引用成员变量时需要使用 this 关键字。

5.15.2.1　--strictPropertyInitialization

虽然为类的成员变量设置初始值是可选的，但是对成员变量进行初始化是一个好的

编程实践，它能够有效避免使用未初始化的值而引发的错误。因此，TypeScript 提供了
"--strictPropertyInitialization"编译选项来帮助严格检查未经初始化的成员变量。当启用了
该编译选项时，成员变量必须在声明时进行初始化或者在构造函数中进行初始化，否则将
产生编译错误。

需要注意的是，"--strictPropertyInitialization"编译选项必须与"--strictNullChecks"编
译选项同时启用，否则"--strictPropertyInitialization"编译选项将不起作用。示例如下：

```
01  /**
02   * --strictNullChecks=true
03   * --strictPropertyInitialization=true
04   */
05  class A {
06      // 正确
07      a: number = 0;
08
09      // 正确, 在构造函数中初始化
10      b: number;
11
12      // 错误! 未初始化
13      c: number;
14
15      constructor() {
16          this.b = 0;
17      }
18  }
```

在此例中，类 A 的成员变量 a 在声明时进行了初始化，成员变量 b 在构造函数中进行
了初始化，只有成员变量 c 始终没有进行初始化，因此将产生未初始化的编译错误。

若启用了"--strictPropertyInitialization"编译选项并且仅在构造函数中对成员变量进行
了初始化操作，那么需要在构造函数中直接进行赋值操作。如果通过在构造函数中调用某
个方法，进而在该方法中间接地初始化成员变量，那么编译器将无法检测到该初始化操作，
因此会产生编译错误。示例如下：

```
01  /**
02   * --strictNullChecks=true
03   * --strictPropertyInitialization=true
04   */
05  class A {
06      // 编译错误! 未初始化
07      a: number;
08
09      init() {
10          this.a = 0;
11      }
12
13      constructor() {
14          this.init();
15      }
16  }
```

此例中，我们在构造函数中调用了 init 方法对成员变量 a 进行了初始化，但是编译器却无法检测到成员变量 a 已经被初始化。

在一些场景中，我们确实想要通过调用某些方法来初始化类的成员变量。这时可以使用非空类型断言 "!" 来通知编译器该成员变量已经进行初始化，以此来避免产生编译错误。关于非空类型断言的详细介绍请参考 6.10.5 节。示例如下：

```
01 /**
02  * --strictNullChecks=true
03  * --strictPropertyInitialization=true
04  */
05 class A {
06     a!: number;
07 //  ~
08 //   非空类型断言
09
10     init() {
11         this.a = 0;
12     }
13
14     constructor() {
15         this.init();
16     }
17 }
```

5.15.2.2　readonly 属性

在声明类的成员变量时，在成员变量名之前添加 readonly 修饰符能够将该成员变量声明为只读的。只读成员变量必须在声明时初始化或在构造函数里初始化。示例如下：

```
01 class A {
02     readonly a = 0;
03     readonly b: number;
04     readonly c: number; // 编译错误
05
06     constructor() {
07         this.b = 0;
08     }
09 }
```

此例中，只读成员变量 a 在声明时进行了初始化，只读成员变量 b 在构造函数中进行了初始化，而只读成员变量 c 没有进行初始化，因此将产生编译错误。

不管是在类的内部还是外部，都不允许修改只读成员变量的值。例如，下例中对类 A 的成员变量 a 的修改将产生编译错误：

```
01 class A {
02     readonly a = 0;
03
04     m() {
05         this.a = 1;
06         //  ~
07         //   编译错误！不能赋值给 'a'，因为它是只读属性
```

```
08      }
09 }
10
11 const obj = new A();
12 obj.a = 1;
13 //  ~
14 //  编译错误! 不能赋值给 'a'，因为它是只读属性
```

关于类只读成员变量的一个最佳实践是，若类的成员变量不应该被修改，那么应该为其添加 readonly 修饰符。就算不确定是否允许修改类的某个成员变量，也可以先将该成员变量声明为只读的，当发现需要对该成员变量进行修改时再将 readonly 修饰符去掉。

5.15.3 成员函数

成员函数也称作方法，声明成员函数与在对象字面量中声明方法是类似的。示例如下：

```
01 class Circle {
02     radius: number = 1;
03
04     area(): number {
05         return Math.PI * this.radius * this.radius;
06     }
07 }
```

此例中，area 是一个成员函数。在成员函数中，需要使用 this 关键字来引用类的其他成员。

5.15.4 成员存取器

成员存取器由 get 和 set 方法构成，并且会在类中声明一个属性。成员存取器的定义方式与对象字面量中属性存取器的定义方式是完全相同的。关于属性存取器的详细介绍请参考 3.5.1 节。

如果一个类属性同时定义了 get 方法和 set 方法，那么 get 方法的返回值类型必须与 set 方法的参数类型一致，否则将产生错误。示例如下：

```
01 class C {
02     /**
03      * 正确
04      */
05     private _foo: number = 0;
06     get foo(): number {
07         return this._foo;
08     }
09     set foo(value: number) {}
10
11     /**
12      * 错误! 'get' 和 'set' 存取器必须具有相同的类型
13      */
14     private _bar: string = '';
15     get bar(): string {
```

```
16          return this._bar;
17      }
18      set bar(value: number) {}
19  }
```

　　如果一个类属性同时定义了 get 方法和 set 方法，那么 get 方法和 set 方法必须具有相同的可访问性。例如，不允许将 get 方法定义为公有的，而将 set 方法定义为私有的。下例中，foo 属性的存取器方法均为私有的，bar 属性的存取器方法均为公有的，因此它们是正确的；但 baz 属性的 get 方法是公有的，set 方法是私有的，两者不一致会产生编译错误。关于成员可访问性的详细介绍请参考 5.15.6 节。示例如下：

```
01  class C {
02      /**
03       * 正确
04       */
05      private _foo: number = 0;
06      private get foo(): number {
07          return this._foo;
08      }
09      private set foo(value) {}
10
11      /**
12       * 正确
13       */
14      private _bar: number = 0;
15      public get bar(): number {
16          return this._bar;
17      }
18      public set bar(value) {}
19
20      /**
21       * 错误! 'get' 和 'set' 存取器具有不同的可见性
22       */
23      private _baz: number = 0;
24      public get baz(): number {
25          return this._baz;
26      }
27      private set baz(value) {}
28  }
```

　　存取器是实现数据封装的一种方式，它提供了一层额外的访问控制。类可以将成员变量的访问权限制在类内部，在类外部通过存取器方法来间接地访问成员变量。在存取器方法中，还可以加入额外的访问控制等处理逻辑。示例如下：

```
01  class Circle {
02      private _radius: number = 0;
03      get radius(): number {
04          return this._radius;
05      }
06      set radius(value: number) {
07          if (value >= 0) {
08              this._radius = value;
```

```
09          }
10      }
11  }
12
13  const circle = new Circle();
14  circle.radius; // 0
15
16  circle.radius = -1;
17  circle.radius; // 0
18
19  circle.radius = 10;
20  circle.radius; // 10
```

此例中，定义了 radius 存取器，它用来控制对私有成员变量 _radius 的访问。在一些编程语言中，_radius 成员变量也称为 "backing field"。第 3 行，在 get 方法中我们直接返回了 _radius 的值。第 6 行，在 set 方法中会检查传入的值大于 0 时才赋值给 _radius。

5.15.5　索引成员

类的索引成员会在类的类型中引入索引签名。索引签名包含两种，分别为字符串索引签名和数值索引签名。在实际应用中，定义类的索引成员并不常见。类中所有的属性和方法必须符合字符串索引签名定义的类型。同时，只有当类具有类似数组的行为时，数值索引签名才有意义。

类的索引成员与接口中的索引签名类型成员具有完全相同的语法和语义，这里不再重复。关于索引签名的详细介绍请参考 5.13.6 节。示例如下：

```
01  class A {
02      x: number = 0;
03
04      [prop: string]: number;
05
06      [prop: number]: number;
07  }
```

在类的索引成员上不允许定义可访问性修饰符，如 public 和 private 等。关于成员可访问性的详细介绍请参考 5.15.6 节。

5.15.6　成员可访问性

成员可访问性定义了类的成员允许在何处被访问。TypeScript 为类成员提供了以下三种可访问性修饰符：

- ❑ public
- ❑ protected
- ❑ private

这三种可访问性修饰符是 TypeScript 语言对 JavaScript 语言的补充。在 JavaScript 语言中不支持这三种可访问性修饰符。本节会涉及与继承相关的部分内容，关于继承的详细介绍请参考 5.15.9 节。

5.15.6.1　public
类的公有成员没有访问限制，可以在当前类的内部、外部以及派生类的内部访问。类的公有成员使用 public 修饰符标识。示例如下：

```
01 class Base {
02     public a: string = '';
03 }
04
05 class Derived extends Base {
06     public b() {
07         return this.a; // 允许访问
08     }
09 }
10
11 const derived = new Derived();
12
13 derived.a;              // 允许访问
14 derived.b();            // 允许访问
```

在默认情况下，类的所有成员都是公有成员。因此，在定义公有成员时也可以省略 public 修饰符。例如，下例中的成员变量 a 和成员函数 b 都是公有成员：

```
01 class Base {
02     a: string = '';
03 }
04
05 class Derived extends Base {
06     b() {
07         return this.a;
08     }
09 }
```

5.15.6.2　protected
类的受保护成员允许在当前类的内部和派生类的内部访问，但是不允许在当前类的外部访问。类的受保护成员使用 protected 修饰符标识。

例如，下例中 Base 类的成员变量 x 是受保护成员，它允许在 Base 类的内部被访问，它也允许在 Base 类的派生类 Derived 内部被访问。但是，它不允许在类的外部被访问。示例如下：

```
01 class Base {
02     protected x: string = '';
03
04     a() {
05         this.x;          // 允许访问
06     }
07 }
08
09 class Derived extends Base {
```

```
10      b() {
11          this.x; // 允许访问
12      }
13 }
14
15 const base = new Base();
16 base.x;          // 不允许访问
```

5.15.6.3 private

类的私有成员只允许在当前类的内部被访问，在当前类的外部以及派生类的内部都不允许访问。类的私有成员使用 private 修饰符标识。

例如，下例中 Base 类的成员变量 x 是私有成员，它允许在 Base 类的内部被访问。但是，它既不允许在 Base 类的派生类 Derived 内部被访问，也不允许在 Base 类的外部被访问。示例如下：

```
01 class Base {
02      private x: string = '';
03
04      a() {
05          this.x; // 允许访问
06      }
07 }
08
09 class Derived extends Base {
10      b() {
11          this.x; // 不允许访问
12      }
13 }
14
15 const base = new Base();
16 base.x;          // 不允许访问
17
18 const derived = new Derived();
19 derived.x;       // 不允许访问
```

5.15.6.4 私有字段

2020 年 1 月，ECMAScript 标准引入了一个新特性，那就是允许在类中定义私有字段。这意味着 JavaScript 语言将原生地支持类的私有成员。TypeScript 语言也从 3.8 版本开始支持该特性。在 ECMAScript 标准中，类的私有字段使用一种新的语法来定义，即在字段标识符前添加一个"#"符号。不论是在定义私有字段时还是在访问私有字段时，都需要在私有字段名前添加一个"#"符号。示例如下：

```
01 class Circle {
02      #radius: number;
03
04      constructor() {
05          this.#radius = 1;
06      }
07 }
08
```

```
09  const circle = new Circle();
10  circle.#radius; // 不允许访问
```

此例中，"#radius" 定义了一个私有字段 radius。不论是在定义私有字段时还是在访问私有字段时，都必须在字段标识符前添加一个 "#" 符号。

在写作本书时，该特性还处于早期实现版本，所以这里只作简单介绍。关于在未来 TypeScript 是否会弃用 private 修饰符，仅支持标准的私有字段语法这一话题还在讨论当中，感兴趣的读者可以继续关注。目前可以得出的结论是，在未来 TypeScript 一定会更好地支持标准的私有字段，因为这是 TypeScript 语言的设计原则之一。

5.15.7　构造函数

构造函数用于创建和初始化类的实例。当使用 new 运算符调用一个类时，类的构造函数就会被调用。构造函数以 constructor 作为函数名。示例如下：

```
01  class Circle {
02      radius: number;
03
04      constructor(r: number) {
05          this.radius = r;
06      }
07  }
08
09  const c = new Circle(1);
```

此例第 4 行，定义了 Circle 类的构造函数，它接受一个 number 类型的参数 r，并使用参数 r 的值来初始化 radius 成员变量。第 9 行，使用 new 运算符创建类的实例时构造函数就会被调用。

与普通函数相同，在构造函数中也可以定义可选参数、默认值参数和剩余参数。但是构造函数不允许定义返回值类型，因为构造函数的返回值类型永远为类的实例类型。示例如下：

```
01  class A {
02      constructor(a: number = 0, b?: boolean, ...c: string[]) {}
03  }
04
05  class B {
06      constructor(): object {}
07      //           ~~~~~~~
08      //                    编译错误！不允许指定构造函数的返回值类型
09  }
```

在构造函数上也可以使用可访问性修饰符。它描述的是在何处允许使用该类来创建实例对象。在默认情况下，构造函数是公有的。如果将构造函数设置成私有的，则只允许在类的内部创建该类的对象。例如，下例中 Singleton 类的构造函数是私有的，因此只允许在 Singleton 类内部创建该类的实例对象。第 15 行，在 Singleton 类外部创建其实例对象时将产生编译错误。示例如下：

```
01 class Singleton {
02     private static instance?: Singleton;
03
04     private constructor() {}
05
06     static getInstance() {
07         if (!Singleton.instance) {
08             // 允许访问
09             Singleton.instance = new Singleton();
10         }
11         return Singleton.instance;
12     }
13 }
14
15 new Singleton(); // 编译错误
```

与函数重载类似，构造函数也支持重载。我们将没有函数体的构造函数声明称为构造
函数重载，同时将定义了函数体的构造函数声明称为构造函数实现。构造函数重载可以存
在零个或多个，而构造函数实现只能存在一个。示例如下：

```
01 class A {
02     constructor(x: number, y: number);
03     constructor(s: string);
04     constructor(xs: number | string, y?: number) {}
05 }
06
07 const a = new A(0, 0);
08 const b = new A('foo');
```

关于重载函数的详细介绍请参考 5.12.12 节。

5.15.8 参数成员

TypeScript 提供了一种简洁语法能够把构造函数的形式参数声明为类的成员变量，它
叫作参数成员。在构造函数参数列表中，为形式参数添加任何一个可访问性修饰符或者
readonly 修饰符，该形式参数就成了参数成员，进而会被声明为类的成员变量。示例如下：

```
01 class A {
02     constructor(public x: number) {}
03 }
04
05 const a = new A(0);
06 a.x; // 值为0
```

此例在类 A 的构造函数中，参数 x 是一个参数成员，因此会在类 A 中声明一个 public
的成员变量 x。第 5 行，使用实际参数 0 来实例化类 A 时会自动将成员变量 x 的值初始化
为 0，因此第 6 行读取成员变量 x 的值时结果为 0。我们不需要在构造函数中使用 "this.x =
x" 来设置成员变量 x 的值，TypeScript 能够自动处理。

上例中，我们使用的是 public 修饰符。类似地，我们也可以使用其他修饰符来定义参
数成员。示例如下：

```
01 class A {
02     constructor(
03         public x: number,
04         protected y: number,
05         private z: number
06     ) {}
07 }
08
09 class B {
10     constructor(readonly x: number) {}
11 }
```

readonly 修饰符也可以和任意一个可访问性修饰符结合使用来定义只读的参数成员。
示例如下：

```
01 class A {
02     constructor(
03         public readonly x: number,
04         protected readonly y: number,
05         private readonly z: number
06     ) {}
07 }
```

5.15.9　继承

继承是面向对象程序设计的三个基本特征之一，TypeScript 中的类也支持继承。在定义
类时可以使用 extends 关键字来指定要继承的类，具体语法如下所示：

```
01 class DerivedClass extends BaseClass { }
```

在该语法中，我们将 BaseClass 叫作基类，将 DerivedClass 叫作派生类，派生类继承了
基类。有时候，我们也将基类称作父类，将派生类称作子类。

当派生类继承了基类后，就自动继承了基类的非私有成员。例如，下例中 Circle 类继
承了 Shape 类。因此，Circle 类获得了 Shape 类的 color 和 switchColor 公有成员。我们可以
在 Circle 类的实例对象上访问 color 成员变量和调用 switchColor 成员函数。示例如下：

```
01 class Shape {
02     color: string = 'black';
03
04     switchColor() {
05         this.color =
06             this.color === 'black' ? 'white' : 'black';
07     }
08 }
09
10 class Circle extends Shape {}
11
12 const circle = new Circle();
13
14 circle.color; // 'black'
15 circle.switchColor();
16 circle.color; // 'white'
```

5.15.9.1　重写基类成员

在派生类中可以重写基类的成员变量和成员函数。在重写成员变量和成员函数时，需要在派生类中定义与基类中同名的成员变量和成员函数。示例如下：

```
01  class Shape {
02      color: string = 'black';
03
04      switchColor() {
05          this.color =
06              this.color === 'black' ? 'white' : 'black';
07      }
08  }
09
10  class Circle extends Shape {
11      color: string = 'red';
12
13      switchColor() {
14          this.color = this.color === 'red' ? 'green' : 'red';
15      }
16  }
17
18  const circle = new Circle();
19
20  circle.color; // 'red'
21  circle.switchColor();
22  circle.color; // 'green'
```

此例中，Circle 类重写了 Shape 类中的 color 属性和 switchColor 方法。第 20 行，读取 circle 对象上的 color 属性时，获取的是重写后的属性。第 21 行，调用 circle 对象上的 switchColor 方法时，调用的是重写后的方法。

在派生类中，可以通过 super 关键字来访问基类中的非私有成员。当派生类和基类中存在同名的非私有成员时，在派生类中只能通过 super 关键字来访问基类中的非私有成员，无法使用 this 关键字来引用基类中的非私有成员。示例如下：

```
01  class Shape {
02      color: string = 'black';
03
04      switchColor() {
05          this.color =
06              this.color === 'black' ? 'white' : 'black';
07      }
08  }
09
10  class Circle extends Shape {
11      switchColor() {
12          super.switchColor();
13          console.log(`Color is ${this.color}.`);
14      }
15  }
16
17  const circle = new Circle();
18
```

```
19  circle.switchColor();
20  circle.switchColor();
21
22  // 打印:
23  // Color is white.
24  // Color is black.
```

此例第 11 行，Circle 类重写了 Shape 类的 switchColor 方法。第 12 行，使用了 super 关键字来调用 Shape 类中的 switchColor 方法。

若派生类重写了基类中的受保护成员，则可以将该成员的可访问性设置为受保护的或公有的。也就是说，在派生类中只允许放宽基类成员的可访问性。例如，下例中 Base 类的三个成员变量都是受保护成员。在派生类 Derived 中不允许将其重写为私有成员。示例如下：

```
01  class Base {
02      protected x: string = '';
03      protected y: string = '';
04      protected z: string = '';
05  }
06
07  class Derived extends Base {
08      // 正确
09      public x: string = '';
10
11      // 正确
12      protected y: string = '';
13
14      // 错误! 派生类不能够将基类的受保护成员重写为更严格的可访问性
15      private z: string = '';
16  }
```

由于派生类是基类的子类型，因此在重写基类的成员时需要保证子类型兼容性。示例如下：

```
01  class Shape {
02      color: string = 'black';
03
04      switchColor() {
05          this.color =
06              this.color === 'black' ? 'white' : 'black';
07      }
08  }
09
10  class Circle extends Shape {
11      // 编译错误
12      // 类型'(color: string) => void'不能赋值给类型'() => void'
13      switchColor(color: string) {}
14  }
```

关于子类型兼容性的详细介绍请参考 7.1 节。

5.15.9.2　派生类实例化

在派生类的构造函数中必须调用基类的构造函数，否则将不能正确地实例化派生类。

在派生类的构造函数中使用"super()"语句就能够调用基类的构造函数。示例如下：

```
01  class Shape {
02      color: string = 'black';
03
04      constructor() {
05          this.color = 'black';
06      }
07
08      switchColor() {
09          this.color =
10              this.color === 'black' ? 'white' : 'black';
11      }
12  }
13
14  class Circle extends Shape {
15      radius: number;
16
17      constructor() {
18          super();
19
20          this.radius = 1;
21      }
22  }
```

此例第 18 行，在 Circle 类的构造函数中调用了基类 Shape 的构造函数。这样能够保证正确地实例化基类 Shape 中的成员。若派生类中定义了构造函数，但没有添加"super()"语句，那么将产生编译错误。

在派生类的构造函数中，引用了 this 的语句必须放在"super()"调用的语句之后，否则将产生编译错误，因为在基类初始化之前访问类的成员可能会产生错误。示例如下：

```
01  class Shape {
02      color: string = 'black';
03
04      constructor() {
05          this.color = 'black';
06      }
07
08      switchColor() {
09          this.color =
10              this.color === 'black' ? 'white' : 'black';
11      }
12  }
13
14  class Circle extends Shape {
15      radius: number;
16
17      constructor() {
18          this.radius = 1;
19      //  ~~~~
20      //  编译错误，必须先调用 'super' 再访问 'this'
21
22          super();
```

```
23
24          // 正确
25          this.radius = 1;
26      }
27 }
```

在实例化派生类时的初始化顺序如下：

1）初始化基类的属性。

2）调用基类的构造函数。

3）初始化派生类的属性。

4）调用派生类的构造函数。

例如，下例中的数字标识与上面的步骤序号是对应的：

```
01 class Shape {
02     color: string = 'black';    // 1
03
04     constructor() {             // 2
05         console.log(this.color);
06         this.color = 'white';
07         console.log(this.color);
08     }
09 }
10
11 class Circle extends Shape {
12     radius: number = 1;         // 3
13
14     constructor() {             // 4
15         super();
16
17         console.log(this.radius);
18         this.radius = 2;
19         console.log(this.radius);
20     }
21 }
22
23 const circle = new Circle();
24
25 // 输出结果为：
26 // black
27 // white
28 // 1
29 // 2
```

5.15.9.3　单继承

TypeScript 中的类仅支持单继承，不支持多继承。也就是说，在 extends 语句中只能指定一个基类。示例如下：

```
01 class A {}
02 class B {}
03
04 class C extends A, B {}
```

```
05 //                      ~
06 //                      编译错误：类只能继承一个类
```

5.15.9.4　接口继承类

TypeScript 允许接口继承类。若接口继承了一个类，那么该接口会继承基类中所有成员的类型。例如，下例中接口 B 继承了类 A。因此，接口 B 中包含了 string 类型的成员 x 和方法类型 y。示例如下：

```
01 class A {
02     x: string = '';
03
04     y(): boolean {
05         return true;
06     }
07 }
08
09 interface B extends A {}
10
11 declare const b: B;
12
13 b.x;   // 类型为string
14 b.y(); // 类型为boolean
```

在接口继承类时，接口不但会继承基类的公有成员类型，还会继承基类的受保护成员类型和私有成员类型。如果接口从基类继承了非公有成员，那么该接口只能由基类或基类的子类来实现。示例如下：

```
01 // 正确，A 可以实现接口 I，因为私有属性和受保护属性源自同一个类 A
02 class A implements I {
03     private x: string = '';
04     protected y: string = '';
05 }
06
07 // 接口 I 能够继承 A 的私有属性和受保护属性
08 interface I extends A {}
09
10 // 正确，B 可以实现接口 I，因为私有属性和受保护属性源自同一个类 A
11 class B extends A implements I {}
12
13 // 错误！C 不是 A 的子类，无法实现 A 的私有属性和受保护属性
14 class C implements I {}
```

5.15.10　实现接口

虽然一个类只允许继承一个基类，但是可以实现一个或多个接口。在定义类时，使用 implements 语句能够声明类所实现的接口。当实现多个接口时，接口名之间使用逗号"，"分隔。下例中，类 C 实现了接口 A 和接口 B：

```
01 interface A {}
02 interface B {}
03
04 class C implements A, B {}
```

如果类的定义中声明了要实现的接口，那么这个类就需要实现接口中定义的类型成员。下例中，Circle 类声明了要实现 Shape 和 Color 两个接口。因此，在 Circle 类中需要实现两个接口中定义的类型成员 color 和 area。示例如下：

```
01  interface Color {
02      color: string;
03  }
04
05  interface Shape {
06      area(): number;
07  }
08
09  class Circle implements Shape, Color {
10      radius: number = 1;
11
12      color: string = 'black';
13
14      area(): number {
15          return Math.PI * this.radius * this.radius;
16      }
17  }
```

5.15.11　静态成员

类的定义中可以包含静态成员。类的静态成员不属于类的某个实例，而是属于类本身。类的静态成员使用 static 关键字定义，并且只允许通过类名来访问。

例如，下例中 Circle 类定义了静态成员变量 version，它只允许通过类名 Circle 进行访问：

```
01  class Circle {
02      static version: string = '1.0';
03  }
04
05  // 正确，结果为 '1.0'
06  const version = Circle.version;
07
08  const circle = new Circle();
09  circle.version;
10  //     ~~~~~~~
11  //     编译错误! 'version' 属性是 'Circle' 类的静态属性
```

5.15.11.1　静态成员可访问性

类的静态成员也可以定义不同的可访问性，如 public、private 和 protected。

类的 public 静态成员对访问没有限制，可以在当前类的内部、外部以及派生类的内部访问。示例如下：

```
01  class Base {
02      public static x: string = '';
03
04      a() {
```

```
05          // 正确，允许在类内部访问公有静态成员 x
06          Base.x;
07      }
08  }
09
10  class Derived extends Base {
11      b() {
12          // 正确，允许在派生类内部访问公有静态成员 x
13          Base.x;
14      }
15  }
16
17  // 正确，允许在类外部访问公有静态成员 x
18  Base.x;
```

类的 protected 静态成员允许在当前类的内部和派生类的内部访问，但是不允许在当前类的外部访问。示例如下：

```
01  class Base {
02      protected static x: string = '';
03
04      a() {
05          // 正确，允许在类内部访问受保护的静态成员 x
06          Base.x;
07      }
08  }
09
10  class Derived extends Base {
11      b() {
12          // 正确，允许在派生类内部访问受保护的静态成员 x
13          Base.x;
14      }
15  }
16
17  // 错误！不允许在类外部访问受保护的静态成员 x
18  Base.x;
```

类的 private 静态成员只允许在当前类的内部访问。示例如下：

```
01  class Base {
02      private static x: string = '';
03
04      a() {
05          // 正确，允许在类内部访问受保护的静态成员 x
06          Base.x;
07      }
08  }
09
10  class Derived extends Base {
11      b() {
12          // 错误！不允许在派生类内部访问受保护的静态成员 x
13          Base.x;
14      }
15  }
16
```

```
17  // 错误! 不允许在类外部访问受保护的静态成员 x
18  Base.x;
```

5.15.11.2　继承静态成员

类的 public 静态成员和 protected 静态成员也可以被继承。例如，下例中派生类 Derived
继承了基类 Base 的静态成员 x 和 y：

```
01  class Base {
02      public static x: string = '';
03      protected static y: string = '';
04  }
05
06  class Derived extends Base {
07      b() {
08          // 继承了基类的静态成员 x
09          Derived.x;
10
11          // 继承了基类的静态成员 y
12          Derived.y;
13      }
14  }
```

5.15.12　抽象类和抽象成员

前面介绍的类和类的成员都属于具体类和具体类成员。TypeScript 也支持定义抽象类和
抽象类成员。抽象类和抽象类成员都使用 abstract 关键字来定义。

5.15.12.1　抽象类

定义抽象类时，只需要在 class 关键字之前添加 abstract 关键字即可。示例如下：

```
01  abstract class A {}
```

抽象类与具体类的一个重要区别是，抽象类不能被实例化。也就是说，不允许使用
new 运算符来创建一个抽象类的实例。示例如下：

```
01  abstract class A {}
02
03  const a = new A();
04  //          ~~~~~~~
05  //          编译错误! 不能创建抽象类的实例
```

抽象类的作用是作为基类使用，派生类可以继承抽象类。示例如下：

```
01  abstract class Base {}
02
03  class Derived extends Base {}
04
05  const derived = new Derived();
```

抽象类也可以继承其他抽象类。示例如下：

```
01  abstract class Base {}
```

```
02
03  abstract class Derived extends Base {}
```

此例中，基类和派生类都是抽象类，它们都不能被实例化。

抽象类中允许（通常）包含抽象成员，也允许包含非抽象成员。示例如下：

```
01  abstract class Base {
02      abstract a: string;
03
04      b: string = '';
05  }
```

接下来，我们将介绍抽象类中的抽象成员。

5.15.12.2　抽象成员

在抽象类中允许声明抽象成员，抽象成员不允许包含具体实现代码。示例如下：

```
01  // 以下用法均为正确用法
02  abstract class A {
03      abstract a: string;
04      abstract b: number = 0;
05
06      abstract method(): string;
07
08      abstract get accessor(): string;
09      abstract set accessor(value: string);
10  }
11
12  abstract class B {
13      // 编译错误！抽象方法不能带有具体实现
14      abstract method() {}
15
16      // 编译错误！抽象存取器不能带有具体实现
17      abstract get c(): string { return ''; };
18      abstract set c(value: string) {};
19  }
```

如果一个具体类继承了抽象类，那么在具体的派生类中必须实现抽象类基类中的所有
抽象成员。因此，抽象类中的抽象成员不能声明为 private，否则将无法在派生类中实现该
成员。示例如下：

```
01  abstract class Base {
02      abstract a: string;
03
04      abstract get accessor(): string;
05      abstract set accessor(value: string);
06
07      abstract method(): boolean;
08  }
09
10  class Derived extends Base {
11      // 实现抽象属性 a
12      a: string = '';
```

```
13
14      // 实现抽象存取器accessor
15      private _accessor: string = '';
16      get accessor(): string {
17          return this._accessor;
18      }
19      set accessor(value: string) {
20          this._accessor = value;
21      }
22
23      // 实现抽象方法 method
24      method(): boolean {
25          return true;
26      }
27 }
```

若没有正确地在具体的派生类中实现抽象成员，将产生编译错误。

5.15.13　this 类型

在类中存在一种特殊的 this 类型，它表示当前 this 值的类型。我们可以在类的非静态成员的类型注解中使用 this 类型。例如，下例中 add() 方法和 subtract() 方法的返回值类型为 this 类型。第 20 行，我们可以链式调用 add() 方法和 subtract() 方法，因为它们返回的是当前实例对象。示例如下：

```
01 class Counter {
02      private count: number = 0;
03
04      public add(): this {
05          this.count++;
06          return this;
07      }
08      public subtract(): this {
09          this.count--;
10          return this;
11      }
12
13      public getResult(): number {
14          return this.count;
15      }
16 }
17
18 const counter = new Counter();
19
20 counter
21      .add()
22      .add()
23      .subtract()
24      .getResult(); // 结果为1
```

需要强调的是，this 类型是动态的，表示当前 this 值的类型。当前 this 值的类型不一定是引用了 this 类型的那个类，该差别主要体现在类之间有继承关系的时候。示例如下：

```
01 class A {
02     foo(): this {
03         return this;
04     }
05 }
06
07 class B extends A {
08     bar(): this {
09         return this;
10     }
11 }
12
13 const b = new B();
14 const x = b.bar().foo();
15 //          ~
16 //       类型为B
```

此例中，foo 方法和 bar 方法的返回值类型都是 this 类型，且 B 继承了 A。第 14 行，通过 B 类的实例来调用 foo 方法和 bar 方法时，返回值类型都是 B 类的实例类型。

注意，this 类型不允许应用于类的静态成员。示例如下：

```
01 class A {
02     static a: this;
03     //         ~~~~
04     //       编译错误！ 'this' 类型只能用于类的非静态成员
05 }
```

5.15.14 类类型

类声明将会引入一个新的命名类型，即与类同名的类类型。类类型表示类的实例类型，它由类的实例成员类型构成。例如，下例中 Circle 类声明同时也定义了 Circle 类类型，该类型包含 number 类型的 radius 属性和函数类型的 area 属性。该类类型与 CircleType 接口表示的对象类型是相同的类型。示例如下：

```
01 class Circle {
02     radius: number;
03     area(): number {
04         return Math.PI * this.radius * this.radius;
05     }
06 }
07
08 interface CircleType {
09     radius: number;
10     area(): number;
11 }
12
13 // 正确
14 const a: Circle = new Circle();
15
16 // 正确
17 const b: CircleType = new Circle();
```

　　在定义一个类时，实际上我们定义了一个构造函数。随后，我们可以使用 new 运算符和该构造函数来创建类的实例。我们可以将该类型称作类的构造函数类型，在该类型中也包含了类的静态成员类型。例如，下例中常量 a 的类型是类类型 A，也就是我们经常提到的类的实例类型。常量 b 的类型是类的构造函数类型，我们使用了包含构造签名的接口表示该类型，并将类 A 赋值给了常量 b。不难发现，类的静态成员 x 是类构造函数类型的一部分。示例如下：

```
01 class A {
02     static x: number = 0;
03     y: number = 0;
04 }
05
06 // 类类型，即实例类型
07 const a: A = new A();
08
09 interface AConstructor {
10     new (): A;
11     x: number;
12 }
13
14 // 类构造函数类型
15 const b: AConstructor = A;
```

第 6 章

TypeScript 类型进阶

本章主要内容：

❑ 带有类型参数的泛型。

❑ 具有块级作用域的局部类型。

❑ 常用的联合类型和交叉类型。

❑ 实用的索引类型、映射对象类型以及条件类型。

❑ TypeScript 内置的实用工具类型。

❑ 能够获取表达式类型的类型查询。

❑ 类型断言与类型细化。

通过上一章的学习，我们了解了 TypeScript 语言中的基础类型。本章将进一步介绍 TypeScript 语言中的"高级类型"，这些类型具有更加丰富的表达能力，并且在实际程序中是不可或缺的。本章中的大部分类型都是由基础类型构成的复合类型，因此必要时读者可重新翻看上一章的内容。

6.1　泛型

泛型程序设计是一种编程风格或编程范式，它允许在程序中定义形式类型参数，然后在泛型实例化时使用实际类型参数来替换形式类型参数。通过泛型，我们能够定义通用的数据结构或类型，这些数据结构或类型仅在它们操作的实际类型上有差别。泛型程序设计是实现可重用组件的一种手段。

6.1.1　泛型简介

本节我们将通过一个 identity 函数来介绍泛型的基本应用。identity 函数也叫作恒等函数，它的返回值永远等于传入的参数。

首先，我们定义一个非泛型版本的 identity 函数。我们将 identity 函数的参数类型和返回值类型都定义为 number 类型。示例如下：

```
01 function identity(arg: number): number {
02     return arg;
03 }
04
05 identity(0);
```

此例中，identity 函数的使用场景非常有限，它只能接受 number 类型的参数。如果想让 identity 函数能够接受任意类型的参数，那么就需要使用顶端类型。例如，下例中我们将 identity 函数的参数类型和返回值类型都声明为 unknown 类型，这样它就可以同时处理 number 类型、string 类型以及对象类型等的值：

```
01 function identity(arg: unknown): unknown {
02     return arg;
03 }
04
05 identity(0);
06 identity('foo');
07 identity({ x: 0, y: 0 });
```

虽然 any 类型或 unknown 类型能够让 identity 函数变得通用，使其能够接受任意类型的参数，但是却失去了参数类型与返回值类型相同这个重要信息。从 identity 函数声明中我们只能了解到该函数接受任意类型的参数并返回任意类型的值，参数类型与返回值类型之间并无联系。那么，需要有一种方式让我们既能够捕获传入参数的类型，又能够使用捕获的传入参数类型作为函数返回值的类型。这样一来，identity 函数不但能够接受任意类型的参数，还能够保证参数类型与返回值类型是一致的。

接下来，我们尝试给 identity 函数添加一个类型参数。示例如下：

```
01 function identity<T>(arg: T): T {
02     return arg;
03 }
```

此例中，T 是 identity 函数的一个类型参数，它能够捕获 identity 函数的参数类型并用作返回值类型。从 identity 函数的类型注解中我们能够观察到，传入参数的类型与返回值类型是相同的类型，两者均为类型 T。我们称该版本的 identity 函数为泛型函数。

在调用 identity 泛型函数时，我们能够为类型参数 T 传入一个实际类型。示例如下：

```
01 function identity<T>(arg: T): T {
02     return arg;
03 }
```

```
04
05  const foo = identity<string>('foo');
06  //      ~~~
07  //      能够推断出 'foo' 的类型为 'string'
08
09  const bar = identity<string>(true);
10  //                          ~~~~
11  //                          编译错误!
12  //                          类型为 'true' 的参数不能赋值给类型为 'string' 的参数
```

此例第 5 行,在调用 identity 函数时指定了类型参数 T 的实际类型为 string 类型,编译器能够推断出返回值的类型也为 string 类型。第 9 行,在调用 identity 函数时,实际类型参数与函数实际参数的类型不兼容,因此产生了错误。

在大部分情况下,程序中不需要显式地指定类型参数的实际类型。TypeScript 编译器能够根据函数调用的实际参数自动地推断出类型参数的实际类型。例如,下例中在调用 identity 泛型函数时没有指定类型参数 T 的实际类型,但是编译器能够根据传入的实际参数的类型推断出泛型类型参数 T 的实际类型,进而又能够推断出 identity 泛型函数的返回值类型。示例如下:

```
01  function identity<T>(arg: T): T {
02      return arg;
03  }
04
05  const foo = identity('foo');
06  //          ~~~~~
07  //          能够推断出foo的类型为'foo'
08
09  const bar = identity(true);
10  //          ~~~~
11  //          能够推断出bar的类型为true
```

6.1.2　形式类型参数

6.1.2.1　形式类型参数声明

泛型类型参数能够表示绑定到泛型类型或泛型函数调用的某个实际类型。在类声明、接口声明、类型别名声明以及函数声明中都支持定义类型参数。泛型形式类型参数列表定义的具体语法如下所示:

```
<TypeParameter, TypeParameter, ...>
```

在该语法中,TypeParameter 表示形式类型参数名,形式类型参数需要置于 "<" 和 ">" 符号之间。当同时存在多个形式类型参数时,类型参数之间需要使用逗号 "," 进行分隔。

形式类型参数名必须为合法的标识符。形式类型参数名通常以大写字母开头,因为它代表一个类型。在一些编程风格指南中,推荐给形式类型参数取一个具有描述性的名字,如 TResponse,同时还建议形式类型参数名以大写字母 T（Type 的首字母）作为前缀。另一种流行的命名方法是使用单个大写字母作为形式类型参数名。该风格的命名通常由字母 T

开始，并依次使用后续的 U、V 等大写字母。若形式类型参数列表中只存在一个或者少量的类型参数，可以考虑采用该风格，但前提是不能影响程序的可读性。示例如下：

```
01 function assign<T, U>(target: T, source: U): T & U {
02     // ...
03 }
```

6.1.2.2　类型参数默认类型

在声明形式类型参数时，可以为类型参数设置一个默认类型，这类似于函数默认参数。类型参数默认类型的语法如下所示：

```
<T = DefaultType>
```

该语法中，T 为形式类型参数，DefaultType 为类型参数 T 的默认类型，两者之间使用等号连接。例如，下例中形式类型参数 T 的默认类型为 boolean 类型：

```
<T = boolean>
```

类型参数的默认类型也可以引用形式类型参数列表中的其他类型参数，但是只能引用在当前类型参数左侧（前面）定义的类型参数。例如，下例中类型参数 U 的默认类型为类型参数 T。因为类型参数 T 是在类型参数 U 之前（左侧）定义的，所以是正确的定义方式，如下所示：

```
<T, U = T>
```

6.1.2.3　可选的类型参数

如果一个形式类型参数没有定义默认类型，那么它是一个必选类型参数；反之，如果一个形式类型参数定义了默认类型，那么它是一个可选的类型参数。在形式类型参数列表中，必选类型参数不允许出现在可选类型参数之后。示例如下：

```
<T = boolean, U> // 错误
```

```
<T, U = boolean> // 正确
```

编译器以从左至右的顺序依次解析并设置类型参数的默认类型。若一个类型参数的默认类型引用了其左侧声明的类型参数，则没有问题；若一个类型参数的默认类型引用了其右侧声明的类型参数，则会产生编译错误，因为此时引用的类型参数处于未定义的状态。示例如下：

```
<T = U, U = boolean> // 错误
```

```
<T = boolean, U = T> // 正确
```

6.1.3　实际类型参数

在引用泛型类型时，可以传入一个实际类型参数作为形式类型参数的值，该过程称作泛型的实例化。传入实际类型参数的语法如下所示：

```
<Type, Type, ...>
```

在该语法中，实际类型参数列表置于"<"和">"符号之间；Type 表示一个实际类型参数，如原始类型、接口类型等；多个实际类型参数之间使用逗号","分隔。示例如下：

```
01  function identity<T>(arg: T): T {
02      return arg;
03  }
04
05  identity<number>(1);
06
07  identity<Date>(new Date());
```

当显式地传入实际类型参数时，只有必选类型参数是一定要提供的，可选类型参数可以被省略，这时可选类型参数将使用其默认类型。例如，下例的泛型函数 f 中 T 是必选类型参数，U 是可选类型参数。在调用泛型函数 f 时，允许只为形式类型参数 T 传入实际类型参数，这时形式类型参数 U 将使用默认类型 boolean。示例如下：

```
01  function f<T, U = boolean>() {}
02
03  f<string>();
04
05  f<string, string>();
```

6.1.4 泛型约束

6.1.4.1 泛型约束声明

在泛型的形式类型参数上允许定义一个约束条件，它能够限定类型参数的实际类型的最大范围。我们将类型参数的约束条件称为泛型约束。定义泛型约束的语法如下所示：

```
<TypeParameter extends ConstraintType>
```

该语法中，TypeParameter 表示形式类型参数名；extends 是关键字；ConstraintType 表示一个类型，该类型用于约束 TypeParameter 的可选类型范围。

下例第 6 行，我们使用 Point 类型来约束形式类型参数 T。这意味着实际类型参数必须是 Point 类型的子类型。第 11 和 12 行，函数的实际参数都是 Point 类型的子类型，并能够赋值给 Point 类型，因此没有错误。第 14 行，函数的实际参数" { x: 0 }"不是 Point 类型的子类型且不能赋值给 Point 类型，所以产生了编译错误。关于类型兼容性的详细介绍请参考 7.1 节。示例如下：

```
01  interface Point {
02      x: number;
03      y: number;
04  }
05
06  function identity<T extends Point>(x: T): T {
07      return x;
08  }
```

```
09
10  // 正确
11  identity({ x: 0, y: 0 });
12  identity({ x: 0, y: 0, z: 0 });
13
14  identity({ x: 0 });
15  //       ~~~~~~~~
16  //       编译错误! 类型 '{ x: number; }' 不能赋值给类型 Point
```

对于一个形式类型参数，可以同时定义泛型约束和默认类型，但默认类型必须满足泛型约束。具体语法如下所示：

```
<TypeParameter extends ConstraintType = DefaultType>
```

在该语法中，默认类型位于泛型约束之后。例如，下例中类型参数 T 的泛型约束为 number 类型，默认类型为数字字面量类型的联合类型 "0 | 1"：

```
<T extends number = 0 | 1>
```

如果泛型形式类型参数定义了泛型约束，那么传入的实际类型参数必须符合泛型约束，否则将产生错误。示例如下：

```
01  function f<T extends boolean>() {}
02
03  f<true>();
04  f<false>();
05  f<boolean>();
06
07  f<string>(); // 编译错误
```

6.1.4.2　泛型约束引用类型参数

在泛型约束中，约束类型允许引用当前形式类型参数列表中的其他类型参数。例如，下例中形式类型参数 U 引用了在其左侧定义的形式类型参数 T 作为约束类型：

```
<T, U extends T>
```

下例中，形式类型参数 T 引用了在其右侧定义的形式类型参数 U：

```
<T extends U, U>
```

需要注意的是，一个形式类型参数不允许直接或间接地将其自身作为约束类型，否则将产生循环引用的编译错误。例如，下例中的泛型约束定义都是错误的：

```
<T extends T>                 // 错误
```

```
<T extends U, U extends T>   // 错误
```

6.1.4.3　基约束

本质上，每个类型参数都有一个基约束（Base Constraint），它与是否在形式类型参数上定义了泛型约束无关。类型参数的实际类型一定是其基约束的子类型。对于任意的类型参

数 T，其基约束的计算规则有三个。

规则一，如果类型参数 T 声明了泛型约束，且泛型约束为另一个类型参数 U，那么类型参数 T 的基约束为类型参数 U。示例如下：

```
<T extends U>          // 类型参数T的基约束为类型参数U
```

规则二，如果类型参数 T 声明了泛型约束，且泛型约束为某一具体类型 Type，那么类型参数 T 的基约束为类型 Type。示例如下：

```
<T extends boolean>
```

规则三，如果类型参数 T 没有声明泛型约束，那么类型参数 T 的基约束为空对象类型字面量 "{}"。除了 undefined 类型和 null 类型外，其他任何类型都可以赋值给空对象类型字面量。示例如下：

```
<T>                    // 类型参数T的基约束为"{}"类型
```

关于空对象类型字面量的详细介绍请参考 5.11.3.5 节。

6.1.4.4 常见错误

下面的代码演示了在使用泛型约束时容易出现的一个错误：

```
01  interface Point {
02      x: number;
03      y: number;
04  }
05
06  function f<T extends Point>(arg: T): T {
07      return { x: 0, y: 0 };
08  //  ~~~~~~~~~~~~~~~~~~~~~~
09  //  编译错误! 类型 '{ x: number; y: number; }' 不能赋值给类型 'T'
10  }
```

此例第 7 行，第一感觉可能是这段代码没有错误，因为返回值 "{ x: 0, y: 0 }" 的类型是泛型约束 Point 类型的子类型。实际上，这段代码是错误的，因为 f 函数的返回值类型应该与传入参数 arg 的类型相同，而不能仅满足泛型约束。

从下例中可以更容易地发现问题所在：

```
01  function f<T extends boolean>(obj: T): T {
02      return true;
03  }
04
05  f<false>(false); // 返回值类型应该为false
```

此例中，泛型函数 f 的泛型约束为 boolean 类型，函数 f 的参数类型和返回值类型相同，均为类型参数 T，函数体中直接返回了 true 值。第 5 行，调用泛型函数 f 时传入了实际类型参数为 false 类型。因此，函数 f 的参数类型和返回值类型均为 false 类型。但实际上根据泛型函数 f 的实现，其返回值类型为 true 类型。

6.1.5　泛型函数

若一个函数的函数签名中带有类型参数，那么它是一个泛型函数。泛型函数中的类型参数用来描述不同参数之间以及参数和函数返回值之间的关系。泛型函数中的类型参数既可以用于形式参数的类型，也可以用于函数返回值类型。

6.1.5.1　泛型函数定义

函数签名分为调用签名和构造签名。这两种函数签名都支持定义类型参数。

定义泛型调用签名的语法如下所示：

```
<T>(x: T): T
```

在该语法中，T 为泛型形式类型参数。关于调用签名的详细介绍请参考 5.12.8 节。

定义泛型构造签名的语法如下所示：

```
new <T>(): T[];
```

在该语法中，T 为泛型形式类型参数。关于构造签名的详细介绍请参考 5.12.10 节。

6.1.5.2　泛型函数示例

下面我们再列举一些泛型函数定义与使用的例子。

示例 1

```
01 function f0<T>(x: T): T {
02     return x;
03 }
04
05 const a: string = f0<string>('a');
06 const b: number = f0<number>(0);
```

f0 函数接受任意类型的参数 x，并且返回值类型与参数类型相同。

示例 2

```
01 function f1<T>(x: T, y: T): T[] {
02     return [x, y];
03 }
04
05 const a: number[] = f1<number>(0, 1);
06 const b: boolean[] = f1<boolean>(true, false);
```

f1 函数接受两个相同类型的参数，函数返回值类型是数组并且数组元素类型与参数类型相同。

示例 3

```
01 function f2<T, U>(x: T, y: U): { x: T; y: U } {
02     return { x, y };
03 }
04
05 const a: { x: string; y: number } = f2<string, number>('a', 0);
06 const b: { x: string; y: string } = f2<string, string>('a', 'aa');
```

f2 函数接受两个不同类型的参数，并且返回值类型为对象类型。返回值对象类型中 x 属性的类型与参数 x 类型相同，y 属性的类型与参数 y 类型相同。

示例 4

```
01  function f3<T, U>(a: T[], f: (x: T) => U): U[] {
02      return a.map(f);
03  }
04
05  const a: boolean[] = f3<number, boolean>([0, 1, 2], n => !!n);
```

f3 函数接受两个参数，参数 a 为任意类型的数组；参数 f 是一个函数，该函数的参数类型与参数 a 的类型相同，并返回任意类型。f3 函数的返回值类型为参数 f 返回值类型的数组。

6.1.5.3　泛型函数类型推断

在上一节的所有示例中，我们在调用泛型函数时都显式地指定了实际类型参数。示例如下：

```
01  function f0<T>(x: T): T {
02      return x;
03  }
04
05  const a: string = f0<string>('a');
```

此例第 5 行，调用 f0 函数时显式地传入了 string 类型作为实际类型参数。

在大部分情况下，TypeScript 编译器能够自动推断出泛型函数的实际类型参数。如果在上例中没有传入实际类型参数，编译器也能够推断出实际类型参数，甚至比显式指定实际类型参数更加精确。示例如下：

```
01  function f0<T>(x: T): T {
02      return x;
03  }
04
05  const a = f0('a');
06  //         ~~
07  //         推断出实际类型参数为：'a'
08
09  const b = f0('b');
10  //       ~
11  //       推断出 b 的类型为 'b' 而不是 string
```

此例第 5 行，在调用泛型函数 f0 时没有传入实际类型参数，但是编译器能够推断出实际类型参数 T 为字符串字面量类型 "'a'"。与此同时，编译器也能够推断出常量 a 的类型为字符串字面量类型 "'a'"，因为泛型函数 f0 的返回值类型为字符串字面量类型 "'a'"。

另一点值得注意的是，此例中编译器推断出的实际类型参数不是 string 类型，而是字符串字面量类型 "'a'" 和 "'b'"。因为 TypeScript 有一个原则，始终将字面量视为字面量类型，只在必要的时候才会将字面量类型放宽为某种基础类型，例如 string 类型。此例中，字符串字面量类型"'a'"是比 string 类型更加精确的类型。在实际使用中，我们也正是希望编译器能够尽可能地帮助细化类型。

关于类型放宽的详细介绍请参考 7.4 节。

6.1.5.4　泛型函数注意事项

有些泛型函数完全可以定义为非泛型函数，也就是说没有必要使用泛型函数。如果一个函数既可以定义为非泛型函数，又可以定义为泛型函数，那么推荐使用非泛型函数的形式，因为它会更简洁也更易于理解。

当泛型函数的类型参数只在函数签名中出现了一次（自身定义除外）时，该泛型函数是非必要的。示例如下：

```
01  function f<T>(x: T): void {
02      console.log(x);
03  }
```

首先，函数 f 是一个合法的泛型函数。此例中，在类型参数声明"<T>"之外，类型参数 T 只出现了一次，即"(x: T)"。在这种情况下，泛型函数就不是必需的，完全可以通过非泛型函数来实现相同的功能。示例如下：

```
01  function f0(x: string): void {
02      console.log(x);
03  }
04
05  function f1(x: any): void {
06      console.log(x);
07  }
```

该问题的实质是，泛型函数的类型参数是用来关联多个不同值的类型的，如果一个类型参数只在函数签名中出现一次，则说明它与其他值没有关联，因此不需要使用类型参数，直接声明实际类型即可。从技术上讲，几乎任何函数都可以声明为泛型函数。若泛型函数的类型参数不表示参数之间或参数与返回值之间的某种关系，那么使用泛型函数可能是一种反模式。

6.1.6　泛型接口

若接口的定义中带有类型参数，那么它是泛型接口。在泛型接口定义中，形式类型参数列表紧随接口名之后。泛型接口定义的语法如下所示：

```
01  interface MyArray<T> extends Array<T> {
02      first: T | undefined;
03      last: T | undefined;
04  }
```

此例中，我们定义了泛型接口 MyArray，它包含一个类型参数 T。类型参数既可以用在接口的 extends 语句中，如"Array<T>"，也可以用在接口类型成员上，如"first: T |

undefined"。

在引用泛型接口时，必须指定实际类型参数，除非类型参数定义了默认类型。示例如下：

```
01  const a: Array<number> = [0, 1, 2];
```

此例中，我们使用泛型声明了数组类型，常量 a 是一个数字数组。值得一提的是，另一种声明数组类型的方式为"number[]"。

使用泛型是声明数组类型的两种方式之一，例如"Array<number>"。"Array<T>"是 TypeScript 内置的泛型数组类型，它的定义如下所示（从 TypeScript 源码中摘取部分代码）：

```
01  interface Array<T> {
02      pop(): T | undefined;
03      push(...items: T[]): number;
04      reverse(): T[];
05
06      [n: number]: T;
07
08      // ...
09  }
```

在"Array<T>"泛型接口类型中，类型参数 T 表示数组元素类型。在接口中的方法签名和索引签名中都引用了类型参数 T。例如，reverse 方法会反转数组元素，它的返回值仍为由原数组元素构成的数组。因此，reverse 方法的返回值类型是"T[]"，即由原数组元素类型构成的数组类型。

6.1.7　泛型类型别名

若类型别名的定义中带有类型参数，那么它是泛型类型别名。

6.1.7.1　泛型类型别名定义

在泛型类型别名定义中，形式类型参数列表紧随类型别名的名字之后。泛型类型别名定义的语法如下所示：

```
01  type Nullable<T> = T | undefined | null;
```

此例中，定义了一个名为 Nullable 的泛型类型别名，它有一个形式类型参数 T。该泛型类型别名表示可以为空的 T 类型，即"Nullable<T>"类型的值也可以为 undefined 或 null。

6.1.7.2　泛型类型别名示例

在引用泛型类型别名表示的类型时，必须指定实际类型参数。接下来，我们再列举一些泛型类型别名定义与使用的例子。

示例 1　使用泛型类型别名定义简单容器类型，如下所示：

```
01  type Container<T> = { value: T };
02
03  const a: Container<number> = { value: 0 };
```

```
04
05  const b: Container<string> = { value: 'b' };
```

示例 2　使用泛型类型别名定义树形结构，如下所示：

```
01  type Tree<T> = {
02      value: T;
03      left: Tree<T> | null;
04      right: Tree<T> | null;
05  };
06
07  const tree: Tree<number> = {
08      value: 0,
09      left: {
10          value: 1,
11          left: {
12              value: 3,
13              left: null,
14              right: null
15          },
16          right: {
17              value: 4,
18              left: null,
19              right: null
20          }
21      },
22      right: {
23          value: 2,
24          left: null,
25          right: null
26      }
27  };
```

6.1.8　泛型类

若类的定义中带有类型参数，那么它是泛型类。

在泛型类定义中，形式类型参数列表紧随类名之后。定义泛型类的语法如下所示：

```
01  class Container<T> {
02      constructor(private readonly data: T) {}
03  }
04
05  const a = new Container<boolean>(true);
06  const b = new Container<number>(0);
```

此例中，我们定义了泛型类"Container<T>"，它有一个类型参数 T。

上例中，我们使用的是类声明，另一种定义类的方式是类表达式。同样地，类表达式也可以带有类型参数，语法如下所示：

```
01  const Container = class<T> {
02      constructor(private readonly data: T) {}
03  };
04
```

```
05 const a = new Container<boolean>(true);
06 const b = new Container<number>(0);
```

泛型类中的类型参数允许在类的继承语句和接口实现语句中使用，即 extends 语句和
implements 语句。例如，下例中分别定义了泛型接口 A 和泛型类 Base、Derived。其中，泛
型类 Derived 继承了泛型类 Base 并且实现了泛型接口 A。第 9 行，在泛型类 Derived 中定
义的类型参数 T 允许在基类和实现的接口中引用。示例如下：

```
01 interface A<T> {
02     a: T;
03 }
04
05 class Base<T> {
06     b?: T;
07 }
08
09 class Derived<T> extends Base<T> implements A<T> {
10     constructor(public readonly a: T) {
11         super();
12     }
13 }
```

在 5.15.14 节中介绍过，每个类声明都会创建两种类型，即类的实例类型和类的构造
函数类型。泛型类描述的是类的实例类型。因为类的静态成员是类构造函数类型的一部分，
所以泛型类型参数不能用于类的静态成员。也就是说，在类的静态成员中不允许引用类型
参数。示例如下：

```
01 class Container<T> {
02     static version: T;
03     //             ~
04     //                     编译错误！静态成员不允许引用类型参数
05
06     constructor(private readonly data: T) {}
07 }
```

6.2　局部类型

在 3.1.2 节中，我们介绍了声明具有块级作用域的变量。TypeScript 同样支持声明具有
块级作用域的局部类型，主要包括：
- ❏ 局部枚举类型。
- ❏ 局部类类型。
- ❏ 局部接口类型。
- ❏ 局部类型别名。

下例中在函数 f 内部分别声明了以上几种局部类型：

```
01 function f<T>() {
02     enum E {
```

```
03          A,
04          B,
05      }
06
07      class C {
08          x: string | undefined;
09      }
10
11      // 允许带有泛型参数
12      interface I<T> {
13          x: T;
14      }
15
16      // 可以引用其他局部类型
17      type A = E.A | E.B;
18  }
```

此例中，枚举类型 E、类类型 C、接口类型 I 和类型别名 A 都是局部类型。局部类型也允许带有类型参数，并且可以引用外层作用域中的类型参数。

类似于 let 声明和 const 声明，局部类型拥有块级作用域。例如，下例中在 if 分支和 else 支持中均声明了接口 T，它们仅在各自所处的块级作用域内生效。因此，这两个接口 T 不会相互影响，并且 if 分支中的代码也无法引用 else 分支中的接口 T。示例如下：

```
01  function f(x: boolean) {
02      if (x) {
03          interface T {
04              x: number;
05          }
06
07          const v: T = { x: 0 };
08
09      } else {
10          interface T {
11              x: string;
12          }
13
14          const v: T = { x: 'foo' };
15      }
16  }
```

6.3　联合类型

联合类型由一组有序的成员类型构成。联合类型表示一个值的类型可以为若干种类型之一。例如，联合类型"string | number"表示一个值的类型既可以为 string 类型也可以为 number 类型。

联合类型通过联合类型字面量来定义。

6.3.1　联合类型字面量

联合类型由两个或两个以上的成员类型构成，各成员类型之间使用竖线符号"|"分隔。

示例如下：

```
01  type NumericType = number | bigint;
```

此例中，定义了一个名为 NumericType 的联合类型。该联合类型由两个成员类型组成，即 number 类型和 bigint 类型。若一个值既可能为 number 类型又可能为 bigint 类型，那么我们说该值的类型为联合类型"number | bigint"。

联合类型的成员类型可以为任意类型，如原始类型、数组类型、对象类型，以及函数类型等。示例如下：

```
01  type T = boolean | string[] | { x: number } | (() => void);
```

如果联合类型中存在相同的成员类型，那么相同的成员类型将被合并为单一成员类型。例如，下例中的类型别名 T0 和 T1 都表示 boolean 类型，类型别名 T2 和 T3 都表示同一种联合类型"boolean | string"：

```
01  type T0 = boolean;                    // boolean
02  type T1 = boolean | boolean;          // boolean
03
04  type T2 = boolean | string;           // boolean | string
05  type T3 = boolean | string | boolean; // boolean | string
```

联合类型是有序的成员类型的集合。在绝大部分情况下，成员类型满足类似于数学中的"加法交换律"，即改变成员类型的顺序不影响联合类型的结果类型。下例中，虽然联合类型 T0 与 T1 中成员类型的顺序不同，但是 T0 与 T1 表示相同的类型：

```
01  type T0 = string | number;
02  type T1 = number | string;
```

联合类型中的类型成员同样满足类似于数学中的"加法结合律"。对部分类型成员使用分组运算符不影响联合类型的结果类型。例如，下例中的 T0 和 T1 类型是同一个类型：

```
01  type T0 = (boolean | string) | number;
02  type T1 = boolean | (string | number);
```

联合类型的成员类型可以进行化简。假设有联合类型"U = T0 | T1"，如果 T1 是 T0 的子类型，那么可以将类型成员 T1 从联合类型 U 中消去。最后，联合类型 U 的结果类型为"U = T0"。例如，有联合类型"boolean | true | false"。其中，true 类型和 false 类型是 boolean 类型的子类型，因此可以将 true 类型和 false 类型从联合类型中消去。最终，联合类型"boolean | true | false"的结果类型为 boolean 类型。示例如下：

```
01  // 'true' 和 'false' 类型是 'boolean' 类型的子类型
02  type T0 = boolean | true | false;
03
04  // 所以T0等同于 T1
05  type T1 = boolean;
```

关于子类型的详细介绍请参考 7.1 节。

6.3.2　联合类型的类型成员

　　像接口类型一样，联合类型作为一个整体也可以有类型成员，只不过联合类型的类型成员是由其成员类型决定的。

6.3.2.1　属性签名

　　若联合类型 U 中的每个成员类型都包含一个同名的属性签名 M，那么联合类型 U 也包含属性签名 M。例如，有如下定义的 Circle 类型与 Rectangle 类型，以及由这两个类型构成的联合类型 Shape：

```
01 interface Circle {
02     area: number;
03     radius: number;
04 }
05
06 interface Rectangle {
07     area: number;
08     width: number;
09     height: number;
10 }
11
12 type Shape = Circle | Rectangle;
```

　　此例中，因为 Circle 类型与 Rectangle 类型均包含名为 area 的属性签名类型成员，所以联合类型 Shape 也包含名为 area 的属性签名类型成员。因此，允许访问 Shape 类型上的 area 属性。示例如下：

```
01 type Shape = Circle | Rectangle;
02
03 declare const s: Shape;
04
05 s.area; // number
```

　　因为 radius、width 和 height 类型成员不是 Circle 类型和 Rectangle 类型的共同类型成员，因此它们不是 Shape 联合类型的类型成员。示例如下：

```
01 type Shape = Circle | Rectangle;
02
03 declare const s: Shape;
04
05 s.radius; // 错误
06 s.width;  // 错误
07 s.height; // 错误
```

　　对于联合类型的属性签名，其类型为所有成员类型中该属性类型的联合类型。例如，下例中联合类型 "Circle | Rectangle" 具有属性签名 area，其类型为 Circle 类型中 area 属性的类型和 Rectangle 类型中 area 属性的类型组成的联合类型，即 "bigint | number" 类型。示例如下：

```
01 interface Circle {
```

```
02     area: bigint;
03 }
04
05 interface Rectangle {
06     area: number;
07 }
08
09 declare const s: Circle | Rectangle;
10
11 s.area;   // bigint | number
```

如果联合类型的属性签名在某个成员类型中是可选属性签名，那么该属性签名在联合类型中也是可选属性签名；否则，该属性签名在联合类型中是必选属性签名。示例如下：

```
01 interface Circle {
02     area: bigint;
03 }
04
05 interface Rectangle {
06     area?: number;
07 }
08
09 declare const s: Circle | Rectangle;
10
11 s.area; // bigint | number | undefined
```

此例中，area 属性在 Rectangle 类型中是可选的属性。因此，在联合类型 "Circle | Rectangle" 中，area 属性也是可选属性。

6.3.2.2 索引签名

索引签名包含两种，即字符串索引签名和数值索引签名。在联合类型中，这两种索引签名具有相似的行为。

如果联合类型中每个成员都包含字符串索引签名，那么该联合类型也拥有了字符串索引签名，字符串索引签名中的索引值类型为每个成员类型中索引值类型的联合类型；否则，该联合类型没有字符串索引签名。例如，下例中的联合类型 T 相当于接口类型 T0T1：

```
01 interface T0 {
02     [prop: string]: number;
03 }
04
05 interface T1 {
06     [prop: string]: bigint;
07 }
08
09 type T = T0 | T1;
10
11 interface T0T1 {
12     [prop: string]: number | bigint;
13 }
```

如果联合类型中每个成员都包含数值索引签名，那么该联合类型也拥有了数值索引签名，数值索引签名中的索引值类型为每个成员类型中索引值类型的联合类型；否则，该联合类型没有数值索引签名。例如，下例中的联合类型 T 相当于接口类型 T0T1：

```
01 interface T0 {
02     [prop: number]: number;
03 }
04
05 interface T1 {
06     [prop: number]: bigint;
07 }
08
09 type T = T0 | T1;
10
11 interface T0T1 {
12     [prop: number]: number | bigint;
13 }
```

6.3.2.3　调用签名与构造签名

如果联合类型中每个成员类型都包含相同参数列表的调用签名，那么联合类型也拥有了该调用签名，其返回值类型为每个成员类型中调用签名返回值类型的联合类型；否则，该联合类型没有调用签名。例如，下例中的联合类型 T 相当于接口类型 T0T1：

```
01 interface T0 {
02     (name: string): number;
03 }
04
05 interface T1 {
06     (name: string): bigint;
07 }
08
09 type T = T0 | T1;
10
11 interface T0T1 {
12     (name: string): number | bigint;
13 }
```

同理，如果联合类型中每个成员都包含相同参数列表的构造签名，那么该联合类型也拥有了构造签名，其返回值类型为每个成员类型中构造签名返回值类型的联合类型；否则，该联合类型没有构造签名。例如，下例中的联合类型 T 相当于接口类型 T0T1：

```
01 interface T0 {
02     new (name: string): Date;
03 }
04
05 interface T1 {
06     new (name: string): Error;
07 }
08
09 type T = T0 | T1;
10
11 interface T0T1 {
12     new (name: string): Date | Error;
13 }
```

6.4 交叉类型

交叉类型在逻辑上与联合类型是互补的。联合类型表示一个值的类型为多种类型之一，而交叉类型则表示一个值同时属于多种类型。

交叉类型通过交叉类型字面量来定义。

6.4.1 交叉类型字面量

交叉类型由两个或多个成员类型构成，各成员类型之间使用"&"符号分隔。示例如下：

```
01  interface Clickable {
02      click(): void;
03  }
04  interface Focusable {
05      focus(): void;
06  }
07
08  type T = Clickable & Focusable;
```

此例中，定义了一个名为 T 的交叉类型。该交叉类型由两个成员类型组成，即 Clickable 类型和 Focusable 类型。若一个值既是 Clickable 类型又是 Focusable 类型，那么我们说该值的类型为交叉类型"Clickable & Focusable"。它表示既可以点击又可以获得焦点的对象。

6.4.1.1 成员类型的运算

与联合类型相似，如果交叉类型中存在多个相同的成员类型，那么相同的成员类型将被合并为单一成员类型。示例如下：

```
01  type T0 = boolean;
02  type T1 = boolean & boolean;
03  type T2 = boolean & boolean & boolean;
```

此例中，T0、T1 和 T2 都表示同一种类型 boolean。

交叉类型是有序的成员类型的集合。在绝大部分情况下，成员类型满足类似于数学中的"加法交换律"，即改变成员类型的顺序不影响交叉类型的结果类型。例如，下例中虽然交叉类型 T0 与 T1 中成员类型的定义顺序不同，但是 T0 与 T1 表示相同的类型：

```
01  interface Clickable {
02      click(): void;
03  }
04  interface Focusable {
05      focus(): void;
06  }
07
08  type T0 = Clickable & Focusable;
09  type T1 = Focusable & Clickable;
```

需要注意的是，当交叉类型涉及调用签名重载或构造签名重载时便失去了"加法交换律"的性质。因为交叉类型中成员类型的顺序将决定重载签名的顺序，进而将影响重载签名的解析顺序。示例如下：

```
01  interface Clickable {
02      register(x: any): void;
03  }
04  interface Focusable {
05      register(x: string): boolean;
06  }
07
08  type ClickableAndFocusable = Clickable & Focusable;
09  type FocusableAndFocusable = Focusable & Clickable;
10
11  function foo(
12      clickFocus: ClickableAndFocusable,
13      focusClick: FocusableAndFocusable
14  ) {
15      let a: void = clickFocus.register('foo');
16      let b: boolean = focusClick.register('foo');
17  }
```

此例第 8 行和第 9 行使用不同的成员类型顺序定义了两个交叉类型。第 15 行，调用
"register()" 方法的返回值类型为 void，说明在 ClickableAndFocusable 类型中，Clickable 接
口中定义的 "register()" 方法具有更高的优先级。第 16 行，调用 "register()" 方法的返回
值类型为 boolean，说明 FocusableAndFocusable 类型中 Focusable 接口中定义的 "register()"
方法具有更高的优先级。此例也说明了调用签名重载的顺序与交叉类型中成员类型的定义
顺序是一致的。

交叉类型中的类型成员同样满足类似于数学中的 "加法结合律"。对部分类型成员使用
分组运算符不影响交叉类型的结果类型。例如，下例中的 T0 和 T1 类型是同一种类型：

```
01  interface Clickable {
02    click(): void;
03  }
04  interface Focusable {
05    focus(): void;
06  }
07  interface Scrollable {
08    scroll(): void;
09  }
10
11  type T0 = (Clickable & Focusable) & Scrollable;
12  type T1 = Clickable & (Focusable & Scrollable);
```

6.4.1.2　原始类型

交叉类型通常与对象类型一起使用。虽然在交叉类型中也允许使用原始类型成员，但
结果类型将成为 never 类型，因此在实际代码中并不常见。示例如下：

```
01  type T = boolean & number & string;
```

此例中，类型 T 是 boolean、number 和 string 类型组成的交叉类型。根据交叉类型的定
义，若一个值是 T 类型，那么该值既是 boolean 类型，又是 number 类型，还是 string 类型。

显然，不存在这样一个值，所以 T 类型为 never 类型。never 类型是尾端类型，是一种不存在可能值的类型。

关于尾端类型的详细介绍请参考 5.8 节。

6.4.2 交叉类型的类型成员

6.4.2.1 属性签名

只要交叉类型 I 中任意一个成员类型包含了属性签名 M，那么交叉类型 I 也包含属性签名 M。例如，有以下的接口类型 A 和 B：

```
01  interface A {
02      a: boolean;
03  }
04
05  interface B {
06      b: string;
07  }
```

那么，接口类型 A 和 B 的交叉类型"A & B"为如下对象类型：

```
{
    a: boolean;
    b: string;
}
```

对于交叉类型的属性签名，其类型为所有成员类型中该属性类型的交叉类型。例如，有以下接口类型 A 和 B：

```
01  interface A {
02      x: { a: boolean };
03  }
04  interface B {
05      x: { b: boolean };
06  }
```

那么，接口类型 A 和 B 的交叉类型"A & B"为如下对象类型：

```
{
    x: { a: boolean } & { b: boolean }
}
```

该类型也等同于如下类型：

```
{
    x: {
        a: boolean;
        b: boolean;
    };
}
```

若交叉类型的属性签名 M 在所有成员类型中都是可选属性，那么该属性签名在交叉类型中也是可选属性。否则，属性签名 M 是一个必选属性。例如，有以下接口类型 A 和 B：

```
01  interface A {
02      x: boolean;
03      y?: string;
04  }
05  interface B {
06      x?: boolean;
07      y?: string;
08  }
```

那么，接口类型 A 和 B 的交叉类型"A & B"为如下对象类型：

```
{
    x: boolean;
    y?: string;
}
```

在"A & B"交叉类型中，属性 x 是必选属性，属性 y 是可选属性。

6.4.2.2　索引签名

如果交叉类型中任何一个成员类型包含了索引签名，那么该交叉类型也拥有了索引签名；否则，该交叉类型没有索引签名。例如，有以下接口类型 A 和 B：

```
01  interface A {
02      [prop: string]: string;
03  }
04  interface B {
05      [prop: number]: string;
06  }
```

那么，接口类型 A 和 B 的交叉类型"A & B"为如下对象类型，它同时包含了字符串索引签名和数值索引签名：

```
{
    [prop: string]: string;
    [prop: number]: string;
}
```

交叉类型索引签名中的索引值类型为每个成员类型中索引值类型的交叉类型。例如，有以下接口类型 A 和 B：

```
01  interface A {
02      [prop: string]: { a: boolean };
03  }
04  interface B {
05      [prop: string]: { b: boolean };
06  }
```

那么，接口类型 A 和 B 的交叉类型"A & B"为如下对象类型：

```
{
    [prop: string]: { a: boolean } & { b: boolean };
}
```

该类型也等同于如下类型：

```
{
    [prop: string]: {
        a: boolean;
        b: boolean;
    };
}
```

6.4.2.3　调用签名与构造签名

若交叉类型的成员类型中含有调用签名或构造签名，那么这些调用签名和构造签名将以成员类型的先后顺序合并到交叉类型中。例如，有以下接口类型 A 和 B：

```
01  interface A {
02      (x: number): number;
03  }
04  interface B {
05      (x: string): string;
06  }
```

那么交叉类型"A & B"为如下对象类型：

```
{
    (x: boolean): boolean;
    (x: string): string;
}
```

同时，交叉类型"B & A"为如下对象类型：

```
{
    (x: string): string;
    (x: boolean): boolean;
}
```

通过这两个例子能够看到，交叉类型中调用签名的顺序与交叉类型类型成员的顺序相同，构造签名同理。当交叉类型中存在重载签名时，需要特别留意类型成员的定义顺序。

6.4.3　交叉类型与联合类型

6.4.3.1　优先级

当表示交叉类型的"&"符号与表示联合类型的"|"符号同时使用时，"&"符号具有更高的优先级。"&"符号如同数学中的乘法符号"×"，而"|"符号则如同数学中的加法符号"+"。例如，有如下复合类型：

```
A & B | C & D
```

该类型等同于如下类型：

```
(A & B) | (C & D)
```

还要注意，当表示交叉类型的"&"符号与表示联合类型的"|"符号与函数类型字面

量同时使用时，"&"符号和"|"符号拥有更高的优先级。例如，有如下类型：

```
() => bigint | number
```

该类型等同于如下类型，即返回值类型为联合类型"bigint | number"的函数类型：

```
() => (bigint | number)
```

而不是函数类型和 number 类型的联合类型，如下所示：

```
(() => bigint) | number
```

在任何时候，我们都可以使用分组运算符"()"来明确指定优先级。

6.4.3.2　分配律性质

由交叉类型和联合类型组成的类型满足类似于数学中乘法分配律的规则。表示交叉类型的"&"符号如同数学中的乘法符号"×"，而表示联合类型的"|"符号则如同数学中的加法符号"+"。下例中的"≡"符号是恒等号，表示符号两侧是恒等关系：

```
A & (B | C) ≡ (A & B) | (A & C)
```

另一个稍微复杂的示例如下所示：

```
(A | B) & (C | D) ≡ A & C | A & D | B & C | B & D
```

如果我们对照着数学中的"乘法分配律"，那么此例中的结果将不难理解。

了解了交叉类型与联合类型的分配律性质后，我们就能够分析与理解一些复杂的类型。例如，有如下的复合类型：

```
T = (string | 0) & (number | 'a');
```

利用上文介绍的规则将该类型展开就能得到最终的结果类型，如下所示：

```
T = (string | 0) & (number | 'a');

  = (string & number) | (string & 'a') | (0 & number) | (0 & 'a');

  // 没有交集的原始类型的交叉类型是 'never' 类型
  = never | 'a' | 0 | never;

  // 'never' 尾端类型是所有类型的子类型
  // 并且若某成员是其他成员的子类型，则可以从联合类型中消去
  = 'a' | 0;
```

6.5　索引类型

对于一个对象而言，我们可以使用属性名作为索引来访问属性值。相似地，对于一个对象类型而言，我们可以使用属性名作为索引来访问属性类型成员的类型。TypeScript 引入了两个新的类型结构来实现索引类型：

❑ 索引类型查询。

❑ 索引访问类型。

6.5.1　索引类型查询

通过索引类型查询能够获取给定类型中的属性名类型。索引类型查询的结果是由字符串字面量类型构成的联合类型，该联合类型中的每个字符串字面量类型都表示一个属性名类型。索引类型查询的语法如下所示：

```
keyof Type
```

在该语法中，keyof 是关键字，Type 表示任意一种类型。示例如下：

```
01 interface Point {
02     x: number;
03     y: number;
04 }
05
06 type T = keyof Point; // 'x' | 'y'
```

此例中，对 Point 类型使用索引类型查询的结果类型为联合类型 "'x' | 'y'"，即由 Point 类型的属性名类型组成的联合类型。

6.5.1.1　索引类型查询解析

JavaScript 中的对象是键值对的数据结构，它只允许将字符串和 Symbol 值作为对象的键。索引类型查询获取的是对象的键的类型，因此索引类型查询的结果类型是联合类型 "string | symbol" 的子类型，因为只有这两种类型的值才能作为对象的键。但由于数组类型十分常用且其索引值的类型为 number 类型，因此编译器额外将 number 类型纳入了索引类型查询的结果类型范围。于是，索引类型查询的结果类型是联合类型 "string | number | symbol" 的子类型，这是编译器内置的类型约束。

例如，有如下索引类型查询：

```
01 type KeyofT = keyof T;
```

让我们来看看该索引类型查询的详细解析步骤。

如果类型 T 中包含字符串索引签名，那么将 string 类型和 number 类型添加到结果类型 KeyofT。示例如下：

```
01 interface T {
02     [prop: string]: number;
03 }
04
05 // string | number
06 type KeyofT = keyof T;
```

如果类型 T 中包含数值索引签名，那么将 number 类型添加到结果类型 KeyofT。示例

如下：

```
01 interface T {
02     [prop: number]: number;
03 }
04
05 // number
06 type KeyofT = keyof T;
```

如果类型 T 中包含属性名类型为"unique symbol"的属性，那么将该"unique symbol"类型添加到结果类型 KeyofT。注意，如果想要在对象类型中声明属性名为 symbol 类型的属性，那么属性名的类型必须为"unique symbol"类型，而不允许为 symbol 类型。示例如下：

```
01 const s: unique symbol = Symbol();
02 interface T {
03     [s]: boolean;
04 }
05
06 // typeof s
07 type KeyofT = keyof T;
```

因为"unique symbol"类型是 symbol 类型的子类型，所以该索引类型查询的结果类型仍是联合类型"string | number | symbol"的子类型。关于"unique symbol"类型的详细介绍请参考 5.3.5 节。

最后，如果类型 T 中包含其他属性成员，那么将表示属性名的字符串字面量类型和数字字面量类型添加到结果类型 KeyofT。例如，下例的类型 T 中包含三个属性成员，它们的属性名分别为数字 0、字符串"'a'"和字符串"'b'"。因此，KeyofT 类型为联合类型"0 | 'a' | 'b'"。示例如下：

```
01 interface T {
02     0: boolean;
03     a: string;
04     b(): void;
05 }
06
07 // 0 | 'a' | 'b'
08 type KeyofT = keyof T;
```

以上我们介绍了在对象类型上使用索引类型查询的解析过程。虽然在对象类型上使用索引类型查询更有意义，但是索引类型查询也允许在非对象类型上使用，例如原始类型、顶端类型等。

当对 any 类型使用索引类型查询时，结果类型固定为联合类型"string | number | symbol"。示例如下：

```
01 type KeyofT = keyof any;       // string | number | symbol
```

当对 unknown 类型使用索引类型查询时，结果类型固定为 never 类型。示例如下：

```
01 type KeyofT = keyof unknown;  // never
```

当对原始类型使用索引类型查询时，先查找与原始类型对应的内置对象类型，然后再进行索引类型查询。例如，与原始类型 boolean 对应的内置对象类型是 Boolean 对象类型，它的具体定义如下所示：

```
01  interface Boolean {
02      valueOf(): boolean;
03  }
```

因此，对原始类型 boolean 执行索引类型查询的结果为字符串字面量类型 "'valueOf'"。示例如下：

```
01  type KeyofT = keyof boolean;  // 'valueOf'
```

6.5.1.2 联合类型

在索引类型查询中，如果查询的类型为联合类型，那么先计算联合类型的结果类型，再执行索引类型查询。例如，有以下对象类型 A 和 B，以及索引类型查询 KeyofT：

```
01  type A = { a: string; z: boolean };
02  type B = { b: string; z: boolean };
03
04  type KeyofT = keyof (A | B);  // 'z'
```

在计算 KeyofT 类型时，先计算联合类型 "A | B" 的结果类型。示例如下：

```
01  type AB = A | B;              // { z: boolean }
```

然后计算索引类型查询 KeyofT 的类型。示例如下：

```
01  type KeyofT = keyof AB;       // 'z'
```

6.5.1.3 交叉类型

在索引类型查询中，如果查询的类型为交叉类型，那么会将原索引类型查询展开为子索引类型查询的联合类型，展开的规则类似于数学中的"乘法分配律"。示例如下：

```
keyof (A & B) ≡ keyof A | keyof B
```

例如，有以下对象类型 A 和 B，以及索引类型查询 KeyofT：

```
01  type A = { a: string; x: boolean };
02  type B = { b: string; y: number };
03
04  type KeyofT = keyof (A & B);  // 'a' | 'x' | 'b' | 'y'
```

在计算 KeyofT 类型时，先将索引类型查询展开为如下类型：

```
01  type KeyofT = keyof A | keyof B;
```

然后计算索引类型查询 KeyofT 的类型。示例如下：

```
01  type KeyofT = ('a' | 'x') | ('b' | 'y');
```

6.5.2　索引访问类型

索引访问类型能够获取对象类型中属性成员的类型，它的语法如下所示：

```
T[K]
```

在该语法中，T 和 K 都表示类型，并且要求 K 类型必须能够赋值给 "keyof T" 类型。"T[K]" 的结果类型为 T 中 K 属性的类型。

例如，有以下对象类型 T：

```
01 type T = { a: boolean; b: string };
```

通过索引访问类型能够获取对象类型 T 中属性 x 和 y 的类型，示例如下：

```
01 type T = { x: boolean; y: string };
02
03 type Kx = 'x';
04 type T0 = T[Kx]; // boolean
05
06 type Ky = 'y';
07 type T1 = T[Ky]; // string
```

下面我们将深入介绍索引访问类型的详细解析步骤。假设有如下索引访问类型：

```
T[K]
```

若 K 是字符串字面量类型、数字字面量类型、枚举字面量类型或 "unique symbol" 类型，并且类型 T 中包含名为 K 的公共属性，那么 "T[K]" 的类型就是该属性的类型。示例如下：

```
01 const s: unique symbol = Symbol();
02
03 enum E {
04     A = 10,
05 }
06
07 type T = {
08     // 数字字面量属性名
09     0: string;
10
11     // 字符串字面量属性名
12     x: boolean;
13
14     // 枚举成员字面量属性名
15     [E.A]: number;
16
17     // unique symbol
18     [s]: bigint;
19 };
20
21 type TypeOfNumberLikeName = T[0];      // string
22 type TypeOfStringLikeName = T['x'];    // boolean
23 type TypeOfEnumName = T[E.A];          // number
24 type TypeOfSymbolName = T[typeof s];   // bigint
```

若 K 是联合类型 "K1 | K2"，那么 "T[K]" 等于联合类型 "T[K1] | T[K2]"。例如，有以下类型 T 和 K，其中 K 是联合类型：

```
01  type T = { x: boolean; y: string };
02  type K = 'x' | 'y';
```

那么，索引访问类型 T[K] 为如下类型：

```
01  // string | boolean
02  type TK = T['x'] | T['y'];
```

若 K 类型能够赋值给 string 类型，且类型 T 中包含字符串索引签名，那么 "T[K]" 为字符串索引签名的类型。但如果类型 T 中包含同名的属性，那么同名属性的类型拥有更高的优先级。示例如下：

```
01  interface T {
02      a: true;
03      [prop: string]: boolean;
04  }
05  type Ta = T['a'];                      // true
06  type Tb = T['b'];                      // boolean
```

若 K 类型能够赋值给 number 类型，且类型 T 中包含数值索引签名，那么 "T[K]" 为数值索引签名的类型。但如果类型 T 中包含同名的属性，那么同名属性的类型拥有更高的优先级。示例如下：

```
01  interface T {
02      0: true;
03      [prop: number]: boolean;
04  }
05
06  type T0 = T[0];                        // true
07  type T1 = T[1];                        // boolean
```

6.5.3　索引类型的应用

通过结合使用索引类型查询和索引访问类型就能够实现类型安全的对象属性访问操作。例如，下例中定义了工具函数 getProperty，它能够返回对象的某个属性值。该工具函数的特殊之处在于它还能够准确地返回对象属性的类型。示例如下：

```
01  function getProperty<T, K extends keyof T>(
02    obj: T, key: K
03  ): T[K] {
04      return obj[key];
05  }
06
07  interface Circle {
08      kind: 'circle';
09      radius: number;
10  }
11
```

```
12 function f(circle: Circle) {
13     // 正确，能够推断出 radius 的类型为 'circle' 类型
14     const kind = getProperty(circle, 'kind');
15
16     // 正确，能够推断出 radius 的类型为 number 类型
17     const radius = getProperty(circle, 'radius');
18
19     // 错误
20     const unknown = getProperty(circle, 'unknown');
21     //                                  ~~~~~~~~~
22     // 编译错误: 'unknown'类型不能赋值给'kind' |'radius'
23 }
```

第 14 和 17 行，我们使用"getProperty()"函数获取 Circle 对象中存在的属性，TypeScript
能够正确推断出获取的属性的类型。第 20 行，获取 Circle 对象中不存在的属性时，TypeScript
编译器能够检测出索引类型不匹配，因此产生编译错误。

6.6　映射对象类型

　　映射对象类型是一种独特的对象类型，它能够将已有的对象类型映射为新的对象类型。
例如，我们想要将已有对象类型 T 中的所有属性修改为可选属性，那么我们可以直接修改
对象类型 T 的类型声明，将每个属性都修改为可选属性。除此之外，更好的方法是使用映
射对象类型将原对象类型 T 映射为一个新的对象类型 T′，同时在映射过程中将每个属性
修改为可选属性。

6.6.1　映射对象类型声明

　　映射对象类型是一个类型运算符，它能够遍历联合类型并以该联合类型的类型成员作
为属性名类型来构造一个对象类型。映射对象类型声明的语法如下所示：

```
{ readonly [P in K]? : T }
```

　　在该语法中，readonly 是关键字，表示该属性是否为只读属性，该关键字是可选的；"?"
修饰符表示该属性是否为可选属性，该修饰符是可选的；in 是遍历语法的关键字；K 表示
要遍历的类型，由于遍历的结果类型将作为对象属性名类型，因此类型 K 必须能够赋值给
联合类型"string | number | symbol"，因为只有这些类型的值才能作为对象的键；P 是类型
变量，代表每次遍历出来的成员类型；T 是任意类型，表示对象属性的类型，并且在类型 T
中允许使用类型变量 P。

　　映射对象类型的运算结果是一个对象类型。映射对象类型的核心是它能够遍历类型 K
的所有类型成员，并针对每一个成员 P 都将它映射为类型 T。示例如下：

```
01 type K = 'x' | 'y';
02 type T = number;
03
04 type MappedObjectType = { readonly [P in K]?: T };
```

此例中，映射对象类型 MappedObjectType 相当于如下对象类型：

```
{
    readonly x?: number;
    readonly y?: number;
}
```

6.6.2 映射对象类型解析

本节我们将深入映射对象类型的详细运算步骤。假设有如下映射对象类型：

```
{ [P in K]: T }
```

首先要强调的是，类型 K 必须能够赋值给联合类型"string | number | symbol"。

若当前遍历出来的类型成员 P 为字符串字面量类型，则在结果对象类型中创建一个新的属性成员，属性名类型为该字符串字面量类型且属性值类型为 T。示例如下：

```
01 // { x: boolean }
02 type MappedObjectType = { [P in 'x']: boolean };
```

若当前遍历出来的类型成员 P 为数字字面量类型，则在结果对象类型中创建一个新的属性成员，属性名类型为该数字字面量类型且属性值类型为 T。示例如下：

```
01 // { 0: boolean }
02 type MappedObjectType = { [P in 0]: boolean };
```

若当前遍历出来的类型成员 P 为"unique symbol"类型，则在结果对象类型中创建一个新的属性成员，属性名类型为该"unique symbol"类型且属性值类型为 T。示例如下：

```
01 const s: unique symbol = Symbol();
02
03 // { [s]: boolean }
04 type MappedObjectType = { [P in typeof s]: boolean };
```

若当前遍历出来的类型成员 P 为 string 类型，则在结果对象类型中创建字符串索引签名。示例如下：

```
01 // { [x: string]: boolean }
02 type MappedObjectType = { [P in string]: boolean };
```

若当前遍历出来的类型成员 P 为 number 类型，则在结果对象类型中创建数值索引签名。示例如下：

```
01 // { [x: number]: boolean }
02 type MappedObjectType = { [P in number]: boolean };
```

6.6.3 映射对象类型应用

将映射对象类型与索引类型查询结合使用就能够遍历已有对象类型的所有属性成员，并使用相同的属性来创建一个新的对象类型。示例如下：

```
01 type T = { a: string; b: number };
02
03 // { a: boolean; b: boolean;  }
04 type M = { [P in keyof T]: boolean };
```

此例中，映射对象类型能够遍历对象类型 T 的所有属性成员，并在新的对象类型 M 中创建同名的属性成员 a 和 b，同时将每个属性成员的类型设置为 boolean 类型。我们使用了索引类型查询来获取类型 T 中所有属性名的类型并将其提供给映射对象类型进行遍历，两者能够完美地结合。

将映射对象类型、索引类型查询以及索引访问类型三者结合才能够最大限度地体现映射对象类型的威力。示例如下：

```
01 type T = { a: string; b: number };
02
03 // { a: string; b: number; }
04 type M = { [P in keyof T]: T[P] };
```

此例中，我们将对象类型 T 按原样复制了一份！在定义映射对象类型中的属性类型时，我们不再使用固定的类型，例如 boolean。借助于类型变量 P 和索引访问类型，我们能够动态地获取对象类型 T 中每个属性的类型。有了这个模板后，我们可以随意发挥，创建出一些有趣的类型。

例如，在本节开篇处我们提到将某个对象类型的所有属性成员修改为可选属性。借助于映射对象类型、索引类型查询以及索引访问类型可以很容易地创建出想要的对象类型。示例如下：

```
01 type T = { a: string; b: number };
02
03 // { a?: string; b?: number; }
04 type OptionalT = { [P in keyof T]?: T[P] };
```

我们仅在映射对象类型中添加了 "?" 修饰符就实现了这个功能。由于这个功能十分常用，所以 TypeScript 内置了一个工具类型 "Partial<T>" 来实现这个功能，内置的 "Partial<T>" 工具类型的定义如下所示：

```
01 /**
02  * 将T中的所有属性标记为可选属性
03  */
04 type Partial<T> = {
05    [P in keyof T]?: T[P];
06 };
```

该工具类型是利用了映射对象类型的泛型类型别名，它有一个类型参数 T。该工具类型将传入的对象类型的所有属性标记为可选属性。"Partial<T>" 工具类型的使用方式如下所示：

```
01 type T = { a: string; b: number };
02
03 // { a?: string; b?: number; }
04 type OptionalT = Partial<T>;
```

接下来，我们再创建一个对象类型，将已有对象类型中所有属性标记为只读属性。示例如下：

```
01 type T = { a: string; b: number };
02
03 // { readonly a: string; readonly b: number; }
04 type ReadonlyT = { readonly [P in keyof T]: T[P] };
```

此例中，我们使用 readonly 修饰符将所有属性标记为只读属性。由于这个功能十分常用，所以 TypeScript 内置了一个工具类型"Readonly<T>"来实现这个功能，内置的"Readonly<T>"工具类型的定义如下所示：

```
01 /**
02  * 将T中的所有属性标记为只读属性
03  */
04 type Readonly<T> = {
05     readonly [P in keyof T]: T[P];
06 };
```

该工具类型是利用了映射对象类型的泛型类型别名，它有一个类型参数 T。该工具类型将传入的对象类型的所有属性标记为只读属性。"Readonly<T>"工具类型的使用方式如下所示：

```
01 type T = { a: string; b: number };
02
03 // { readonly a: string; readonly b: number; }
04 type ReadonlyT = Readonly<T>;
```

关于工具类型的详细介绍请参考 6.8 节。

6.6.4 同态映射对象类型

不论是"Partial<T>"映射对象类型还是"Readonly<T>"映射对象类型，都是将源对象类型 T 中的属性一一对应地映射到新的对象类型中。映射后的对象类型结构与源对象类型 T 的结构完全一致，我们将这种映射对象类型称为同态映射对象类型。同态映射对象类型与源对象类型之间有着相同的属性集合。

如果映射对象类型中存在索引类型查询，那么 TypeScript 编译器会将该映射对象类型视为同态映射对象类型。更确切地说，同态映射对象类型具有如下语法形式：

```
{ readonly [P in keyof T]? : X }
```

在该语法中，readonly 关键字和"?"修饰符均为可选的。示例如下：

```
01 type T = { a?: string; b: number };
02 type K = keyof T;
03
04 // 同态映射对象类型
05 type HMOT = { [P in keyof T]: T[P] };
06
```

```
07  // 非同态映射对象类型
08  type MOT = { [P in K]: T[P] };
```

6.6.4.1　修饰符拷贝

同态映射对象类型的一个重要性质是，新的对象类型会默认拷贝源对象类型中所有属性的 readonly 修饰符和 "?" 修饰符。示例如下：

```
01  type T = { a?: string; readonly b: number };
02
03  // { a?: string; readonly b: number; }
04  type HMOT = { [P in keyof T]: T[P] };
```

此例中，HMOT 是同态映射对象类型，它将源对象类型 T 的所有属性映射到新的对象类型 HMOT，同时保留了每个属性的修饰符。例如，HMOT 对象类型的属性 a 带有 "?" 修饰符，属性 b 带有 readonly 修饰符。

如果是非同态映射对象类型，那么新的对象类型不会拷贝源对象类型 T 中属性的 readonly 修饰符和 "?" 修饰符。示例如下：

```
01  type T = { a?: string; readonly b: number };
02  type K = keyof T;
03
04  // { a: string | undefined; b: number; }
05  type MOT = { [P in K]: T[P] };
```

此例中，MOT 对象类型是映射对象类型但不是同态映射对象类型，因为它的语法中没有使用索引类型查询。非同态映射对象类型不会从源对象类型 T 中拷贝属性修饰符，因此在 MOT 对象类型中属性 a 和 b 都没有修饰符。

6.6.4.2　改进的修饰符拷贝

为了改进映射对象类型中修饰符拷贝行为的一致性，TypeScript 特殊处理了映射对象类型中索引类型为类型参数的情况。假设有如下映射对象类型：

```
{ [P in K]: X }
```

如果在该语法中，K 为类型参数且有泛型约束 "K extends keyof T"，那么编译器也会将对象类型 T 的属性修饰符拷贝到映射对象类型中，尽管该类型不是同态映射对象类型。换句话说，当映射对象类型在操作已知对象类型的所有属性或部分属性时会拷贝属性修饰符到映射对象类型中。例如，有如下定义的映射对象类型 Pick：

```
01  type Pick<T, K extends keyof T> = {
02      [P in K]: T[P];
03  };
```

此例中，Pick 类型为非同态映射对象类型，因为它的语法中不包含索引类型查询。但是在 Pick 类型中，K 不是某一具体类型，而是一个类型参数，并且存在泛型约束 "K extends keyof T"。这时，TypeScript 会特殊处理这种形式的映射对象类型来保留属性修饰符。示例

如下：

```
01 type T = {
02    a?: string;
03    readonly b: number;
04    c: boolean;
05 };
06
07 // { a?: string; readonly b: number }
08 type SomeOfT = Pick<T, 'a' | 'b'>;
```

此例中，SomeOfT 对象类型中的属性 a 和 b 保留了修饰符"?"和 readonly。

此例中的 Pick 类型是十分常用的类型，它能够从已有对象类型中挑选一个或多个指定的属性并保留它们的类型和修饰符，然后构造出一个新的对象类型。因此，TypeScript 内置了该工具类型。关于工具类型的详细介绍请参考 6.8 节。

6.6.4.3 添加和移除修饰符

不论是同态映射对象类型的修饰符拷贝规则还是改进的映射对象类型修饰符拷贝规则，它们都无法删除属性已有的修饰符。因此，TypeScript 引入了两个新的修饰符用来精确控制添加或移除映射属性的"?"修饰符和 readonly 修饰符：

❑ "+"修饰符，为映射属性添加"?"修饰符或 readonly 修饰符。

❑ "–"修饰符，为映射属性移除"?"修饰符或 readonly 修饰符。

"+"修饰符和"–"修饰符应用在"?"修饰符和 readonly 修饰符之前。它们的语法如下所示：

```
{ -readonly [P in keyof T]-?: T[P] }

{ +readonly [P in keyof T]+?: T[P] }
```

如果要将已有对象类型的所有属性转换为必选属性，则可以使用"Required<T>"工具类型。"Required<T>"类型的定义如下所示：

```
01 type Required<T> = { [P in keyof T]-?: T[P] };
```

"Required<T>"类型创建了对象类型 T 的同态映射对象类型，并且移除了每个属性上的可选属性修饰符"?"。因此，同态映射对象类型中每一个映射属性都是必选属性。示例如下：

```
01 type T = {
02    a?: string | undefined | null;
03    readonly b: number | undefined | null;
04 };
05
06 // {
07 //    a: string | null;
08 //    readonly b: number | undefined | null;
09 // }
10 type RequiredT = Required<T>;
```

此例中，RequiredT 对象类型的每个属性成员都没有了 "？" 修饰符。

需要注意的是，"－" 修饰符仅作用于带有 "？" 和 readonly 修饰符的属性。编译器在移除属性 a 的 "？" 修饰符时，同时会移除属性类型中的 undefined 类型，但是不会移除 null 类型，因此 RequiredT 类型中属性 a 的类型为 "string | null" 类型。由于属性 b 不带有 "？" 修饰符，因此此例中的 "－" 修饰符对属性 b 不起作用，也不会移除属性 b 中的 undefined 类型。

"Required<T>" 类型是 TypeScript 内置的工具类型之一。关于工具类型的详细介绍请参考 6.8 节。

对于 "＋" 修饰符，明确地添加它与省略它的作用是相同的，因此通常省略。例如，"+readonly" 等同于 "readonly"，如下所示：

```
01 type ReadonlyPartial<T> = {
02     +readonly [P in keyof T]+?: T[P]
03 };
04
05 // 等同于:
06
07 type ReadonlyPartial<T> = {
08     readonly [P in keyof T]?: T[P]
09 };
```

6.6.4.4　同态映射对象类型深入

同态映射对象类型是一种能够维持对象结构不变的映射对象类型。同态映射对象类型 "{ [P in keyof T]: X }" 与对象类型 T 是同态关系，它们包含了完全相同的属性集合。在默认情况下，同态映射对象类型会保留对象类型 T 中属性的修饰符。

假设有如下同态映射对象类型，其中 T 和 X 为类型参数：

```
01 type HMOT<T, X> = { [P in keyof T]: X };
```

现在来看看同态映射对象类型 "HMOT<T, X>" 的具体映射规则。

若 T 为原始类型，则不进行任何映射，同态映射对象类型 "HMOT<T, X>" 等于类型 T。示例如下：

```
type HMOT<T, X> = { [P in keyof T]: X };

type T = string;

type R = HMOT<T, boolean>  // <- 与boolean类型无关
    = string
```

若 T 为联合类型，则对联合类型的每个成员类型求同态映射对象类型，并使用每个结果类型构造一个联合类型。示例如下：

```
type HMOT<T, X> = { [P in keyof T]: X };

type T = { a: string } | { b: number };
```

```
type R = HMOT<T, boolean>;
      = HMOT<{ a: string }, boolean>
          | HMOT<{ b: number }, boolean>;
      = { a: boolean } | { b: boolean };
```

若 T 为数组类型，则同态映射对象类型"HMOT<T, X>"也为数组类型。示例如下：

```
type HMOT<T, X> = { [P in keyof T]: X };

type T = number[];

type R = HMOT<T, string>;
      = string[];
```

此时，若映射属性类型 X 为索引访问类型"T[P]"，则映射属性类型 X 等于数组 T 的成员类型。示例如下：

```
type HMOT<T> = { [P in keyof T]: T[P] };

type T = number[];

type R = HMOT<T>;
      = number[];
```

若 T 为只读数组类型，则同态映射对象类型"HMOT<T, X>"也为只读数组类型。示例如下：

```
type HMOT<T, X> = { [P in keyof T]: X };

type T = readonly number[];

type R = HMOT<T, string>;
      = readonly string[];
```

此时，若映射属性类型 X 为索引访问类型"T[P]"，则映射属性类型 X 等于数组 T 的成员类型。示例如下：

```
type HMOT<T> = { [P in keyof T]: T[P] };

type T = readonly number[];

type R = HMOT<T>;
      = readonly number[];
```

若 T 为元组类型，则同态映射对象类型"HMOT<T, X>"也为元组类型。示例如下：

```
type HMOT<T, X> = { [P in keyof T]: X };

type T = [string, number];

type R = HMOT<T, boolean>;
      = [boolean, boolean];
```

此时，若映射属性类型 X 为索引访问类型"T[P]"，则映射属性类型 X 等于元组 T 中对应成员的类型。示例如下：

```
type HMOT<T> = { [P in keyof T]: T[P] };

type T = [string, number];

type R = HMOT<T>;
        = [string, number];
```

若 T 为只读元组类型，则同态映射对象类型 "HMOT<T, X>" 也为只读元组类型。示例如下：

```
type HMOT<T, X> = { [P in keyof T]: X };

type T = readonly [string, number];

type R = HMOT<T, boolean>;
        = readonly [boolean, boolean];
```

此时，若映射属性类型 X 为索引访问类型 "T[P]"，则映射属性类型 X 等于元组 T 中对应成员的类型。示例如下：

```
type HMOT<T> = { [P in keyof T]: T[P] };

type T = readonly [string, number];

type R = HMOT<T>;
        = readonly [string, number];
```

若 T 为数组类型或元组类型，且同态映射对象类型中使用了 readonly 修饰符，那么同态映射对象类型 "HMOT<T, X>" 的结果类型为只读数组类型或只读元组类型。示例如下：

```
type HMOT<T> = { readonly [P in keyof T]: T[P] };

type T0 = number[];

type R0 = HMOT<T0>;
        = readonly number[];

type T1 = [string];

type R1 = HMOT<T1>;
        = readonly [string];
```

若 T 为只读数组类型或只读元组类型，且同态映射对象类型中使用了 "–readonly" 修饰符，那么同态映射对象类型 "HMOT<T, X>" 的结果类型为非只读数组类型或非只读元组类型。示例如下：

```
type HMOT<T> = { -readonly [P in keyof T]: T[P] };

type T0 = readonly number[];

type R0 = HMOT<T0>;
```

```
        = number[];

type T1 = readonly [string];

type R1 = HMOT<T1>;
        = [string];
```

6.7 条件类型

条件类型与条件表达式类似，它表示一种非固定的类型。条件类型能够根据条件判断从可选类型中选择其一作为结果类型。

6.7.1 条件类型的定义

条件类型的定义借用了 JavaScript 语言中的条件运算符，语法如下所示：

```
T extends U ? X : Y
```

在该语法中，extends 是关键字；T、U、X 和 Y 均表示一种类型。若类型 T 能够赋值给类型 U，则条件类型的结果为类型 X，否则条件类型的结果为类型 Y。条件类型的结果类型只可能为类型 X 或者类型 Y。

例如，在下例的 T0 类型中，true 类型能够赋值给 boolean 类型，因此 T0 类型的结果类型为 string 类型。在下例的 T1 类型中，string 类型不能赋值给 boolean 类型，因此 T1 类型的结果类型为 number 类型：

```
01 // string
02 type T0 = true extends boolean ? string : number;
03
04 // number
05 type T1 = string extends boolean ? string : number;
```

此例中的条件类型实际意义很小，因为条件类型中的所有类型都是固定的，因此结果类型也是固定的。在实际应用中，条件类型通常与类型参数结合使用。例如，下例中定义了泛型类型别名 "TypeName<T>"，它有一个类型参数 T。"TypeName<T>" 的值为条件类型，在该条件类型中根据不同的实际类型参数 T 将返回不同的类型。示例如下：

```
01 type TypeName<T> = T extends string
02     ? 'string'
03     : T extends number
04     ? 'number'
05     : T extends boolean
06     ? 'boolean'
07     : T extends undefined
08     ? 'undefined'
09     : T extends Function
10     ? 'function'
11     : 'object';
12
```

```
13  type T0 = TypeName<'a'>;          // 'string'
14  type T1 = TypeName<0>;            // 'number'
15  type T2 = TypeName<true>;         // 'boolean'
16  type T3 = TypeName<undefined>;    // 'undefined'
17  type T4 = TypeName<() => void>;   // 'function'
18  type T5 = TypeName<string[]>;     // 'object'
```

此例中，若实际类型参数 T 能够赋值给 string 类型，则"TypeName<T>"表示字符串字面量类型"'string'"；若实际类型参数 T 能够赋值给 number 类型，则"TypeName<T>"表示字符串字面量类型"'number'"，以此类推。

6.7.2　分布式条件类型

在条件类型"T extends U ? X : Y"中，如果类型 T 是一个裸（Naked）类型参数，那么该条件类型也称作分布式条件类型。下面我们先了解一下什么是裸类型参数。

6.7.2.1　裸类型参数

从字面上理解，裸类型参数是指裸露在外的没有任何装饰的类型参数。如果类型参数不是复合类型的组成部分而是独立出现，那么该类型参数称作裸类型参数。

例如，在下例的"T0<T>"类型中，类型参数 T 是裸类型参数；但是在"T1<T>"类型中，类型参数 T 不是裸类型参数，因为它是元组类型的组成部分。因此，类型"T0<T>"是分布式条件类型，而类型"T1<T>"则不是分布式条件类型。示例如下：

```
01  type T0<T> = T extends string ? true : false;
02  //           ~
03  //           裸类型参数
04
05  type T1<T> = [T] extends [string] ? true : false;
06  //            ~
07  //            非裸类型参数
```

6.7.2.2　分布式行为

与常规条件类型相比，分布式条件类型具有一种特殊的行为，那就是在使用实际类型参数实例化分布式条件类型时，如果实际类型参数 T 为联合类型，那么会将分布式条件类型展开为由子条件类型构成的联合类型。

例如，有如下分布式条件类型，其中 T 是类型参数：

```
T extends U ? X : Y;
```

如果实际类型参数 T 是联合类型"A | B"，那么分布式条件类型会被展开。示例如下：

```
T ≡ A | B

T extends U ? X : Y
    ≡ (A extends U ? X : Y) | (B extends U ? X : Y)
```

我们前面介绍的"TypeName<T>"条件类型是分布式条件类型，因为其类型参数 T 是

一个裸类型参数。因此,"TypeName<T>"类型具有分布式行为。示例如下:

```
01  type TypeName<T> = T extends string
02      ? 'string'
03      : T extends number
04      ? 'number'
05      : T extends boolean
06      ? 'boolean'
07      : T extends undefined
08      ? 'undefined'
09      : T extends Function
10      ? 'function'
11      : 'object';
12
13  type T = TypeName<string | number>; // 'string' | 'number'
```

此例第 13 行,我们使用联合类型"string | number"来实例化泛型类型别名"Type-Name<T>",它表示的分布式条件类型会被展开为联合类型"TypeName<string> | Type-Name<number>",因此最终的结果类型为联合类型"'string' | 'number'"。

6.7.2.3　过滤联合类型

在了解了分布式条件类型的分布式行为后,我们可以巧妙地利用它来过滤联合类型。在联合类型一节中介绍过,在联合类型"U = U0 | U1"中,若 U1 是 U0 的子类型,那么联合类型可以化简为"U = U0"。例如,下例中的 true 类型和 false 类型都是 boolean 类型的子类型,因此联合类型最终可以化简为 boolean 类型:

```
boolean | true | false ≡ boolean
```

在 5.8 节中介绍过,never 类型是尾端类型,它是任何其他类型的子类型。因此,当never 类型与其他类型组成联合类型时,可以直接将 never 类型从联合类型中"消掉"。示例如下:

```
T | never ≡ T
```

基于分布式条件类型和以上两个"公式",我们就能够从联合类型中过滤掉特定的类型。例如,下例中的"Exclude<T, U>"类型能够从联合类型 T 中删除符合条件的类型:

```
01  type Exclude<T, U> = T extends U ? never : T;
```

在分布式条件类型"Exclude<T, U>"中,若类型 T 能够赋值给类型 U,则返回 never类型;否则,返回类型 T。这里巧妙地使用了 never 类型来从联合类型 T 中删除符合条件的类型。下面我们来详细分析"Exclude<T, U>"类型的实例化过程。示例如下:

```
T = Exclude<string | undefined, null | undefined>

  = (string extends null | undefined ? never : string)
    |
    (null extends null | undefined ? never : null)
```

```
  = string | never

  = string
```

在了解了 "Exclude<T, U>" 类型的工作原理后，我们能够很容易地创建一个与之相反的 "Extract<T, U>" 类型。该类型能够从联合类型 T 中挑选符合条件的类型。若类型 T 能够赋值给类型 U，则返回 T 类型；否则，返回类型 never。示例如下：

```
01 type Extract<T, U> = T extends U ? T : never;
02
03 type T = Extract<string | number, number | boolean>;
04 //   ~
05 //   类型为number
```

如果 "Exclude<T, U>" 类型中的类型参数 U 为联合类型 "null | undefined"，那么 "Exclude<T, U>" 类型就表示从联合类型 T 中去除 null 类型和 undefined 类型，也就是将类型 T 转换为一个非空类型。

我们也可以直接创建一个非空类型 "NonNullable<T>"，示例如下：

```
01 type NonNullable<T> = T extends null | undefined ? never : T;
```

事实上，上面介绍的三种分布式条件类型 "Exclude<T, U>" "Extract<T, U>" "Non-Nullable<T>" 都是 TypeScript 语言内置的工具类型。在 TypeScript 程序中允许直接使用而不需要自己定义。关于工具类型的详细介绍请参考 6.8 节。

6.7.2.4　避免分布式行为

分布式条件类型的分布式行为通常是期望的行为，但也可能存在某些场景，让我们想要禁用分布式条件类型的分布式行为。这就需要将分布式条件类型转换为非分布式条件类型。一种可行的方法是将分布式条件类型中的裸类型参数修改为非裸类型参数，这可以通过将 extends 两侧的类型包裹在元组类型中来实现。这样做之后，原本的分布式条件类型将变成非分布式条件类型，因此也就不再具有分布式行为。例如，有以下的分布式条件类型：

```
01 type CT<T> = T extends string ? true : false;
02
03 type T = CT<string | number>; // boolean
```

可以通过如下方式将此例中的分布式条件类型转换为非分布式条件类型：

```
01 type CT<T> = [T] extends [string] ? true : false;
02
03 type T = CT<string | number>; // false
```

6.7.3　infer 关键字

条件类型的语法如下所示：

```
T extends U ? X : Y
```

在 extends 语句中类型 U 的位置上允许使用 infer 关键字来定义可推断的类型变量，可推断的类型变量只允许在条件类型的 true 分支中引用，即类型 X 的位置上使用。示例如下：

```
T extends infer U ? U : Y;
```

此例中，使用 infer 声明定义了可推断的类型变量 U。当编译器解析该条件类型时，会根据 T 的实际类型来推断类型变量 U 的实际类型。示例如下：

```
01 type CT<T> = T extends Array<infer U> ? U : never;
02
03 type T = CT<Array<number>>;              // number
```

此例中，条件类型 "CT<T>" 定义了一个可推断的类型变量 U，它表示数组元素的类型。第 3 行，当使用数组类型 "Array<number>" 实例化 "CT<T>" 条件类型时，编译器将根据 "Array<number>" 类型来推断 "Array<infer U>" 类型中类型变量 U 的实际类型，推断出来的类型变量 U 的实际类型为 number 类型。

接下来再来看一个例子，我们可以使用条件类型和 infer 类型变量来获取某个函数的返回值类型。该条件类型 "ReturnType<T>" 的定义如下所示：

```
01 type ReturnType<
02     T extends (...args: any) => any
03 > = T extends (...args: any) => infer R ? R : any;
```

"ReturnType<T>" 类型接受函数类型的类型参数，并返回函数的返回值类型。示例如下：

```
01 type F = (x: number) => string;
02
03 type T = ReturnType<F>;                  // string
```

实际上，"ReturnType<T>" 类型是 TypeScript 语言的内置工具类型。在 TypeScript 程序中可以直接使用它。关于工具类型的详细介绍请参考 6.8 节。

在条件类型中，允许定义多个 infer 声明。例如，下例中存在两个 infer 声明，它们定义了同一个推断类型变量 U：

```
01 type CT<T> =
02     T extends { a: infer U; b: infer U } ? U : never;
03
04 type T = CT<{ a: string; b: number }>; // string | number
```

同时，在多个 infer 声明中也可以定义不同的推断类型变量。例如，下例中的两个 infer 声明分别定义了两个推断类型变量 M 和 N：

```
01 type CT<T> =
02     T extends { a: infer M; b: infer N } ? [M, N] : never;
03
04 type T = CT<{ a: string; b: number }>; // [string, number]
```

6.8　内置工具类型

在前面的章节中，我们已经陆续介绍了一些 TypeScript 内置的实用工具类型。这些工具类型的定义位于 TypeScript 语言安装目录下的"lib/lib.es5.d.ts"文件中。这里推荐读者去阅读这部分源代码，以便能够更好地理解工具类型，同时也能学习到一些类型定义的技巧。在 TypeScript 程序中，不需要进行额外的安装或配置就可以直接使用这些工具类型。

目前，TypeScript 提供的所有内置工具类型如下：

- ❑ Partial<T>
- ❑ Required<T>
- ❑ Readonly<T>
- ❑ Record<K, T>
- ❑ Pick<T, K>
- ❑ Omit<T, K>
- ❑ Exclude<T, U>
- ❑ Extract<T, U>
- ❑ NonNullable<T>
- ❑ Parameters<T>
- ❑ ConstructorParameters<T>
- ❑ ReturnType<T>
- ❑ InstanceType<T>
- ❑ ThisParameterType<T>
- ❑ OmitThisParameter<T>
- ❑ ThisType<T>

接下来，我们将分别介绍这些工具类型。

6.8.1　Partial<T>

该工具类型能够构造一个新类型，并将实际类型参数 T 中的所有属性变为可选属性。示例如下：

```
01  interface A {
02      x: number;
03      y: number;
04  }
05
06  type T = Partial<A>; // { x?: number; y?: number; }
07
08  const a: T = { x: 0, y: 0 };
09  const b: T = { x: 0 };
10  const c: T = { y: 0 };
11  const d: T = {};
```

6.8.2　Required<T>

该工具类型能够构造一个新类型，并将实际类型参数 T 中的所有属性变为必选属性。示例如下：

```
01  interface A {
02      x?: number;
03      y: number;
04  }
05
06  type T0 = Required<A>; // { x: number; y: number; }
```

6.8.3　Readonly<T>

该工具类型能够构造一个新类型，并将实际类型参数 T 中的所有属性变为只读属性。示例如下：

```
01  interface A {
02      x: number;
03      y: number;
04  }
05
06  // { readonly x: number; readonly y: number; }
07  type T = Readonly<A>;
08
09  const a: T = { x: 0, y: 0 };
10  a.x = 1;                  // 编译错误! 不允许修改
11  a.y = 1;                  // 编译错误! 不允许修改
```

6.8.4　Record<K, T>

该工具类型能够使用给定的对象属性名类型和对象属性类型创建一个新的对象类型。"Record<K, T>"工具类型中的类型参数 K 提供了对象属性名联合类型，类型参数 T 提供了对象属性的类型。示例如下：

```
01  type K = 'x' | 'y';
02  type T = number;
03  type R = Record<K, T>; // { x: number; y: number; }
04
05  const a: R = { x: 0, y: 0 };
```

因为类型参数 K 是用作对象属性名类型的，所以实际类型参数 K 必须能够赋值给"string | number | symbol"类型，只有这些类型能够作为对象属性名类型。

6.8.5　Pick<T, K>

该工具类型能够从已有对象类型中选取给定的属性及其类型，然后构建出一个新的对象类型。"Pick<T, K>"工具类型中的类型参数 T 表示源对象类型，类型参数 K 提供了待选取的属性名类型，它必须为对象类型 T 中存在的属性。示例如下：

```
01 interface A {
02     x: number;
03     y: number;
04 }
05
06 type T0 = Pick<A, 'x'>;        // { x: number }
07 type T1 = Pick<A, 'y'>;        // { y: number }
08 type T2 = Pick<A, 'x' | 'y'>; // { x: number; y: number }
09
10 type T3 = Pick<A, 'z'>;
11 //                  ~~~
12 //                      编译错误：类型'A'中不存在属性'z'
```

6.8.6　Omit<T, K>

"Omit<T, K>"工具类型与"Pick<T, K>"工具类型是互补的，它能够从已有对象类型中剔除给定的属性，然后构建出一个新的对象类型。"Omit<T, K>"工具类型中的类型参数 T 表示源对象类型，类型参数 K 提供了待剔除的属性名类型，但它可以为对象类型 T 中不存在的属性。示例如下：

```
01 interface A {
02     x: number;
03     y: number;
04 }
05
06 type T0 = Omit<A, 'x'>;        // { y: number }
07 type T1 = Omit<A, 'y'>;        // { x: number }
08 type T2 = Omit<A, 'x' | 'y'>; // { }
09 type T3 = Omit<A, 'z'>;        // { x: number; y: number }
```

6.8.7　Exclude<T, U>

该工具类型能够从类型 T 中剔除所有可以赋值给类型 U 的类型。示例如下：

```
01 type T0 = Exclude<"a" | "b" | "c", "a">; // "b" | "c"
02 type T1 = Exclude<"a" | "b" | "c", "a" | "b">; // "c"
03 type T2 = Exclude<string | (() => void), Function>; // string
```

6.8.8　Extract<T, U>

"Extract<T, U>"工具类型与"Exclude<T, U>"工具类型是互补的，它能够从类型 T 中获取所有可以赋值给类型 U 的类型。示例如下：

```
01 type T0 = Extract<'a' | 'b' | 'c', 'a' | 'f'>; // 'a'
02 type T1 = Extract<string | (() => void), Function>; // () => void
03 type T2 = Extract<string | number, boolean>;        // never
```

6.8.9　NonNullable<T>

该工具类型能够从类型 T 中剔除 null 类型和 undefined 类型并构造一个新类型，也就是获取类型 T 中的非空类型。示例如下：

```
01 // string | number
02 type T0 = NonNullable<string | number | undefined>;
03
04 // string[]
05 type T1 = NonNullable<string[] | null | undefined>;
```

6.8.10　Parameters<T>

该工具类型能够获取函数类型 T 的参数类型并使用参数类型构造一个元组类型。示例如下：

```
01 type T0 = Parameters<() => string>;          // []
02
03 type T1 = Parameters<(s: string) => void>;   // [string]
04
05 type T2 = Parameters<<T>(arg: T) => T>;       // [unknown]
06
07 type T4 = Parameters<
08    (x: { a: number; b: string }) => void
09 >;                                            // [{ a: number, b: string }]
10
11 type T5 = Parameters<any>;                    // unknown[]
12
13 type T6 = Parameters<never>;                  // never
14
15 type T7 = Parameters<string>;
16 //                   ~~~~~~~
17 //                   编译错误！string类型不符合约束'(...args: any) => any'
18
19 type T8 = Parameters<Function>;
20 //                   ~~~~~~~
21 //                   编译错误！Function类型不符合约束'(...args: any) => any'
```

6.8.11　ConstructorParameters<T>

该工具类型能够获取构造函数 T 中的参数类型，并使用参数类型构造一个元组类型。若类型 T 不是函数类型，则返回 never 类型。示例如下：

```
01 // [string, number]
02 type T0 = ConstructorParameters<new (x: string, y: number) => object>;
03
04 // [(string | undefined)?]
05 type T1 = ConstructorParameters<new (x?: string) => object>;
06
07 type T2 = ConstructorParameters<string>;     // 编译错误
08 type T3 = ConstructorParameters<Function>;   // 编译错误
```

6.8.12　ReturnType<T>

该工具类型能够获取函数类型 T 的返回值类型。示例如下：

```
01 // string
02 type T0 = ReturnType<() => string>;
```

```
03
04 // { a: string; b: number }
05 type T1 = ReturnType<() => { a: string; b: number }>;
06
07 // void
08 type T2 = ReturnType<(s: string) => void>;
09
10 // {}
11 type T3 = ReturnType<<T>() => T>;
12
13 // number[]
14 type T4 = ReturnType<<T extends U, U extends number[]>() => T>;
15
16 // any
17 type T5 = ReturnType<never>;
18
19 type T6 = ReturnType<boolean>;              // 编译错误
20 type T7 = ReturnType<Function>;             // 编译错误
```

6.8.13　InstanceType<T>

该工具类型能够获取构造函数的返回值类型，即实例类型。示例如下：

```
01 class C {
02     x = 0;
03 }
04 type T0 = InstanceType<typeof C>; // C
05
06 type T1 = InstanceType<new () => object>;     // object
07
08 type T2 = InstanceType<any>;                  // any
09
10 type T3 = InstanceType<never>;                // any
11
12 type T4 = InstanceType<string>;             // 编译错误
13 type T5 = InstanceType<Function>;           // 编译错误
```

6.8.14　ThisParameterType<T>

该工具类型能够获取函数类型 T 中 this 参数的类型，若函数类型中没有定义 this 参数，则返回 unknown 类型。在使用"ThisParameterType<T>"工具类型时需要启用"--strictFunctionTypes"编译选项。示例如下：

```
01 /**
02  * --strictFunctionTypes=true
03  */
04
05 function f0(this: object, x: number) {}
06 function f1(x: number) {}
07
08 type T0 = ThisParameterType<typeof f0>;     // object
09 type T1 = ThisParameterType<typeof f1>;     // unknown
10 type T2 = ThisParameterType<string>;        // unknown
```

6.8.15　OmitThisParameter<T>

该工具类型能够从类型 T 中剔除 this 参数类型，并构造一个新类型。在使用"Omit-ThisParameter<T>"工具类型时需要启用"--strictFunctionTypes"编译选项。示例如下：

```
01  /**
02   * --strictFunctionTypes=true
03   */
04
05  function f0(this: object, x: number) {}
06  function f1(x: number) {}
07
08  // (x: number) => void
09  type T0 = OmitThisParameter<typeof f0>;
10
11  // (x: number) => void
12  type T1 = OmitThisParameter<typeof f1>;
13
14  // string
15  type T2 = OmitThisParameter<string>;
```

6.8.16　ThisType<T>

该工具类型比较特殊，它不是用于构造一个新类型，而是用于定义对象字面量的方法中 this 的类型。如果对象字面量的类型是"ThisType<T>"类型或包含"ThisType<T>"类型的交叉类型，那么在对象字面量的方法中 this 的类型为 T。在使用"ThisType<T>"工具类型时需要启用"--noImplicitThis"编译选项。示例如下：

```
01  /**
02   * --noImplicitThis=true
03   */
04
05  let obj: ThisType<{ x: number }> & { getX: () => number };
06
07  obj = {
08      getX() {
09          this; // { x: number; y: number; }
10
11          return this.x;
12      },
13  };
```

此例中，使用交叉类型为对象字面量 obj 指定了"ThisType<T>"类型，因此 obj 中 getX 方法的 this 类型为"{ x: number; }"类型。

6.9　类型查询

typeof 是 JavaScript 语言中的一个一元运算符，它能够获取操作数的数据类型。例如，当对一个字符串使用该运算符时，将返回固定的值"'string'"。示例如下：

```
01 typeof 'foo'; // 'string'
```

TypeScript 对 JavaScript 中的 typeof 运算符进行了扩展，使其能够在表示类型的位置上使用。当在表示类型的位置上使用 typeof 运算符时，它能够获取操作数的类型，我们称之为类型查询。类型查询的语法如下所示：

```
typeof TypeQueryExpression
```

在该语法中，typeof 是关键字；TypeQueryExpression 是类型查询的操作数，它必须为一个标识符或者为使用点号"."分隔的多个标识符。示例如下：

```
01 const a = { x: 0 };
02 function b(x: string, y: number): boolean {
03     return true;
04 }
05
06 type T0 = typeof a;   // { x: number }
07 type T1 = typeof a.x; // number
08 type T2 = typeof b;   // (x: string, y: number) => boolean
```

此例中，对常量 a 进行类型查询的结果为对象类型，在该对象类型中包含一个 number 类型的属性成员 x；对函数声明 b 进行类型查询的结果为函数类型，该函数类型接受两个 string 类型和 number 类型的参数并返回 boolean 类型的值。

在前面的章节中，我们介绍了特殊的"unique symbol"类型。每一个"unique symbol"类型都是唯一的，TypeScript 只允许使用 const 声明或 readonly 属性声明来定义"unique symbol"类型的值。若想要获取特定的"unique symbol"值的类型，则需要使用 typeof 类型查询，否则将无法引用其类型。示例如下：

```
01 const a: unique symbol = Symbol();
02
03 const b: typeof a = a;
```

6.10　类型断言

TypeScript 程序中的每一个表达式都具有某种类型，编译器可以通过类型注解或者类型推断来确定表达式的类型。但有些时候，开发者比编译器更加清楚某个表达式的类型。例如，在 DOM 编程中经常会使用 document.getElementById() 方法，该方法用于获取网页中的某个元素。它的方法签名如下所示：

```
01 getElementById(elementId: string): HTMLElement | null;
```

假设有如下的 HTML 代码：

```
01 <input type="text" id="username" name="username">
```

当我们使用 getElementById 方法去查询并使用该 \<input\> 元素时可能会遇到一些麻烦。

示例如下：

```
01 const username = document.getElementById('username');
02
03 if (username) {
04     username.value;
05     //       ~~~~~
06     //       编译错误！属性'value'不存在于类型'HTMLElement'上
07 }
```

此例中，编译器不允许访问 username 上的 value 属性。因为 username 的类型为通用的 HTMLElement，而 HTMLElement 类型上不存在 value 属性。但实际上，<input> 元素是具有 value 属性的，它表示在输入框中输入的值。在这种情况下，我们就可以使用类型断言来告诉编译器 username 的具体类型。

6.10.1 <T> 类型断言

"<T>" 类型断言的语法如下所示：

<T>expr

在该语法中，T 表示类型断言的目标类型；expr 表示一个表达式。<T> 类型断言尝试将 expr 表达式的类型转换为 T 类型。

例如，在上一节的例子中，username 的具体类型应该为表示 <input> 元素的 HTML-InputElement 类型。我们可以使用 <T> 类型断言将 username 的类型转换为 HTMLInput-Element 类型。由于 HTMLInputElement 类型上定义了 value 属性，因此不再产生编译错误。示例如下：

```
01 const username = document.getElementById('username');
02
03 if (username) {
04     (<HTMLInputElement>username).value; // 正确
05 }
```

在使用 <T> 类型断言时，需要注意运算符的优先级。在上例中，我们必须使用分组运算符来对 username 进行类型断言。如果没有使用分组运算符，那么是在对 username.value 进行类型断言。示例如下：

```
01 const username = document.getElementById('username');
02
03 if (username) {
04     <HTMLInputElement>username.value;
05     //                       ~~~~~
06     //                       编译错误！属性'value'不存在于类型'HTMLElement'上
07 }
```

6.10.2 as T 类型断言

as T 类型断言与 <T> 类型断言的功能完全相同，两者只是在语法上有所区别。as T 类型断言的语法如下所示：

```
expr as T
```

在该语法中，as 是关键字；T 表示类型断言的目标类型；expr 表示一个表达式。as T 类型断言尝试将 expr 表达式的类型转换为 T 类型。

下面还是以上一节的例子为例，通过 as T 类型断言来明确 username 的具体类型。示例如下：

```
01  const username = document.getElementById('username');
02
03  if (username) {
04      (username as HTMLInputElement).value; // 正确
05  }
```

注意，此例中还是需要使用分组运算符，否则在访问 value 属性时会有语法错误。

下面我们来看一看 <T> 断言与 as T 断言的比较。

最初，TypeScript 中只支持 <T> 类型断言。后来，React⊖框架开发团队在为 JSX 添加 TypeScript 支持时，发现 <T> 类型断言的语法与 JSX 的语法会产生冲突，因此，TypeScript 语言添加了新的 as T 类型断言语法来解决两者的冲突。

当在 TypeScript 中使用 JSX 时，仅支持 as T 类型断言语法。除此之外，两种类型断言语法均可使用，开发者可以根据个人习惯或团队约定选择其一。目前主流的编码风格规范推荐使用 as T 类型断言语法。

6.10.3　类型断言的约束

类型断言不允许在两个类型之间随意做转换而是需要满足一定的前提。假设有如下 as T 类型断言（<T> 断言同理）：

```
expr as T
```

若想要该类型断言能够成功执行，则需要满足下列两个条件之一：

❑ expr 表达式的类型能够赋值给 T 类型。

❑ T 类型能够赋值给 expr 表达式的类型。

以上两个条件意味着，在执行类型断言时编译器会尝试进行双向的类型兼容性判定，允许将一个类型转换为更加精确的类型或者更加宽泛的类型。例如，下例中定义了一个二维的点和一个三维的点。通过类型断言既允许将二维的点转换为三维的点，也允许将三维的点转换为二维的点。示例如下：

```
01  interface Point2d {
02      x: number;
03      y: number;
04  }
```

⊖　React 是一款流行的开源 JavaScript 应用程序框架，其主要由 Facebook 公司和开发者社区进行维护。

```
05
06  interface Point3d {
07      x: number;
08      y: number;
09      z: number;
10  }
11
12  const p2d: Point2d = { x: 0, y: 0 };
13  const p3d: Point3d = { x: 0, y: 0, z: 0 };
14
15  // 可以将'Point2d'类型转换为'Point3d'类型
16  const p0 = p2d as Point3d;
17  p0.x;
18  p0.y;
19  p0.z;
20
21  // 可以将'Point3d'类型转换为'Point2d'类型
22  const p1 = p3d as Point2d;
23  p1.x;
24  p1.y;
```

此例中，将三维的点转换为二维的点可能不会有什么问题，但是编译器也允许将二维的点转换为三维的点，这可能导致产生错误的结果，因为在 Point2d 类型上不存在属性 z。在程序中使用类型断言时，就相当于开发者在告诉编译器"我清楚我在做什么"，因此开发者也需要对类型断言的结果负责。

如果两个类型之间完全没有关联，也就是不满足上述的两个条件，那么编译器会拒绝执行类型断言。示例如下：

```
01  let a: boolean = 'hello' as boolean;
02  //                 ~~~~~~~~~~~~~~~~~~~~
03  //               编译错误! 'string'类型与'boolean'类型没有关联
```

少数情况下，在两个复杂类型之间进行类型断言时，编译器可能会无法识别出正确的类型，因此错误地拒绝了类型断言操作，又或者因为某些特殊原因而需要进行强制类型转换。那么在这些特殊的场景中可以使用如下变通方法来执行类型断言。该方法先后进行了两次类型断言，先将 expr 的类型转换为顶端类型 unknown，而后再转换为目标类型。因为任何类型都能够赋值给顶端类型，它满足类型断言的条件，因此允许执行类型断言。示例如下：

```
expr as unknown as T
```

除了使用 unknow 类型外，也可以使用 any 类型。但因为 unknown 类型是更加安全的顶端类型，因此推荐优先使用 unknown 类型。示例如下：

```
01  const a = 1 as unknown as number;
```

6.10.4　const 类型断言

const 类型断言是一种特殊形式的 <T> 类型断言和 as T 类型断言，它能够将某一类型转换为不可变类型。const 类型断言有以下两种语法形式：

```
expr as const
```

和

```
<const>expr
```

在该语法中，const 是关键字，它借用了 const 声明的关键字；expr 则要求是以下字面量中的一种：

- ❏ boolean 字面量。
- ❏ string 字面量。
- ❏ number 字面量。
- ❏ bigint 字面量。
- ❏ 枚举成员字面量。
- ❏ 数组字面量。
- ❏ 对象字面量。

const 类型断言会将 expr 表达式的类型转换为不可变类型，具体的规则如下。

如果 expr 为 boolean 字面量、string 字面量、number 字面量、bigint 字面量或枚举成员字面量，那么转换后的结果类型为对应的字面量类型。示例如下：

```
01 let a1 = true;              // boolean
02 let a2 = true as const;     // true
03
04 let b1 = 'hello';           // string
05 let b2 = 'hello' as const;  // 'hello'
06
07 let c1 = 0;                 // number
08 let c2 = 0 as const;        // number
09
10 let d1 = 1n;                // number
11 let d2 = 1n as const;       // 1n
12
13 enum Foo {
14     X,
15     Y,
16 }
17 let e1 = Foo.X;             // Foo
18 let e2 = Foo.X as const;    // Foo.X
```

如果 expr 为数组字面量，那么转换后的结果类型为只读元组类型。示例如下：

```
01 let a1 = [0, 0];            // number[]
02 let a2 = [0, 0] as const;   // readonly [0, 0]
```

如果 expr 为对象字面量，那么转换后的结果类型会将对象字面量中的属性全部转换成只读属性。示例如下：

```
01 // { x: number; y: number; }
```

```
02 let a1 = { x: 0, y: 0 };
03
04 // { readonly x: 0; readonly y: 0; }
05 let a2 = { x: 0, y: 0 } as const;
```

在可变值的位置上，编译器会推断出放宽的类型。例如，let 声明属于可变值，而 const 声明则不属于可变值；非只读数组和对象属于可变值，因为允许修改元素和属性。下例中，add 函数接受两个必选参数。第 5 行，定义了一个包含两个元素的数组字面量。第 9 行，使用展开运算符将数组 nums 展开作为调用 add() 函数的实际参数。示例如下：

```
01 function add(x: number, y: number) {
02   return x + y;
03 }
04
05 const nums = [1, 2];
06 //    ~~~~
07 //    推断出的类型为'number[]'
08
09 const total = add(...nums);
10 //            ~~~~~~~
11 //                  编译错误: 应有2个参数，但获得0个或多个
```

此例中，在第 9 行产生了一个编译错误，传入的实际参数数量与期望的参数数量不匹配。这是因为编译器推断出 nums 常量为“number[]”类型，而不是有两个固定元素的元组类型。展开“number[]”类型的值可能得到零个或多个元素，而 add 函数则明确声明需要两个参数，所以产生编译错误。若想要解决这个问题，只需让编译器知道 nums 是有两个元素的元组类型即可，使用 const 断言是一种简单可行的方案。示例如下：

```
01 function add(x: number, y: number) {
02   return x + y;
03 }
04
05 const nums = [1, 2] as const;
06 //    ~~~~
07 //    推断出的类型为'readonly [1, 2]'
08
09 const total = add(...nums); // 正确
```

使用 const 断言后，推断的 nums 类型为包含两个元素的元组类型，因此编译器有足够的信息能够判断出 add 函数调用是正确的。

6.10.5 !类型断言

非空类型断言运算符“!”是 TypeScript 特有的类型运算符，它是非空类型断言的一部分。非空类型断言能够从某个类型中剔除 undefined 类型和 null 类型，它的语法如下所示：

```
expr!
```

在该语法中，expr 表示一个表达式，非空类型断言尝试从 expr 表达式的类型中剔除

undefined 类型和 null 类型。

当代码中使用了非空类型断言时，相当于在告诉编译器 expr 的值不是 undefined 值和 null 值。示例如下：

```
01  /**
02   * --strictNullChecks=true
03   */
04
05  function getLength(v: string | undefined) {
06      if (!isDefined(v)) {
07          return 0;
08      }
09
10      return v!.length;
11  }
12
13  function isDefined(value: any) {
14      return value !== undefined && value !== null;
15  }
```

此例第 6 行，我们使用工具函数 isDefined 来判断参数 v 是否为 undefined 值或 null 值。如果参数 v 的值为 undefined 或 null，那么直接返回 0；否则，返回 v 的长度。由于一些限制，编译器无法识别出第 10 行中 v 的类型为 string 类型，而是仍然认为 v 的类型为 "string | undefined"。此时，需要使用非空类型断言来告诉编译器参数 v 的类型不是 undefined 类型，这样就可以避免编译器报错。

当编译器遇到非空类型断言时，就会无条件地相信表达式的类型不是 undefined 类型和 null 类型。因此，不应该滥用非空类型断言，应当只在确定一个表达式的值不为空时才使用它，否则将存在安全隐患。

虽然非空类型断言也允许在非 "--strictNullChecks" 模式下使用，但没有实际意义。因为在非严格模式下，编译器不会检查 undefined 值和 null 值。

6.11　类型细化

类型细化是指 TypeScript 编译器通过分析特定的代码结构，从而得出代码中特定位置上表达式的具体类型。细化后的表达式类型通常比其声明的类型更加具体。类型细化最常见的表现形式是从联合类型中排除若干个成员类型。例如，表达式的声明类型为联合类型 "string | number"，经过类型细化后其类型可以变得更加具体，例如成为 string 类型。

TypeScript 编译器主要能够识别以下几类代码结构并进行类型细化：

❑ 类型守卫。

❑ 可辨识联合类型。

❑ 赋值语句。

❑ 控制流语句。

❑ 断言函数。

下面我们分别介绍这几种代码结构是如何进行类型细化的。

6.11.1 类型守卫

类型守卫是一类特殊形式的表达式，具有特定的代码编写模式。编译器能够根据已知的模式从代码中识别出这些类型守卫表达式，然后分析类型守卫表达式的值，从而能够将相关的变量、参数或属性等的类型细化为更加具体的类型。

实际上，类型守卫早已融入我们的代码当中，我们通常不需要为类型守卫做额外的编码工作，它们已经在默默地发挥作用。TypeScript 支持多种形式的类型守卫。接下来我们将分别介绍它们。

6.11.1.1 typeof 类型守卫

typeof 运算符用于获取操作数的数据类型。typeof 运算符的返回值是一个字符串，该字符串表明了操作数的数据类型。由于支持的数据类型的种类是固定的，因此 typeof 运算符的返回值也是一个有限集合，具体如表 6-1 所示。

表 6-1 typeof 运算符

操作数的类型	typeof 返回值	操作数的类型	typeof 返回值
Undefined 类型	"undefined"	Symbol 类型	"symbol"
Null 类型	"object"	BigInt 类型	"bigint"
Boolean 类型	"boolean"	函数类型	"function"
Number 类型	"number"	对象类型	"object"
String 类型	"string"		

typeof 类型守卫能够根据 typeof 表达式的值去细化 typeof 操作数的类型。例如，如果" typeof x "的值为字符串" 'number'"，那么编译器就能够将 x 的类型细化为 number 类型。示例如下：

```
01  function f(x: unknown) {
02      if (typeof x === 'undefined') {
03          x; // undefined
04      }
05
06      if (typeof x === 'object') {
07          x; // object | null
08      }
09
10      if (typeof x === 'boolean') {
11          x; // boolean
12      }
13
```

```
14        if (typeof x === 'number') {
15            x; // number
16        }
17
18        if (typeof x === 'string') {
19            x; // string
20        }
21
22        if (typeof x === 'symbol') {
23            x; // symbol
24        }
25
26        if (typeof x === 'function') {
27            x; // Function
28        }
29    }
```

从表 6-1 中能够看到，对 null 值使用 typeof 运算符的返回值不是字符串"'null'"，而是
字符串"'object'"。因此，typeof 类型守卫在细化运算结果为"'object'"的类型时，会包含
null 类型。示例如下：

```
01  function f(x: number[] | undefined | null) {
02      if (typeof x === 'object') {
03          x; // number[] | null
04      } else {
05          x; // undefined
06      }
07  }
```

此例第 2 行，在 typeof 类型守卫中使用了字符串"'object'"，参数 x 细化后的类型为
"number[]"类型或 null 类型。在 JavaScript 中没有独立的数组类型，数组属于对象类型。

虽然函数也是一种对象类型，但函数特殊的地方在于它是可以调用的对象。typeof 运算
符为函数类型定义了一个单独的"'function'"返回值，使用了"'function'"的 typeof 类型
守卫会将操作数的类型细化为函数类型。示例如下：

```
01  interface FooFunction {
02      (): void;
03  }
04
05  function f(x: FooFunction | undefined) {
06      if (typeof x === 'function') {
07          x; // FooFunction
08      } else {
09          x; // undefined
10      }
11  }
```

我们介绍过带有调用签名的对象类型是函数类型。因为接口表示一种对象类型，且
FooFunction 接口中有调用签名成员，所以 FooFunction 接口表示函数类型。第 6 行，typeof
类型守卫将参数 x 的类型细化为函数类型 FooFunction。

6.11.1.2　instanceof 类型守卫

instanceof 运算符能够检测实例对象与构造函数之间的关系。instanceof 运算符的左操作数为实例对象，右操作数为构造函数，若构造函数的 prototype 属性值存在于实例对象的原型链上，则返回 true；否则，返回 false。

instanceof 类型守卫会根据 instanceof 运算符的返回值将左操作数的类型进行细化。例如，下例中如果参数 x 是使用 Date 构造函数创建出来的实例，如 "new Date()"，那么将 x 的类型细化为 Date 类型。同理，如果参数 x 是一个正则表达式实例，那么将 x 的类型细化为 RegExp 类型。示例如下：

```
01 function f(x: Date | RegExp) {
02     if (x instanceof Date) {
03         x; // Date
04     }
05
06     if (x instanceof RegExp) {
07         x; // RegExp
08     }
09 }
```

instanceof 类型守卫同样适用于自定义构造函数，并对其实例对象进行类型细化。例如，下例中定义了两个类 A 和 B，通过 instanceof 类型守卫能够将实例对象细化为类型 A 或 B：

```
01 class A {}
02 class B {}
03
04 function f(x: A | B) {
05     if (x instanceof A) {
06         x; // A
07     }
08
09     if (x instanceof B) {
10         x; // B
11     }
12 }
```

6.11.1.3　in 类型守卫

in 运算符是 JavaScript 中的关系运算符之一，用来判断对象自身或其原型链中是否存在给定的属性，若存在则返回 true，否则返回 false。in 运算符有两个操作数，左操作数为待测试的属性名，右操作数为测试对象。

in 类型守卫根据 in 运算符的测试结果，将右操作数的类型细化为具体的对象类型。示例如下：

```
01 interface A {
02     x: number;
03 }
04 interface B {
05     y: string;
06 }
```

```
07
08 function f(x: A | B) {
09     if ('x' in x) {
10         x; // A
11     } else {
12         x; // B
13     }
14 }
```

此例第 9 行，如果参数 x 中存在属性 'x'，那么我们知道 x 的类型为 A。在这种情况下，
in 类型守卫也能够将参数 x 的类型细化为 A。

6.11.1.4　逻辑与、或、非类型守卫

逻辑与表达式、逻辑或表达式和逻辑非表达式也可以作为类型守卫。逻辑表达式在求
值时会判断操作数的真与假。如果一个值转换为布尔值后为 true，那么该值为真值；如果一
个值转换为布尔值后为 false，那么该值为假值。不同类型的值转换为布尔值的具体规则如
表 6-2 所示。

表 6-2　布尔值的转换

操作数的类型	转换成布尔值后的结果
Undefined	false
Null	false
Boolean	结果不变，为 true 或 false
Number	若数字为 +0、−0 或 NaN，结果为 false；否则，结果为 true
String	若字符串为空字符串，结果为 false；否则，结果为 true
Symbol	true
BigInt	若值为 0n，结果为 false；否则，结果为 true
Object	true

不仅是逻辑表达式会进行真假值比较，JavaScript 中的很多语法结构也都进行真假值
比较。例如，if 条件判断语句使用真假值比较，若 if 表达式的值为真，则执行 if 分支的代
码，否则执行 else 分支的代码。示例如下：

```
01 function f(x: true | false | 0 | 0n | '' | undefined | null)
02 {
03     if (x) {
04         x; // true
05     } else {
06         x; // false | 0 | 0n | '' | undefined | null
07     }
08 }
```

此例第 2 行，if 语句的条件判断表达式中只使用了参数 x。在 if 分支中，以 x 是真值
为前提对 x 进行类型细化，细化后的类型为 true 类型，因为" false | 0 | 0n | '' | undefined |

null"都是假值类型。

　　逻辑非运算符"！"是一元运算符，它只有一个操作数。若逻辑非运算符的操作数为真，那么逻辑非表达式的值为 false；反之，若逻辑非运算符的操作数为假，则逻辑非表达式的值为 true。逻辑非类型守卫将根据逻辑非表达式的结果对操作数进行类型细化。示例如下：

```
01 function f(x: true | false | 0 | 0n | '' | undefined | null)
02 {
03     if (!x) {
04         x; // false | 0 | 0n | '' | undefined | null
05     } else {
06         x; // true
07     }
08 }
```

　　此例第 2 行，在参数 x 上使用逻辑非类型守卫能够将 if 分支中 x 的类型细化为假值类型，即"false | 0 | 0n |'' | undefined | null"联合类型。

　　逻辑与运算符"&&"是二元运算符，它有两个操作数。若左操作数为假，则返回左操作数；否则，返回右操作数。逻辑与类型守卫将根据逻辑与表达式的结果对操作数进行类型细化。示例如下：

```
01 function f(x: number | undefined | null) {
02     if (x !== undefined && x !== null) {
03         x; //  number
04     } else {
05         x; //  undefined | null
06     }
07 }
```

　　此例第 3 行，在 if 分支中以逻辑与类型守卫的结果为 true 作为前提，对参数 x 进行细化。第 2 行，先对"&&"运算符的左操作数进行类型细化，细化后 x 的类型为联合类型"number | null"；在此基础上，接下来根据"&&"运算符的右操作数继续进行类型细化，结果为 number 类型。

　　逻辑或运算符"||"是二元运算符，它有两个操作数。若左操作数为真，则返回左操作数；否则，返回右操作数。同逻辑与类型守卫类似，逻辑或类型守卫将根据逻辑或表达式的结果对操作数进行类型细化。示例如下：

```
01 function f(x: 0 | undefined | null) {
02     if (x === undefined || x === null) {
03         x; // undefined | null
04     } else {
05         x; // 0
06     }
07 }
```

　　逻辑与、或、非类型守卫也支持在操作数中使用对象属性访问表达式，并且能够对对象属性进行类型细化。示例如下：

```
01  interface Options {
02      location?: {
03          x?: number;
04          y?: number;
05      };
06  }
07
08  function f(options?: Options) {
09      if (options && options.location && options.location.x) {
10          const x = options.location.x; // number
11      }
12
13      const y = options.location.x;
14      //        ~~~~~~~~~~~~~~~~
15      //        编译错误: 对象可能为 'undefined'
16  }
```

此例中，options 参数以及它的属性都是可选的，它们的值有可能是 undefined。第 9 行，使用了逻辑与类型守卫来确保"options.location.x"访问路径中的每一个值都不为空。第 10 行，将属性 x 的类型细化为非空类型 number。第 13 行，在没有使用类型守卫的情况下直接访问"options.location.x"属性会产生编译错误，因为在属性 x 的访问路径上有可能出现 undefined 值，而访问 undefined 值的某个属性将抛出类型错误异常。

需要注意的是，如果在对象属性上使用了逻辑与、或、非类型守卫，而后又对该对象属性进行了赋值操作，那么类型守卫将失效，不会进行类型细化。示例如下：

```
01  interface Options {
02      location?: {
03          x?: number;
04          y?: number;
05      };
06  }
07
08  function f(options?: Options) {
09      if (options && options.location && options.location.x) {
10          // 有效
11          const x = options.location.x;               // number
12      }
13
14      if (options && options.location && options.location.x) {
15          options.location = { x: 1, y: 1 };          // 重新赋值
16
17          // 无效
18          const x = options.location.x;               // number | undefined
19      }
20
21      if (options && options.location && options.location.x) {
22          options = { location: { x: 1, y: 1 } };     // 重新赋值
23
24          // 无效
25          const x = options.location.x;               // 编译错误
26      }
27  }
```

作为对比，第 9 行的类型守卫能够生效，因为在 if 分支内没有对 options 及其属性进行重新赋值。第 15 行，在使用了类型守卫后又对"options.location"进行了重新赋值，这会导致第 14 行的类型守卫失效。实际上不只是"options.location"，给"options.location.x"访问路径上的任何对象属性重新赋值都会导致类型守卫失效。例如第 22 行，对 options 赋值也会导致类型守卫失效。

6.11.1.5 等式类型守卫

等式表达式是十分常用的代码结构，同时它也是一种类型守卫，即等式类型守卫。等式表达式可以使用四种等式运算符"==="""!=="""=="""!="，它们能够将两个值进行相等性比较并返回一个布尔值。编译器能够对等式表达式进行分析，从而将等式运算符的操作数进行类型细化。

当等式运算符的操作数之一是 undefined 值或 null 值时，该等式类型守卫也是一个空值类型守卫。空值类型守卫能够将一个值的类型细化为空类型或非空类型。示例如下：

```
01 function f0(x: boolean | undefined) {
02     if (x === undefined) {
03         x; // undefined
04     } else {
05         x; // boolean
06     }
07
08     if (x !== undefined) {
09         x; // boolean
10     } else {
11         x; // undefined
12     }
13 }
14
15 function f1(x: boolean | null) {
16     if (x === null) {
17         x; // null
18     } else {
19         x; // boolean
20     }
21
22     if (x !== null) {
23         x; // boolean
24     } else {
25         x; // null
26     }
27 }
```

此例中，if 语句的条件表达式是等式类型守卫。编译器将根据等式表达式的值在 if 分支和 else 分支中对参数 x 进行类型细化。例如第 2 行，if 语句的条件表达式判断参数 x 是否等于 undefined 值，然后在 if 分支中将 x 的类型细化为 undefined 类型，并在 else 分支中将 x 的类型细化为 boolean 类型。

如果等式类型守卫中使用的是严格相等运算符"==="和"!=="，那么类型细化时将

区别对待 undefined 类型和 null 类型。例如，若判定一个值严格等于 undefined 值，则将该值细化为 undefined 类型，而不是细化为联合类型"undefined | null"。示例如下：

```
01  function f0(x: boolean | undefined | null) {
02      if (x === undefined) {
03          x; // undefined
04      } else {
05          x; // boolean | null
06      }
07
08      if (x !== undefined) {
09          x; // boolean | null
10      } else {
11          x; // undefined
12      }
13
14      if (x === null) {
15          x; // null
16      } else {
17          x; // boolean | undefined
18      }
19
20      if (x !== null) {
21          x; // boolean | undefined
22      } else {
23          x; // null
24      }
25  }
```

此例第 8 行，当 x 不为 undefined 值时，TypeScript 推断出 x 的类型为 boolean 或 null，这意味着等式类型守卫将分开处理 undefined 类型和 null 类型。

但如果等式类型守卫中使用的是非严格相等运算符"=="和"!="，那么类型细化时会将 undefined 类型和 null 类型视为相同的空类型，不论在等式类型守卫中使用的是 undefined 值还是 null 值，结果都是相同的。例如，若使用非严格相等运算符判定一个值等于 undefined 值，则将该值细化为联合类型"undefined | null"。示例如下：

```
01  function f0(x: boolean | undefined | null) {
02      if (x == undefined) {
03          x; // undefined | null
04      } else {
05          x; // boolean
06      }
07
08      if (x != undefined) {
09          x; // boolean
10      } else {
11          x; // undefined | null
12      }
13  }
14
15  function f1(x: boolean | undefined | null) {
16      if (x == null) {
```

```
17          x; // undefined | null
18      } else {
19          x; // boolean
20      }
21
22      if (x != null) {
23          x; // boolean
24      } else {
25          x; // undefined | null
26      }
27  }
```

此例第 2 行和第 16 行，我们能看到不论是将 x 与 undefined 值比较，还是与 null 值比较，类型细化后的 x 的类型都是联合类型"undefined | null"。

除了 undefined 值和 null 值之外，等式类型守卫还支持以下种类的字面量：

❏ boolean 字面量。

❏ string 字面量。

❏ number 字面量和 bigint 字面量。

❏ 枚举成员字面量。

当等式类型守卫中出现以上字面量时，会将操作数的类型细化为相应的字面量类型。示例如下：

```
01  function f0(x: boolean) {
02      if (x === true) {
03          x; // true
04      } else {
05          x; // false
06      }
07  }
08
09  function f1(x: string) {
10      if (x === 'foo') {
11          x; // 'foo'
12      } else {
13          x; // string
14      }
15  }
16
17  function f2(x: number) {
18      if (x === 0) {
19          x; // 0
20      } else {
21          x; // number
22      }
23  }
24
25  function f3(x: bigint) {
26      if (x === 0n) {
27          x; // 0n
28      } else {
29          x; // bigint
```

```
30         }
31   }
32
33   enum E {
34        X,
35        Y,
36   }
37   function f4(x: E) {
38        if (x === E.X) {
39            x; // E.X
40        } else {
41            x; // E.Y
42        }
43   }
```

等式类型守卫也支持将两个参数或变量进行等式比较，并同时细化两个操作数的类型。
示例如下：

```
01   function f0(x: string | number, y: string | boolean) {
02        if (x === y) {
03            x; // string
04            y; // string
05        } else {
06            x; // string | number
07            y; // string | boolean
08        }
09   }
10
11   function f1(x: number, y: 1 | 2) {
12        if (x === y) {
13            x; // 1 | 2
14            y; // 1 | 2
15        } else {
16            x; // number
17            y; // 1 | 2
18        }
19   }
```

此例第 2 行，如果 x 与 y 相等，那么 x 与 y 的类型一定相同。因此，编译器将 if 分支
中 x 和 y 的类型细化为两者之间的共同类型 string。同理，第 12 行，y 是 x 的子类型，如果
x 与 y 相等，那么 x 和 y 都为 "1|2" 类型。

在 switch 语句中，每一个 case 分支语句都相当于等式类型守卫。在 case 分支中，编译
器会对条件表达式进行类型细化。示例如下：

```
01   function f(x: number) {
02        switch (x) {
03            case 0:
04                x; // 0
05                break;
06            case 1:
07                x; // 1
08                break;
09            default:
```

```
10              x; // number
11      }
12 }
```

此例中，switch 语句的每个 case 分支都相当于将 x 与 case 表达式的值进行相等比较并可以视为等式类型守卫，编译器能够细化参数 x 的类型。

6.11.1.6　自定义类型守卫函数

除了内置的类型守卫之外，TypeScript 允许自定义类型守卫函数。类型守卫函数是指在函数返回值类型中使用了类型谓词的函数。类型谓词的语法如下所示：

```
x is T
```

在该语法中，x 为类型守卫函数中的某个形式参数名；T 表示任意的类型。从本质上讲，类型谓词相当于 boolean 类型。

类型谓词表示一种类型判定，即判定 x 的类型是否为 T。当在 if 语句中或者逻辑表达式中使用类型守卫函数时，编译器能够将 x 的类型细化为 T 类型。例如，下例中定义了两个类型守卫函数 isTypeA 和 isTypeB，两者分别能够判定函数参数 x 的类型是否为类型 A 和 B：

```
01 type A = { a: string };
02 type B = { b: string };
03
04 function isTypeA(x: A | B): x is A {
05     return (x as A).a !== undefined;
06 }
07
08 function isTypeB(x: A | B): x is B {
09     return (x as B).b !== undefined;
10 }
11
12 function f(x: A | B) {
13     if (isTypeA(x)) {
14         x; // A
15     } else {
16         x; // B
17     }
18
19     if (isTypeB(x)) {
20         x; // B
21     } else {
22         x; // A
23     }
24 }
```

此例第 13 行使用 isTypeA 类型守卫函数，在 if 分支中编译器能够将参数 x 的类型细化为 A 类型，同时在 else 分支中编译器能够将参数 x 的类型细化为 B 类型。

6.11.1.7　this 类型守卫

在类型谓词 "x is T" 中，x 可以为关键字 this，这时它叫作 this 类型守卫。this 类型守卫主要用于类和接口中，它能够将方法调用对象的类型细化为 T 类型。示例如下：

```
01 class Teacher {
02     isStudent(): this is Student {
03         return false;
04     }
05 }
06
07 class Student {
08     grade: string;
09
10     isStudent(): this is Student {
11         return true;
12     }
13 }
14
15 function f(person: Teacher | Student) {
16     if (person.isStudent()) {
17         person.grade; // Student
18     }
19 }
```

此例中，isStudent 方法是 this 类型守卫，能够判定 this 对象是否为 Student 类的实例对象。第 16 行，在 if 语句中使用了 this 类型守卫后，编译器能够将 if 分支中 person 对象的类型细化为 Student 类型。

请注意，类型谓词"this is T"只能作为函数和方法的返回值类型，而不能用作属性或存取器的类型。在 TypeScript 的早期版本中曾支持在属性上使用"this is T"类型谓词，但是在之后的版本中移除了该特性。

6.11.2　可辨识联合类型

在程序中，通过结合使用联合类型、单元类型和类型守卫能够创建出一种高级应用模式，这称作可辨识联合。

可辨识联合也叫作标签联合或变体类型，是一种数据结构，该数据结构中存储了一组数量固定且种类不同的类型，还存在一个标签字段，该标签字段用于标识可辨识联合中当前被选择的类型，在同一时刻只有一种类型会被选中。

可辨识联合在函数式编程中比较常用，TypeScript 基于现有的代码结构和编码模式提供了对可辨识联合的支持。根据可辨识联合的定义，TypeScript 中的可辨识联合类型由以下几个要素构成：

- ❏ 一组数量固定且种类不同的对象类型。这些对象类型中含有共同的判别式属性，判别式属性就是可辨识联合定义中的标签属性。若一个对象类型中包含判别式属性，则该对象类型是可辨识对象类型。
- ❏ 由可辨识对象类型组成的联合类型即可辨识联合，通常我们会使用类型别名为可辨识联合类型命名。
- ❏ 判别式属性类型守卫。判别式属性类型守卫的作用是从可辨识联合中选取某一特定类型。

接下来，我们通过一个例子来介绍可辨识联合的构造及使用方式。

第一步，先创建两个可辨识对象类型。下例中，我们使用接口定义了两个对象类型 Square 和 Circle。这两个对象类型中包含了共同的判别式属性 kind。示例如下：

```
01  interface Square {
02      kind: 'square';
03      size: number;
04  }
05
06  interface Circle {
07      kind: 'circle';
08      radius: number;
09  }
```

第二步，创建可辨识对象类型 Square 和 Circle 的联合类型，即可辨识联合。我们使用类型别名为该可辨识联合类型命名，以方便在程序中使用。示例如下：

```
01  type Shape = Square | Circle;
```

此例中，类型别名 Shape 引用了可辨识联合类型。

最后，我们将所有代码合并在一起。在程序中使用判别式属性类型守卫从可辨识联合类型中选取某一特定类型。示例如下：

```
01  interface Square {
02      kind: 'square';
03      size: number;
04  }
05
06  interface Circle {
07      kind: 'circle';
08      radius: number;
09  }
10
11  type Shape = Square | Circle;
12
13  function f(shape: Shape) {
14      if (shape.kind === 'square') {
15          shape; // Square
16      }
17
18      if (shape.kind === 'circle') {
19          shape; // Circle
20      }
21  }
```

此例第 14 行和第 18 行，在 if 语句中使用了判别式属性类型守卫去检查判别式属性的值。第 15 行，在 if 分支中根据判别式属性值 " 'square' " 能够将可辨识联合细化为具体的 Square 对象类型。同理，第 19 行，在 if 分支中根据判别式属性值 " 'circle' " 能够将可辨识联合细化为具体的 Circle 对象类型。

6.11.2.1　判别式属性

对于可辨识联合类型整体来讲，其判别式属性的类型是一个联合类型，该联合类型的成员类型是由每一个可辨识对象类型中该判别式属性的类型所组成。TypeScript 要求在判别式属性的联合类型中至少有一个单元类型。关于单元类型的详细介绍请参考 5.6 节。

字符串字面量类型是常用的判别式属性类型，它正是一种单元类型。除此之外，也可以使用数字字面量类型和枚举成员字面量类型等任意单元类型。例如，下例中以数字字面量类型作为判别式属性：

```
01  interface A {
02      kind: 0;
03      c: number;
04  }
05
06  interface B {
07      kind: 1;
08      d: number;
09  }
10
11  type T = A | B;
12
13  function f(t: T) {
14      if (t.kind === 0) {
15          t; // A
16      } else {
17          t; // B
18      }
19  }
```

按照判别式属性的定义，可辨识联合类型中可以同时存在多个判别式属性。例如，在下例的可辨识对象类型 A 和可辨识对象类型 B 中，kind 属性和 type 属性都是判别式属性，两者都可以用来区分可辨识联合。示例如下：

```
01  interface A {
02      kind: true;
03      type: 'A';
04  }
05
06  interface B {
07      kind: false;
08      type: 'B';
09  }
10
11  type T = A | B;
12
13  function f(t: T) {
14      if (t.kind === true) {
15          t; // A
16      } else {
17          t; // B
18      }
19
```

```
20        if (t.type === 'A') {
21            t; // A
22        } else {
23            t; // B
24        }
25    }
```

通常情况下，判别式属性的类型都是单元类型，因为这样做方便在判别式属性类型守卫中进行比较。但在实际代码中事情往往没有这么简单，有些时候判别式属性不全是单元类型。因此，TypeScript 也适当放宽了限制，不要求可辨识联合中每一个判别式属性的类型都为单元类型，而是要求至少存在一个单元类型的判别式属性。例如，下例中的 Result 是可辨识联合类型，判别式属性 error 的类型为联合类型"null | Error"，其中，null 类型是单元类型，而 Error 类型不是单元类型。示例如下：

```
01 interface Success {
02    error: null;
03    value: number;
04 }
05
06 interface Failure {
07    error: Error;
08 }
09
10 type Result = Success | Failure;
11
12 function f(result: Result) {
13    if (result.error) {
14        result; // Failure
15    }
16
17    if (!result.error) {
18        result; // Success
19    }
20 }
```

第 13 行和第 17 行，判别式属性类型守卫仍可以通过比较判别式属性的值来细化可辨识联合类型。第 13 行，如果"result.error"的值为真，则将 result 参数的类型细化为 Failure 类型。第 17 行，如果"result.error"的值为假，则将 result 参数的类型细化为 Success 类型。

6.11.2.2　判别式属性类型守卫

判别式属性类型守卫表达式支持以下几种形式：

❑ x.p

❑ !x.p

❑ x.p == v

❑ x.p === v

❑ x.p != v

❑ x.p !== v

其中，x 代表可辨识联合对象；p 为判别式属性名；v 若存在，则为一个表达式。判别式属性类型守卫能够对可辨识联合对象 x 进行类型细化。示例如下：

```
01  interface Square {
02      kind: 'square';
03      size: number;
04  }
05
06  interface Rectangle {
07      kind: 'rectangle';
08      width: number;
09      height: number;
10  }
11
12  interface Circle {
13      kind: 'circle';
14      radius: number;
15  }
16
17  type Shape = Square | Rectangle | Circle;
18
19  function f(shape: Shape) {
20      if (shape.kind === 'square') {
21          shape; // Square
22      } else {
23          shape; // Circle
24      }
25
26      if (shape.kind !== 'square') {
27          shape; // Rectangle | Circle
28      } else {
29          shape; // Square
30      }
31
32      if (shape.kind === 'square' || shape.kind === 'rectangle') {
33          shape; // Square | Rectangle
34      } else {
35          shape; // Circle
36      }
37  }
```

除了使用判别式属性类型守卫和 if 语句之外，还可以使用 switch 语句来对可辨识联合类型进行类型细化。在每个 case 语句中，都会根据判别式属性的类型来细化可辨识联合类型。示例如下：

```
01  interface Square {
02      kind: 'square';
03      size: number;
04  }
05
06  interface Circle {
07      kind: 'circle';
08      radius: number;
09  }
```

```
10
11 type Shape = Square | Circle;
12
13 function f(shape: Shape) {
14     switch (shape.kind) {
15         case 'square':
16             shape; // Square
17             break;
18         case 'circle':
19             shape; // Circle
20             break;
21     }
22 }
```

6.11.2.3 可辨识联合完整性检查

回到可辨识联合的定义，可辨识联合是由一组数量固定且种类不同的对象类型构成。编译器能够利用该性质并结合 switch 语句来对可辨识联合进行完整性检查。编译器能够分析出 switch 语句是否处理了可辨识联合中的所有可辨识对象。让我们先回顾一下 switch 语句的语法，如下所示：

```
switch (expr) {

    case A:
        action
        break;

    case B:
        action
        break;

    default:
        action;
}
```

如果 switch 语句中的分支能够匹配 expr 表达式的所有可能值，那么我们将该 switch 语句称作完整的 switch 语句。若 switch 语句中定义了 default 分支，那么该 switch 语句一定是完整的 switch 语句。

例如，在下例的可辨识联合 Shape 中包含了 Circle 和 Square 两种类型。在 switch 语句中，两个 case 分支分别匹配了 Circle 和 Square 类型并返回。编译器能够检测出 switch 语句已经处理了所有可能的情况并退出函数，同时第 21 行的代码不可能被执行到。在这种情况下，编译器会给出提示"存在执行不到的代码"。示例如下：

```
01 interface Circle {
02     kind: 'circle';
03     radius: number;
04 }
05
06 interface Square {
07     kind: 'square';
```

```
08        size: number;
09 }
10
11 type Shape = Circle | Square;
12
13 function area(s: Shape): number {
14     switch (s.kind) {
15         case 'square':
16             return s.size * s.size;
17         case 'circle':
18             return Math.PI * s.radius * s.radius;
19     }
20
21     console.log('foo'); // <- 检测到此行为不可达的代码
22 }
```

更通用的完整性检查方法是给 switch 语句添加 default 分支，并在 default 分支中使用一个特殊的辅助函数来帮助进行完整性检查。示例如下：

```
01 interface Circle {
02     kind: 'circle';
03     radius: number;
04 }
05
06 interface Square {
07     kind: 'square';
08     size: number;
09 }
10
11 type Shape = Circle | Square;
12
13 function area(s: Shape) {
14     switch (s.kind) {
15         case 'square':
16             return s.size * s.size;
17         default:
18             assertNever(s);
19     //               ~
20     //                  编译错误! 类型'Circle'不能赋值给类型'never'
21     }
22 }
23
24 function assertNever(x: never): never {
25     throw new Error('Unexpected object: ' + x);
26 }
```

此例中的方法是一种变通方法，它需要定义一个额外的 assertNever() 函数并声明它的参数类型为 never 类型。该方法能够帮助进行完整性检查的原因是，如果 switch 语句的 case 分支没有匹配到所有可能的可辨识对象类型，那么在 default 分支中 s 的类型为某一个或多个可辨识对象类型，而对象类型不允许赋值给 never 类型，因此会产生编译错误。但如果 case 语句匹配了全部的可辨识对象类型，那么 default 分支中 s 的类型为 never 类型，因此也就不会产生编译错误。

6.11.3 赋值语句分析

除了利用类型守卫去细化类型，TypeScript 编译器还能够分析代码中的赋值语句，并根据等号右侧操作数的类型去细化左侧操作数的类型。例如，当给变量赋予一个字符串值时，编译器可以将该变量的类型细化为 string 类型。示例如下：

```
01  let x;
02
03  x = true;
04  x; // boolean
05
06  x = false;
07  x; // boolean
08
09  x = 'x';
10  x; // string
11
12  x = 0;
13  x; // number
14
15  x = 0n;
16  x; // bigint
17
18  x = Symbol();
19  x; // symbol
20
21  x = undefined;
22  x; // undefined
23
24  x = null;
25  x; // null
```

上例中，在声明变量 x 时没有使用类型注解，因此编译器仅根据变量 x 被赋予的值进行类型细化。但如果在变量或参数声明中包含了类型注解，那么在进行类型细化时同样会参考变量声明的类型。示例如下：

```
01  let x: boolean | 'x';
02
03  x = 'x';
04
05  x; // 'x'
06
07  x = true;
08
09  x; // true
```

此例第 3 行，给变量 x 赋予了一个字符串值 'x'。第 5 行，变量 x 细化后的类型为字符串字面量类型 'x'，而不是 string 类型。这是因为编译器在细化类型时必须参考变量声明的类型，细化后的类型能够赋值给变量声明的类型是最基本的要求。

在变量 x 的类型注解中使用了 boolean 类型。当给 x 赋予了 true 值之后，类型细化的结果是 true 类型，而不是 boolean 类型。因为在 6.3 节中我们介绍过，boolean 类型等同于

"true | false" 联合类型，因此变量 x 声明的类型等同于联合类型 "true | false | 'x'"，那么细化后的类型为 true 类型也就不足为奇了。

6.11.4　基于控制流的类型分析

TypeScript 编译器能够分析程序代码中所有可能的执行路径，从而得到在代码中某一特定位置上的变量类型和参数类型等，我们将这种类型分析方式叫作基于控制流的类型分析。常用的控制流语句有 if 语句、switch 语句以及 return 语句等。在使用类型守卫时，我们已经在使用基于控制流的类型分析了。示例如下：

```
01 function f0(x: string | number | boolean) {
02     if (typeof x === 'string') {
03         x;      // string
04     }
05
06     x;          // number | boolean
07 }
08
09 function f1(x: string | number) {
10     if (typeof x === 'number') {
11         x;      // number
12         return;
13     }
14
15     x;          // string
16 }
```

通过基于控制流的类型分析，编译器还能够对变量进行确切赋值分析。确切赋值分析能够对数据流进行分析，其目的是确保变量在使用之前已经被赋值。例如，下例中第 3 行和第 10 行会产生编译错误，因为在使用变量 x 之前它没有被赋值；但是在第 7 行没有编译错误，因为第 6 行对变量 x 进行了赋值操作，这就是确切赋值分析的作用。示例如下：

```
01 function f(check: boolean) {
02     let x: number;
03     x;          // 编译错误! 变量 'x' 在赋值之前使用
04
05     if (check) {
06         x = 1;
07         x;      // number
08     }
09
10     x;          // 编译错误! 变量 'x' 在赋值之前使用
11     x = 2;
12     x;          // number
13 }
```

6.11.5　断言函数

在程序设计中，断言表示一种判定。如果对断言求值后的结果为 false，则意味着程序出错。

TypeScript 3.7 引入了断言函数功能。断言函数用于检查实际参数的类型是否符合类型判定。若符合类型判定，则函数正常返回；若不符合类型判定，则函数抛出异常。基于控制流的类型分析能够识别断言函数并进行类型细化。

断言函数有以下两种形式：

```
function assert(x: unknown): asserts x is T { }
```

或者

```
function assert(x: unknown): asserts x { }
```

在该语法中，"asserts x is T"和"asserts x"表示类型判定，它只能作为函数的返回值类型。asserts 和 is 是关键字；x 必须为函数参数列表中的一个形式参数名；T 表示任意的类型；"is T"部分是可选的。若一个函数带有 asserts 类型判定，那么该函数就是一个断言函数。接下来将分别介绍这两种断言函数。

6.11.5.1 asserts x is T

对于"asserts x is T"形式的断言函数，它只有在实际参数 x 的类型为 T 时才会正常返回，否则将抛出异常。例如，下例中定义了 assertIsBoolean 断言函数，它的类型判定为"asserts x is boolean"。这表示只有在参数 x 的值是 boolean 类型时，该函数才会正常返回，如果参数 x 的值不是 boolean 类型，那么 assertIsBoolean 函数将抛出异常。示例如下：

```
01 function assertIsBoolean(x: unknown): asserts x is boolean {
02     if (typeof x !== 'boolean') {
03         throw new TypeError('Boolean type expected.');
04     }
05 }
```

在 assertIsBoolean 断言函数的函数体中，开发者需要按照约定的断言函数语义去实现断言函数。第 2 行使用了类型守卫，当参数 x 的类型不是 boolean 时函数抛出一个异常。

6.11.5.2 asserts x

对于"asserts x"形式的断言函数，它只有在实际参数 x 的值为真时才会正常返回，否则将抛出异常。例如，下例中定义了 assertTruthy 断言函数，它的类型判定为"asserts x"。这表示只有在参数 x 是真值时，该函数才会正常返回，如果参数 x 不是真值，那么 assertTruthy 函数将抛出异常。示例如下：

```
01 function assertTruthy(x: unknown): asserts x {
02     if (!x) {
03         throw new TypeError(
04             `${x} should be a truthy value.`
05         );
06     }
07 }
```

在 assertTruthy 断言函数的函数体中，开发者需要按照约定的断言函数语义去实现断言函数。第 2 行使用了类型守卫，当参数 x 是假值时，函数抛出一个异常。

关于真假值的详细介绍请参考 6.11.1 节。

6.11.5.3　断言函数的返回值

在定义断言函数时，我们需要将函数的返回值类型声明为 asserts 类型判定。编译器将 asserts 类型判定视为 void 类型，这意味着断言函数的返回值类型是 void。从类型兼容性的角度来考虑：undefined 类型可以赋值给 void 类型；never 类型是尾端类型，也可以赋值给 void 类型；当然，还有无所不能的 any 类型也可以赋值给 void 类型。除此之外，任何类型都不能作为断言函数的返回值类型（在严格类型检查模式下）。

下例中，f0 断言函数和 f1 断言函数都是正确的使用方式。如果函数抛出异常，那么相当于函数返回值类型为 never 类型；如果函数没有使用 return 语句，那么在正常退出函数时相当于返回了 undefined 值。f2 断言函数和 f3 断言函数是错误的使用方式，因为它们的返回值类型与 void 类型不兼容。示例如下：

```
01 function f0(x: unknown): asserts x {
02     if (!x) {
03         // 相当于返回 never 类型，与 void 类型兼容
04         throw new TypeError(
05             `${x} should be a truthy value.`
06         );
07     }
08
09     // 正确，隐式地返回 undefined 类型，与 void 类型兼容
10 }
11
12 function f1(x: unknown): asserts x {
13     if (!x) {
14         throw new TypeError(
15             `${x} should be a truthy value.`
16         );
17     }
18
19     // 正确
20     return undefined; // 返回 undefined 类型，与 void 类型兼容
21 }
22
23 function f2(x: unknown): asserts x {
24     if (!x) {
25         throw new TypeError(
26             `${x} should be a truthy value.`
27         );
28     }
29
30     return false;        // 编译错误! 类型 false 不能赋值给类型 void
31 }
32
33 function f3(x: unknown): asserts x {
34     if (!x) {
```

```
35          throw new TypeError(
36              `${x} should be a truthy value.`
37          );
38      }
39
40      return null; // 编译错误！类型 null 不能赋值给类型 void
41  }
```

6.11.5.4 断言函数的应用

当程序中调用了断言函数后，其结果一定为以下两种情况之一：

❑ 断言判定失败，程序抛出异常并停止继续向后执行代码。

❑ 断言判定成功，程序继续向后执行代码。

基于控制流的类型分析能够利用以上的事实对调用断言函数之后的代码进行类型细化。示例如下：

```
01  function assertIsNumber(x: unknown): asserts x is number {
02      if (typeof x !== 'number') {
03          throw new TypeError(`${x} should be a number.`);
04      }
05  }
06
07  function f(x: any, y: any) {
08      x; // any
09      y; // any
10
11      assertIsNumber(x);
12      assertIsNumber(y);
13
14      x; // number
15      y; // number
16  }
```

此例中，assertIsNumber 断言函数用于确保传入的参数是 number 类型。f 函数的两个参数 x 和 y 都是 any 类型。第 8、9 行还没有执行断言函数，这时参数 x 和 y 都是 any 类型。第 14、15 行，在执行了 assertIsNumber 断言函数后，编译器能够分析出当前位置上参数 x 和 y 的类型一定是 number 类型。因为如果不是 number 类型，那么意味着断言函数已经抛出异常并退出了 f 函数，不可能执行到第 14 和 15 行位置。该分析结果也符合事实。

在 5.8.1 节中，我们介绍了返回值类型为 never 的函数。如果一个函数抛出了异常或者陷入了死循环，那么该函数无法正常返回一个值，因此该函数的返回值类型为 never 类型。如果程序中调用了一个返回值类型为 never 的函数，那么就意味着程序会在该函数的调用位置终止，永远不会继续执行后续的代码。

类似于对断言函数的分析，编译器同样能够分析出返回值类型为 never 类型的函数对控制流的影响以及对变量或参数等类型的影响。例如，在下例的函数 f 中，编译器能够推断出在 if 语句之外的参数 x 的类型为 string 类型。因为如果 x 的类型为 undefined 类型，那么函数将"终止"于第 7 行。示例如下：

```
01 function neverReturns(): never {
02     throw new Error();
03 }
04
05 function f(x: string | undefined) {
06     if (x === undefined) {
07         neverReturns();
08     }
09
10     x; // string
11 }
```

Chapter 7 第 7 章

TypeScript 类型深入

本章主要内容:
- ❑ TypeScript 中的两种兼容性,即子类型兼容性和赋值兼容性。
- ❑ TypeScript 中的类型推断功能以及类型放宽行为。
- ❑ 能够帮助组织代码的命名空间与模块。
- ❑ TypeScript 声明文件的书写与应用。
- ❑ TypeScript 模块解析流程。
- ❑ TypeScript 特有的声明合并功能。

通过前面两章的学习,我们已经掌握了 TypeScript 中的类型并且能够在实际工程中使用 TypeScript 语言来编写代码。本章将深入 TypeScript 类型系统的内部来探索类型的工作方式与原理。

本章中的部分内容是在语言背后默默地发挥作用的,如兼容性、类型推断、类型放宽和声明合并等。这部分内容不包含新的语法,也不会直接影响我们编写的程序,初学 TypeScript 语言的读者可以选择先跳过这部分内容。这里推荐读者着重阅读命名空间、模块、模块解析、外部声明和使用声明文件这几部分的内容。

7.1 子类型兼容性

在编程语言理论中,子类型与超(父)类型是类型多态的一种表现形式。子类型与超类型都有其各自的数据类型,将两者关联在一起的是它们之间的可替换关系。面向对象程序设计中的里氏替换原则描述了程序中任何使用了超类型的地方都可以用其子类型进行替换,并且在替换后程序的行为保持不变。当使用子类型替换超类型时，不需要修改任何其他代码，程序依然能够正常工作。

7.1.1　类型系统可靠性

如果一个类型系统能够识别并拒绝程序中所有可能的类型错误，那么我们称该类型系统是可靠的。TypeScript 中的类型系统允许一些未知操作通过类型检查。因此，TypeScript 的类型系统不总是可靠的。例如，我们可以使用类型断言来改写一个值的类型，尽管提供的类型是错误的，编译器也不会报错。示例如下：

```
01 const a: string = (1 as unknown) as string;
```

TypeScript 类型系统中的不可靠行为大多经过了严格的设计考量来适配 JavaScript 程序中早已广泛使用的编码模式。TypeScript 也提供了一些严格类型检查的编译选项，例如 "--strictNullChecks" 等，通过启用这些编译选项可以有选择地逐渐增强类型系统的可靠性。

7.1.2　子类型的基本性质

7.1.2.1　符号约定

在深入探讨子类型关系之前，让我们先约定一下本书中表示子类型和超类型关系的符号以便于之后的描述。

若类型 A 是类型 B 的子类型，则记作：

```
A <: B
```

反之，若类型 A 是类型 B 的超类型，则记作：

```
A :> B
```

7.1.2.2　自反性

子类型关系与超类型关系具有自反性，即任意类型都是其自身的子类型和超类型。自反性可以使用如下符号表示：

```
A <: A 且 A :> A
```

7.1.2.3　传递性

子类型关系与超类型关系也具有传递性。若类型 A 是类型 B 的子类型，且类型 B 是类型 C 的子类型，那么类型 A 也是类型 C 的子类型。传递性可以使用如下符号表示：

如果：

```
A <: B <: C
```

那么：

```
A <: C
```

7.1.3　顶端类型与尾端类型

顶端类型与尾端类型的概念来自类型论，它们是独立于编程语言而存在的。依据类型论中的描述，顶端类型是一种通用超类型，所有类型都是顶端类型的子类型；同时，尾端类型是所有类型的子类型。

TypeScript 中存在两种顶端类型，即 any 类型和 unknown 类型。因此，所有类型都是 any 类型和 unknown 类型的子类型。示例如下：

```
   boolean <: any
    string <: any
    number <: any
        {} <: any
() => void <: any

   boolean <: unknown
    string <: unknown
    number <: unknown
        {} <: unknown
() => void <: unknown
```

TypeScript 中仅存在一种尾端类型，即 never 类型。因此，never 类型是所有类型的子类型。示例如下：

```
never <: boolean
never <: string
never <: number
never <: {}
never <: () => void
```

7.1.4　原始类型

TypeScript 中的原始类型有 number、bigint、boolean、string、symbol、void、null、undefined、枚举类型以及字面量类型。原始类型间的子类型关系比较容易分辨。

7.1.4.1　字面量类型

字面量类型是其对应的基础原始类型的子类型。例如，数字字面量类型是 number 类型的子类型，字符串字面量类型是 string 类型的子类型。示例如下：

```
    true <: boolean
   'foo' <: string
       0 <: number
      0n <: bigint
Symbol() <: symbol
```

7.1.4.2　undefined 与 null

undefined 类型和 null 类型分别只包含一个值，即 undefined 值和 null 值。它们通常用来表示还未初始化的值。

undefined 类型是除尾端类型 never 外所有类型的子类型，其中也包括 null 类型。示例

如下：

```
undefined <: boolean
undefined <: string
undefined <: number
undefined <: null
undefined <: {}
undefined <: () => void
```

null 类型是除尾端类型和 undefined 类型外的所有类型的子类型。示例如下：

```
null <: boolean
null <: string
null <: number
null <: {}
null <: () => void
```

关于 Nullable 类型的详细介绍请参考 5.3.6 节。

7.1.4.3　枚举类型

在联合枚举类型中，每个枚举成员都能够表示一种类型，同时联合枚举成员类型是联合枚举类型的子类型。例如，有如下的联合枚举类型定义：

```
01  enum E {
02      A,
03      B,
04  }
```

我们可以得出如下子类型关系：

```
E.A <: E
E.B <: E
```

在数值型枚举中，每个枚举成员都表示一个数值常量。因此，数值型枚举类型是 number 类型的子类型。例如，有如下数值型枚举类型定义：

```
01  enum E {
02      A = 0,
03      B = 1,
04  }
```

我们可以得出如下子类型关系：

```
E <: number
```

关于枚举类型的详细介绍请参考 5.4 节。

7.1.5　函数类型

函数类型由参数类型和返回值类型构成。在比较两个函数类型间的子类型关系时要同时考虑参数类型和返回值类型。在介绍函数类型间的子类型关系之前，让我们先介绍一个重要的概念，即变型。

7.1.5.1 变型

变型与复杂类型间的子类型关系有着密不可分的联系。变型描述的是复杂类型的组成类型是如何影响复杂类型间的子类型关系的。例如，已知 Cat 类型是 Animal 类型的子类型，那么 Cat 数组类型是否是 Animal 数组类型的子类型？又或者有一个参数类型为 Cat 类型的函数以及参数类型为 Animal 类型的函数，这两个函数间的子类型关系又如何？为了确定复杂类型间的子类型关系，编译器需要根据某种变型关系进行判断。

变型关系主要有以下三种：

❑ 协变
❑ 逆变
❑ 双变

现约定如果复杂类型 Complex 是由类型 T 构成，那么我们将其记作 Complex(T)。

假设有两个复杂类型 Complex(A) 和 Complex(B)，如果由 A 是 B 的子类型能够得出 Complex(A) 是 Complex(B) 的子类型，那么我们将这种变型称作协变。协变关系维持了复杂类型与其组成类型间的子类型关系。协变的子类型关系如下所示（符号 "→" 表示能够推导出）：

```
A <: B  →  Complex(A) <: Complex(B)
```

如果由 A 是 B 的子类型能够得出 Complex(B) 是 Complex(A) 的子类型，那么我们将这种变型称作逆变。逆变关系反转了复杂类型与其组成类型间的子类型关系。逆变的子类型关系如下所示：

```
A <: B  →  Complex(B) <: Complex(A)
```

如果由 A 是 B 的子类型或者 B 是 A 的子类型能够得出 Complex(A) 是 Complex(B) 的子类型，那么我们将这种变型称作双变。双变同时具有协变关系与逆变关系。双变的子类型关系如下所示：

```
A <: B 或 B <: A  →  Complex(A) <: Complex(B)
```

最后，若类型间不存在上述变型关系，那么我们称之为不变。

7.1.5.2 函数参数数量

在确定函数类型间的子类型关系时，编译器将检查函数的参数数量。

若函数类型 S 是函数类型 T 的子类型，则 S 中的每一个必选参数必须能够在 T 中找到对应的参数，即 S 中必选参数的个数不能多于 T 中的参数个数。示例如下：

```
01 type S = (a: number) => void;
02
03 type T = (x: number, y: number) => void;
```

若函数类型 S 是函数类型 T 的子类型，则 T 中的可选参数会计入参数总数，也就是在比较参数个数时不区分 T 中的可选参数和必选参数。示例如下：

```
01  type S = (a: number) => void;
02
03  type T = (x?: number, y?: number) => void;
```

若函数类型 S 是函数类型 T 的子类型，则 T 中的剩余参数会被视作无穷多的可选参数并计入参数总数。在这种情况下相当于不进行参数个数检查，因为 S 的参数个数不可能比无穷多还多。示例如下：

```
01  type S = (a: number, b: number) => void;
02
03  type T = (...x: number[]) => void;
```

通过以上两个例子可以看到，当 T 中存在可选参数或剩余参数时，函数类型检查是不可靠的。因为当使用子类型 S 替换了超类型 T 之后，调用 S 时的实际参数个数可能少于必选参数的个数。例如，有如下的函数 s 和函数 t，其中 s 是 t 的子类型，使用一个实际参数调用函数 t 没有问题，但是将 t 替换为其子类型 s 后会产生错误，因为调用 s 需要两个实际参数。示例如下：

```
01  function s(a: number, b: number): void {}
02  function t(...x: number[]): void {}
03
04  t(0);
05  s(0); // 编译错误
```

上面介绍了如何处理超类型（函数类型 T）中的可选参数和剩余参数。接下来，我们再看一下如何处理子类型（函数类型 S）中存在的可选参数和剩余参数。

若函数类型 S 是函数类型 T 的子类型，则 S 中的可选参数不计入参数总数，即允许 S 中存在多余的可选参数。示例如下：

```
01  type S = (a: boolean, b?: boolean) => void;
02
03  type T = (x: boolean) => void;
```

若函数类型 S 是函数类型 T 的子类型，则 S 中的剩余参数也不计入参数总数。示例如下：

```
01  type S = (a: boolean, ...b: boolean[]) => void;
02
03  type T = (x: boolean) => void;
```

7.1.5.3　函数参数类型

函数的参数类型会影响函数类型间的子类型关系。编译器在检查函数参数类型时有两种检查模式可供选择：

❑ 非严格函数类型检查模式（默认模式）。

❑ 严格函数类型检查模式。

1. 非严格函数类型检查

非严格函数类型检查是编译器默认的检查模式。在该模式下，函数参数类型与函数类型是双变关系。

若函数类型 S 是函数类型 T 的子类型，那么 S 的参数类型必须是 T 中对应参数类型的子类型或者超类型。这意味着在对应位置上的两个参数只要存在子类型关系即可，而不强调哪一方应该是另一方的子类型。示例如下：

```
01  type S = (a: 0 | 1) => void;
02
03  type T = (x: number) => void;
```

此例中，S 是 T 的子类型，同时 T 也是 S 的子类型。

在默认的类型检查模式下，函数类型检查是不可靠的，因为编译器允许使用更具体的类型来替换宽松的类型。这会导致原本合法的函数调用在替换后变得不合法，因为替换后的函数参数类型要求更加严格。这个问题可以通过启用严格函数类型检查来解决。

2. 严格函数类型检查

TypeScript 编译器提供了 "--strictFunctionTypes" 编译选项用来启用严格的函数类型检查。在该模式下，函数参数类型与函数类型是逆变关系，而非相对宽松的双变关系。

若函数类型 S 是函数类型 T 的子类型，那么 S 的参数类型必须是 T 中对应参数类型的超类型。示例如下：

```
01  type S = (a: number) => void;
02
03  type T = (x: 0 | 1) => void;
```

此例中，S 是 T 的子类型，S 中参数 a 的类型必须是 T 中参数 x 类型的超类型。因此，上一节中的例子在严格函数类型检查模式下将产生编译错误。示例如下：

```
01  type S = (a: 0 | 1) => void;
02
03  type T = (x: number) => void;
```

此例中，在严格函数类型检查模式下 S 不再是 T 的子类型。

通过以上介绍能够了解到，在 "--strictFunctionTypes" 模式下函数参数类型检查是可靠的，因为它只允许使用更宽松的类型来替换具体的类型。

7.1.5.4　函数返回值类型

在确定函数类型间的子类型关系时，编译器将检查函数返回值类型是否兼容。不论是否启用了 "--strictFunctionTypes" 编译选项，函数返回值类型与函数类型始终是协变关系。

若函数类型 S 是函数类型 T 的子类型，那么 S 的返回值类型必须是 T 的返回值类型的子类型。示例如下：

```
01 type S = () => 0 | 1;
02
03 type T = () => number;
```

此例中，函数类型 S 是函数类型 T 的子类型。编译器对函数返回值类型的检查是可靠的，因为在期望得到 number 类型的地方提供更加具体的 "0 | 1" 类型是合法的。

7.1.5.5　函数重载

在确定函数类型间的子类型关系时，编译器将检查函数重载签名类型是否兼容。

若函数类型 S 是函数类型 T 的子类型，并且 T 存在函数重载，那么 T 的每一个函数重载必须能够在 S 的函数重载中找到与其对应的子类型。示例如下：

```
01 type S = {
02     (x: string): string;
03     (x: number): number;
04 };
05
06 type T = {
07     (x: 'a'): string;
08     (x: 0): number;
09 };
```

此例中，函数类型 S 是函数类型 T 的子类型，T 中的两个函数重载能够在 S 中找到与之对应的子类型。

7.1.6　对象类型

对象类型由零个或多个类型成员组成，在比较对象类型的子类型关系时要分别考虑每一个类型成员。

7.1.6.1　结构化子类型

在 TypeScript 中，对象类型间的子类型关系取决于对象的结构，我们称之为结构化子类型。在结构化子类型系统中仅通过比较两个对象类型的类型成员列表就能够确定它们的子类型关系。对象类型的名称完全不影响对象类型间的子类型关系。示例如下：

```
01 class Point {
02     x: number = 0;
03     y: number = 0;
04 }
05
06 class Position {
07     x: number = 0;
08     y: number = 0;
09 }
10
11 const point: Point = new Position();
12 const position: Position = new Point();
```

此例中，Position 是 Point 的子类型，反过来也成立。虽然两者是完全不同的类声明，但是它们具有相同的结构，都定义了 number 类型的属性 x 和 y。

7.1.6.2 属性成员类型

若对象类型 S 是对象类型 T 的子类型，那么对于 T 中的每一个属性成员 M（如下例中的接口 T 及其成员 x 和 y）都能够在 S 中找到一个同名的属性成员 N（如下例中的接口 S 及其成员 x 和 y），并且 N 是 M 的子类型。由此可知，对象类型 T 中的属性成员数量不能多于对象类型 S 中的属性成员数量。示例如下：

```
interface T {
    x: string;
    y: string;
}

interface S {
    x: 'x';
    y: 'y';
    z: 'z';
}
```

此例中，对象类型 S 是对象类型 T 的子类型。

若对象类型 S 是对象类型 T 的子类型，那么 T 中的必选属性成员（如下例中的接口 T 及其成员 x）在 S 中也必须为必选属性成员（如下例中的接口 S 及其成员 x）。示例如下：

```
01  interface T {
02      x: string;
03  }
04
05  interface S0 {
06      x: string;
07      y: string;
08  }
09
10  interface S1 {
11      x?: string;
12      y: string;
13  }
```

此例中，S0 是 T 的子类型，但 S1 不是 T 的子类型。

7.1.6.3 调用签名与构造签名

如果对象类型 S 是对象类型 T 的子类型，那么对于 T 中的每一个调用签名 M（如下例中的接口 T 及其调用签名 "(x: string): boolean;" 和 "(x: string, y: number): boolean;"）都能够在 S 中找到一个调用签名 N（如下例中的接口 S 及其调用签名 "(x: string, y?: number): boolean;"），且 N 是 M 的子类型。示例如下：

```
interface T {
    (x: string): boolean;
    (x: string, y: number): boolean;
}
```

```
interface S {
    (x: string, y?: number): boolean;
}
```

此例中，对象类型 S 是对象类型 T 的子类型。

对象类型中的构造签名与调用签名有着相同的判断规则。如果对象类型 S 是对象类型 T 的子类型，那么对于 T 中的每一个构造签名 M（如下例中的接口 T 及其构造签名“new (x: string): object;”和“new (x: string, y: number): object;”）都能够在 S 中找到一个构造签名 N（如下例中的接口 S 及其构造签名“new (x: string, y?: number): object;”），且 N 是 M 的子类型。示例如下：

```
interface T {
    new (x: string): object;
    new (x: string, y: number): object;
}

interface S {
    new (x: string, y?: number): object;
}
```

此例中，对象类型 S 是对象类型 T 的子类型。

7.1.6.4　字符串索引签名

假设对象类型 S 是对象类型 T 的子类型，如果 T 中存在字符串索引签名（如下例中的接口 T 及其字符串索引签名“[x: string]: boolean;”），那么 S 中也应该存在字符串索引签名（如下例中的接口 S 及其字符串索引签名“[x: string]: true;”），并且是 T 中字符串索引签名的子类型。示例如下：

```
01 interface T {
02     [x: string]: boolean;
03 }
04
05 interface S {
06     [x: string]: true;
07 }
```

此例中，对象类型 S 是对象类型 T 的子类型。

7.1.6.5　数值索引签名

假设对象类型 S 是对象类型 T 的子类型，如果 T 中存在数值索引签名（如下例中的接口 T 及其数字索引签名“[x: number]: boolean;”），那么 S 中应该存在字符串索引签名或数值索引签名（如下例中的接口 S0 及其字符串索引签名“[x: string]: true;”或者接口 S1 及其数字索引签名“[x: number]: true;”），并且是 T 中数值索引签名的子类型。示例如下：

```
01 interface T {
02     [x: number]: boolean;
03 }
04
```

```
05  interface S0 {
06      [x: string]: true;
07  }
08
09  interface S1 {
10      [x: number]: true;
11  }
```

此例中，对象类型 S0 和 S1 是对象类型 T 的子类型。

7.1.6.6　类实例类型

在确定两个类类型之间的子类型关系时仅检查类的实例成员类型，类的静态成员类型
以及构造函数类型不进行检查。示例如下：

```
01  class Point {
02      x: number;
03      y: number;
04      static t: number;
05      constructor(x: number) {}
06  }
07
08  class Position {
09      x: number;
10      y: number;
11      z: number;
12      constructor(x: string) {}
13  }
14
15  const point: Point = new Position('');
```

此例中，Position 是 Point 的子类型，在确定子类型关系时仅检查 x 和 y 属性。

如果类中存在私有成员或受保护成员，那么在确定类类型间的子类型关系时要求私有
成员和受保护成员来自同一个类，这意味着两个类需要存在继承关系。示例如下：

```
01  class Point {
02      protected x: number;
03  }
04
05  class Position {
06      protected x: number;
07  }
```

此例中，Point 和 Position 类型之间不存在子类型关系。虽然两者都定义了 number 类型
的属性 x，但它们是受保护成员，因此要求属性 x 必须来自同一个类。再看下面这个例子：

```
01  class Point {
02      protected x: number = 0;
03  }
04
05  class Position extends Point {
06      protected y: number = 0;
07  }
```

此例中，Point 和 Position 中的受保护成员 x 都来自 Point，因此 Position 是 Point 的子类型。

7.1.7　泛型

泛型指的是带有类型参数的类型，本节将介绍如何判断泛型间的子类型关系。

7.1.7.1　泛型对象类型

对于泛型接口、泛型类和表示对象类型的泛型类型别名而言，实例化泛型类型时使用的实际类型参数不影响子类型关系，真正影响子类型关系的是泛型实例化后的结果对象类型。例如，对于下例中的泛型接口 Empty，不论使用什么实际类型参数来实例化都不影响子类型关系，因为实例化后的 Empty 类型始终为空对象类型"{}"。示例如下：

```
01  interface Empty<T> {}
02
03  type T = Empty<number>;
04  type S = Empty<string>;
```

此例中，对象类型 S 是对象类型 T 的子类型，同时对象类型 T 也是对象类型 S 的子类型。

在下例中，泛型实际类型参数 T 将影响实例化后的对象类型 NotEmpty。在比较子类型关系时，使用的是泛型实例化后的结果对象类型。示例如下：

```
01  interface NotEmpty<T> {
02      data: T;
03  }
04
05  type T = NotEmpty<boolean>;
06  type S = NotEmpty<true>;
```

此例中，对象类型 S 是对象类型 T 的子类型。

7.1.7.2　泛型函数类型

与检查函数类型相似，编译器在检查泛型函数类型时有两种检查模式可供选择：

❑ 非严格泛型函数类型检查。

❑ 严格泛型函数类型检查。

TypeScript 编译器提供了"--noStrictGenericChecks"编译选项用来启用或关闭严格泛型函数类型检查。

1.非严格泛型函数类型检查

在非严格泛型函数类型检查模式下，编译器先将所有的泛型类型参数替换为 any 类型，然后再确定子类型关系。这意味着泛型类型参数不影响泛型函数的子类型关系。例如，有以下两个泛型函数类型：

```
01  type A = <T, U>(x: T, y: U) => [T, U];
02
03  type B = <S>(x: S, y: S) => [S, S];
```

首先，将所有的类型参数替换为 any 类型，结果如下：

```
01 type A = (x: any, y: any) => [any, any];
02
03 type B = (x: any, y: any) => [any, any];
```

在替换后，A 和 B 类型变成了相同的类型，因此 A 是 B 的子类型，同时 B 也是 A 的子类型。

2. 严格泛型函数类型检查

在严格的泛型函数类型检查模式下，不使用 any 类型替换所有的类型参数，而是先通过类型推断来统一两个泛型函数的类型参数，然后再确定两者的子类型关系。

例如，有如下的泛型函数类型 A 和 B：

```
01 type A = <T, U>(x: T, y: U) => [T, U];
02
03 type B = <S>(x: S, y: S) => [S, S];
```

如果我们想要确定 A 是否为 B 的子类型，那么先尝试使用 B 的类型来推断 A 的类型。通过比较每个参数类型和返回值类型，能够得出类型参数 T 和 U 均为 S。接下来使用推断的结果来实例化 A 类型，即将类型 A 中的 T 和 U 均替换为 S，替换后的结果如下：

```
01 type A = <S>(x: S, y: S) => [S, S];
```

在统一了类型参数之后，再来比较泛型函数间的子类型关系。因为统一后的类型 A 和 B 相同，所以 A 是 B 的子类型。示例如下：

```
01 type A = <S>(x: S, y: S) => [S, S];
02
03 type B = <S>(x: S, y: S) => [S, S];
```

至此，A 和 B 的子类型关系确定完毕。注意，这时不能确定 B 是否也为 A 的子类型，因为当前的推导过程是由 B 向 A 推导。

现在反过来，如果我们最开始想要确定 B 是否为 A 的子类型，那么这时将由 A 向 B 来推断并统一类型参数的值。经推断，S 的类型为联合类型 "T | U"，然后使用 "S = T | U"来实例化 B 类型，结果如下：

```
01 type B = <T, U>(x: T | U, y: T | U) => [T | U, T | U];
```

在统一了类型参数之后，再来比较 A 和 B 之间的子类型关系。示例如下：

```
01 type A = <T, U>(x: T, y: U) => [T, U];
02
03 type B = <T, U>(x: T | U, y: T | U) => [T | U, T | U];
```

此时，B 不是 A 的子类型，因为 B 的返回值类型不是 A 的返回值类型的子类型。

7.1.8 联合类型

联合类型由若干成员类型构成，在计算联合类型的子类型关系时需要考虑每一个成员类型。

假设有联合类型"S = S0 | S1"和任意类型 T，如果成员类型 S0 是类型 T 的子类型，并且成员类型 S1 是类型 T 的子类型，那么联合类型 S 是类型 T 的子类型。例如，有如下定义的联合类型 S 和类型 T：

```
01 type S = 0 | 1;
02
03 type T = number;
```

此例中，联合类型 S 是类型 T 的子类型。

假设有联合类型"S = S0 | S1"和任意类型 T，如果类型 T 是成员类型 S0 的子类型，或者类型 T 是成员类型 S1 的子类型，那么类型 T 是联合类型 S 的子类型。例如，有如下定义的联合类型 S 和类型 T：

```
01 type S = number | string;
02
03 type T = 0;
```

此例中，类型 T 是联合类型 S 的子类型。

7.1.9　交叉类型

交叉类型由若干成员类型构成，在计算交叉类型的子类型关系时需要考虑每一个成员类型。

假设有交叉类型"S = S0 & S1"和任意类型 T，如果成员类型 S0 是类型 T 的子类型，或者成员类型 S1 是类型 T 的子类型，那么交叉类型 S 是类型 T 的子类型。例如，有如下定义的交叉类型 S 和类型 T：

```
01 type S = { x: number } & { y: number };
02
03 type T = { x: number };
```

此例中，交叉类型 S 是类型 T 的子类型。

假设有交叉类型"S = S0 & S1"和任意类型 T，如果类型 T 是成员类型 S0 的子类型，并且类型 T 是成员类型 S1 的子类型，那么类型 T 是交叉类型 S 的子类型。例如，有如下定义的交叉类型 S 和类型 T：

```
01 type S = { x: number } & { y: number };
02
03 type T = { x: number; y: number; z: number };
```

此例中，类型 T 是交叉类型 S 的子类型。

7.2　赋值兼容性

TypeScript 中存在两种兼容性，即子类型兼容性和赋值兼容性。子类型兼容性与赋值兼容性有着密切的联系，若类型 S 是类型 T 的子类型，那么类型 S 能够赋值给类型 T。在赋值语句中，变量和表达式之间需要满足赋值兼容性；在函数调用语句中，函数形式参数与实际参数之间也要满足赋值兼容性。示例如下：

```
01  type T = { x: number };
02  type S = { x: number; y: number };
03
04  let t: T = { x: 0 };
05  let s: S = { x: 0, y: 0 };
06  t = s;
07
08  function f(t: T) {}
09  f(t);
10  f(s);
```

此例中，S 是 T 的子类型，那么 S 可以赋值给 T，同时可以使用 S 来调用接收 T 类型参数的函数。

子类型兼容性

在绝大多数情况下，如果类型 S 能够赋值给类型 T，那么也意味着类型 S 是类型 T 的子类型。针对这个规律只有以下几种例外情况。

- ❑ any 类型。在赋值兼容性中，any 类型能够赋值给任何其他类型，但 any 类型不是其他类型的子类型，因为 any 类型是顶端类型。
- ❑ 数值型枚举与 number 类型。number 类型可以赋值给数值型枚举类型，但 number 类型不是数值型枚举的子类型，反而数值型枚举是 number 类型的子类型。示例如下：

```
01  enum E {
02      A,
03      B,
04  }
05
06  const s: number = 0;
07  const t: E = s;
```

- ❑ 带有可选属性的对象类型。如果对象类型 T 中有可选属性 M，那么对象类型 S 也可以赋值给对象类型 T，即使 S 中没有属性 M。示例如下：

```
01  type T = { x: number; y?: number };
02  type S = { x: number };
03
04  const s: S = { x: 0 };
05  const t: T = s;
```

此例中，类型 S 能够赋值给类型 T，但是类型 S 不是类型 T 的子类型，因为类型 T 中的属性 y 不能够在类型 S 中找到对应的属性定义。

7.3　类型推断

在 TypeScript 程序中，每一个表达式都具有一种类型，表达式类型的来源有以下两种：
❑ 类型注解。
❑ 类型推断。

类型注解是最直接地定义表达式类型的方式，而类型推断是指在没使用类型注解的情况下，编译器能够自动地推导出表达式的类型。在绝大部分场景中，TypeScript 编译器都能够正确地推断出表达式的类型。类型推断在一定程度上简化了代码，避免了在程序中为每一个表达式添加类型注解。

7.3.1　常规类型推断

当程序中声明了一个变量并且给它赋予了初始值，那么编译器能够根据变量的初始值推断出变量的类型。示例如下：

```
01 let x = 0;
02 // ~
03 // 推断类型为：number
```

此例中，变量 x 的初始值为数字 0，因此编译器推断出变量 x 的类型为 number。

如果我们声明了一个常量，那么编译器能够推断出更加精确的类型。示例如下：

```
01 const x = 0;
02 // ~
03 // 推断类型为：数字字面量类型0
```

此例中，我们使用 const 关键字声明了一个常量，它的值为数字 0。因为常量的值在初始化后不允许修改，因此编译器推断出常量 x 的类型为数字字面量类型 0，它比 number 类型更加精确。

如果声明变量时没有设置初始值，那么编译器将推断出变量的类型为 any 类型。示例如下：

```
01 let x;
02 // ~
03 // 推断类型为：any
```

推断函数返回值的类型是另一个典型的类型推断场景，编译器能够根据函数中的 return 语句来推断出函数的返回值类型。示例如下：

```
01 function f() {  // 推断返回值类型为：number
02     return 0;
03 }
```

此例中，编译器能够根据函数 f 的返回值 0 推断出函数的返回值类型为 number 类型。同时，如果将函数 f 的返回值赋值给一个变量，编译器也能够推断出该变量的类型。示例

如下：

```
01  function f() {            // 推断返回值类型为：number
02      return 0;
03  }
04
05  let x = f();
06  //  ~
07  //  推断类型为：number
```

此例中，编译器能够推断出函数 f 的返回值为 number 类型，进而推断出变量 x 的类型为 number 类型。

最佳通用类型

在编译器进行类型推断的过程中，有可能推断出多个可能的类型。例如，有如下的数组定义，该数组中既有 number 类型的元素，也有 string 类型的元素。编译器在推断数组的类型时，会参考每一个数组元素的类型。因此，编译器最终推断出的数组类型为联合类型"number | string"。示例如下：

```
01  let x = [0, 'one'];   // (number | string)[]
```

此例中，每一种可能的数组元素类型都会作为类型推断的候选类型。编译器会从所有的候选类型中计算出最佳通用类型作为类型推断的结果类型。此例中，number 类型和 string 类型的最佳通用类型是联合类型"number | string"，因为这两个类型之间没有子类型关系。

下面的例子能够更好地体现最佳通用类型的计算。此例中，zoo 数组有三个元素，分别为 Dog、Cat 和 Animal 类的实例对象。其中，Dog 类和 Cat 类是 Animal 类的子类。最终，编译器推断出来的 zoo 数组的类型为"Animal[]"类型。因为 Dog 和 Cat 的类型是 Animal 类型的子类型，因此 Animal 类型是最佳通用类型。示例如下：

```
01  class Animal {}
02  class Dog extends Animal {}
03  class Cat extends Animal {}
04
05  const zoo = [new Dog(), new Cat(), new Animal()];
06  //   ~~~
07  //   推断类型为：Animal[]
```

但如果 zoo 数组中只包含了 Dog 和 Cat 类的实例对象，而没有包含 Animal 类的实例对象，那么推断出来的 zoo 数组类型为联合类型"(Dog | Cat)[]"。这是因为最佳通用类型算法只会从候选类型中做出选择。如果数组中没有 Animal 类型的元素，那么候选类型中只有 Dog 类型和 Cat 类型，最佳通用类型算法只会从这两种类型中做出选择。示例如下：

```
01  class Animal {}
02  class Dog extends Animal {}
03  class Cat extends Animal {}
```

```
04
05 const zoo = [new Dog(), new Cat()];
06 //     ~~~
07 //     推断类型为: (Dog | Cat)[]
```

如果编译器自动推断出来的类型不是我们想要的类型，那么可以给表达式添加明确的类型注解或者使用类型断言。示例如下：

```
01 class Animal {}
02 class Dog extends Animal {}
03 class Cat extends Animal {}
04
05 const zoo0: Animal[] = [new Dog(), new Cat()];
06
07 const zoo1 = [new Dog(), new Cat()] as Animal[];
```

7.3.2　按上下文归类

在常规类型推断中，编译器能够在变量声明语句中由变量的初始值类型推断出变量的类型。这是一种由右向左或者自下而上的类型推断，如下所示：

反过来，编译器还能够由变量的类型来推断出变量初始值的类型。这是一种由左向右或者自上而下的类型推断。我们将这种类型推断称作按上下文归类，如下所示：

$$\xrightarrow{\text{按上下文归类}}$$
$$\text{const add: AddFunction} = (x, y) => x + y;$$

下例中，AddFunction 接口带有调用签名，因此它表示函数类型。我们声明了 Add-Function 类型的常量 add，其类型是使用类型注解明确定义的。常量 add 的初始值是箭头函数"(x, y) => x + y"。编译器能够由 AddFunction 类型推断出箭头函数中参数 x 和 y 的类型以及其返回值类型均为 number 类型。示例如下：

```
01 interface AddFunction {
02     (a: number, b: number): number;
03 }
04
05 const add: AddFunction = (x, y) => x + y;
```

在常规类型推断一节中，我们介绍了使用类型注解来"修正"Animal 数组的类型推断结果，这正是按上下文归类的应用。示例如下：

```
01 class Animal {}
02 class Dog extends Animal {}
03 class Cat extends Animal {}
04
05 const zoo: Animal[] = [new Dog(), new Cat()];
```

此例第 5 行，如果没有给常量 zoo 添加类型注解"Animal[]"，那么推断出来的常量 zoo 的类型为"(Dog | Cat)[]"。当我们给常量 zoo 添加了类型注解"Animal[]"后，由于按上下文归类的作用，Animal 类型也成了类型推断的候选类型之一。因此，由 Animal 类型、Dog 类型和 Cat 类型计算得出的最佳通用类型为 Animal 类型。

7.4 类型放宽

在编译器进行类型推断的过程中，有时会将放宽的源类型作为推断的结果类型。例如，源类型为数字字面量类型 0，放宽后的类型为原始类型 number。示例如下：

```
01  let zero = 0;
```

此例中，等号右侧数字 0 的类型为数字字面量类型 0，推断出的变量 zero 的类型为放宽的 number 类型。

类型放宽是 TypeScript 语言的内部行为，它并非是提供给开发者的某种功能特性，因此只需了解即可。TypeScript 语言内部的类型放宽分为以下两类：

❑ 常规类型放宽。

❑ 字面量类型放宽。

接下来，让我们分别介绍它们。

7.4.1 常规类型放宽

常规类型放宽相对简单，是指编译器在进行类型推断时会将 undefined 类型和 null 类型放宽为 any 类型。常规类型放宽是在 TypeScript 语言早期版本中就已经存在的行为。在 TypeScript 2.0 版本之前，undefined 类型和 null 类型是内部类型，没有开放给开发者使用，因此编译器需要将它们放宽为 any 类型来方便用户使用以及在面板中显示相关类型信息。但自从 TypeScript 2.0 引入了"--strictNullChecks"模式后，常规类型放宽的规则也有所变化。

7.4.1.1 非严格类型检查模式

在非严格类型检查模式下，即没有启用"--strictNullChecks"编译选项时，undefined 类型和 null 类型会被放宽为 any 类型。我们可以在 tsconfig.json 配置文件中禁用严格类型检查模式，如下所示：

```
01  {
02      "compilerOptions": {
03          "strictNullChecks": false
04      }
05  }
```

下例中，所有变量的推断类型均为 any 类型。需要理解的是即便在非严格类型检查模式下，undefined 值的类型依然是 undefined 类型（null 值同理），只是编译器在类型推断时将 undefined 类型放宽为了 any 类型。示例如下：

```
01 let a = undefined;  // any
02 const b = undefined; // any
03
04 let c = null;       // any
05 const d = null;     // any
```

7.4.1.2　严格类型检查模式

在启用了"--strictNullChecks"编译选项时，编译器不再放宽 undefined 类型和 null 类型，它们将保持各自的类型。我们可以在 tsconfig.json 配置文件中启用严格类型检查模式，如下所示：

```
01 {
02     "compilerOptions": {
03         "strictNullChecks": true
04     }
05 }
```

下例中，变量 a 和 b 推断出的类型为 undefined 类型，变量 c 和 d 推断出的类型为 null 类型，编译器不会将它们的类型放宽。示例如下：

```
01 let a = undefined;  // undefined
02 const b = undefined; // undefined
03
04 let c = null;       // null
05 const d = null;     // null
```

7.4.2　字面量类型放宽

字面量类型放宽是指编译器在进行类型推断时会将字面量类型放宽为基础原始类型，例如将数字字面量类型 0 放宽为原始类型 number。但实际上，字面量类型放宽远不是像描述的这样简单。关于字面量类型的详细介绍请参考 5.5 节。

7.4.2.1　细分字面量类型

对于每一个字面量类型可以再将其细分为两种，即可放宽的字面量类型和不可放宽的字面量类型，如图 7-1 所示。

每个字面量类型都通过一些内部标识来表示其是否为可放宽的字面量类型。在一个字面量类型被创建时，就已经确定了其是否为可放宽的字面量类型，并且不能再改变。判断是否为可放宽的字面量类型的规则如下：

❏ 若字面量类型源自类型，那么它是不可放宽的字面量类型。

❏ 若字面量类型源自表达式，那么它是可放宽的

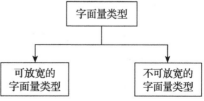

图 7-1　细分字面量类型

字面量类型。

在下例中，常量 zero 的类型为数字字面量类型 0，该类型是通过类型注解定义的，即源自类型。因此，类型注解中的数字字面量类型 0 是不可放宽的字面量类型。示例如下：

```
01 const zero: 0 = 0;
02 //          ~
03 //          类型为：数字字面量类型 0
```

下面再来看另外一个例子。下例中，赋值运算符右侧为数字字面量 0，它是一个表达式并且其类型为数字字面量类型 0。因为该数字字面量类型 0 源自表达式，所以它是可放宽的字面量类型。示例如下：

```
01 const zero = 0;
02 //           ~
03 //           类型为：数字字面量类型0
```

7.4.2.2 放宽的字面量类型

放宽的字面量类型指的是对字面量类型执行放宽操作后得到的结果类型。若字面量类型是不可放宽的字面量类型，那么对其执行放宽操作的结果不变，仍为字面量类型本身；若字面量类型是可放宽的字面量类型，那么对其执行放宽操作的结果为相应的基础原始类型，两者的对应关系如表 7-1 所示。

表 7-1　放宽的字面量类型

可放宽的字面量类型	放宽的字面量类型	可放宽的字面量类型	放宽的字面量类型
boolean 字面量类型，如 true	boolean	BigInt 字面量类型，如 2n	bigint
string 字面量类型，如 'id'	string	枚举成员字面量类型	枚举类型
数字字面量类型，如 0	number	字面量类型的联合类型	放宽的字面量类型的联合类型

7.4.2.3 字面量类型放宽的场景

当编译器进行类型推断时，如果当前表达式的值是可变的，那么将推断出放宽的字面量类型；反之，如果当前表达式的值是不可变的，那么不放宽字面量类型。

在 var 声明和 let 声明中，若给变量赋予了初始值，那么推断出的变量类型为放宽的初始值类型。下例中，变量 a 和变量 b 的初始值类型为可放宽的数字字面量类型 0。因为变量 a 和变量 b 的值是可变的，所以两者的推断类型为放宽的字面量类型，即 number 类型。示例如下：

```
01 var a = 0;
02 // ~
03 // 推断的类型为：number
04
05 let b = 0;
06 // ~
07 // 推断的类型为：number
```

在 const 声明中，由于常量的值一经设置就不允许再修改，因此在推断 const 声明的类型时不会执行类型放宽操作。下例中，编译器在推断常量 a 的类型时不会执行类型放宽操作，而是直接使用初始值的类型作为常量 a 的类型。示例如下：

```
01  const a = 0;
02  //    ~
03  //      推断的类型为：可放宽的数字字面量类型 0
```

这里要强调一下，常量 a 的推断类型为可放宽的数字字面量类型 0。

数组字面量中的元素是可以修改的，因此数组字面量元素的推断类型为放宽的字面量类型。下例中，foo 数组元素 0 的推断类型为放宽的数字字面量类型，即 number 类型。因此，foo 数组的类型为 "number[]"。同理，bar 数组元素的推断类型为联合类型 "string | number"。因此，bar 数组的推断类型为 "(string | number)[]" 类型。示例如下：

```
01  const foo = [0];
02  //           ~
03  //             推断的类型为：number[]
04
05  const bar = ['foo', 0];
06  //           ~~~~~~~~
07  //             推断的类型为：(string | number)[]
```

在对象字面量中，属性值是可变的，因此对象字面量属性的推断类型为放宽的字面量类型。下例中，常量 foo 的值是对象字面量，属性 a 的推断类型为放宽的数字字面量类型，即 number 类型；属性 b 的推断类型为放宽的字符串字面量类型，即 string 类型。最终，推断的常量 foo 的类型为 "{ a: number; b: string; }" 类型。示例如下：

```
01  const foo = {
02      a: 0,
03  //  ~
04  //  推断的类型为：number
05
06      b: 'b'
07  //  ~
08  //  推断的类型为：string
09  };
```

在类的定义中，若非只读属性具有初始值，那么推断出的属性类型为初始值的放宽的字面量类型。下例中，Foo 类的属性 a 是非只读属性，并且带有初始值 0。因此，属性 a 的推断类型为放宽的数字字面量类型，即 number 类型。属性 b 是只读属性，在推断类型时不执行放宽操作，因此推断类型为其初始值的类型，即可放宽的数字字面量类型 0。示例如下：

```
01  class Foo {
02      a = 0;
03  //  ~
04  //  推断的类型为：number
05
06      readonly b = 0;
07  //           ~
08  //             推断的类型为：0
09  }
```

在函数或方法的参数列表中，若形式参数定义了默认值，那么推断出的参数类型为默认值的放宽的字面量类型。下例中，foo 函数和 baz 方法都定义了一个形式参数 x 并且默认值为 0。因此参数 x 的推断类型为放宽的数字字面量类型，即 number 类型。示例如下：

```
01  function foo(x = 0) {
02      //           ~
03      //         推断的类型为: number
04  }
05
06  const bar = {
07      baz(x = 0) {
08      //    ~
09      //   推断的类型为: number
10      }
11  };
```

在函数或方法中，若返回值的类型为字面量类型（不包含字面量类型的联合类型），那么推断的返回值类型为放宽的字面量类型。下例中，foo 函数返回值的类型为数字字面量类型 0。因此，foo 函数的推断返回值类型为放宽的数字字面量类型，即 number 类型。bar 函数的返回值类型为字面量类型联合类型 "0 | 1"。因此，bar 函数的推断返回值类型不进行放宽操作，仍为字面量类型联合类型 "0 | 1"。示例如下：

```
01  function foo() {
02      //       ~~~
03      //      推断的返回值类型为: number
04
05      return 0;
06  }
07
08  function bar() {
09      //       ~~~
10      //      推断的返回值类型为: 0 | 1
11
12      return Math.random() < 0.5 ? 0 : 1;
13  }
```

7.4.2.4 全新的字面量类型

每个字面量类型都有一个内置属性表示其是否可以被放宽。在 TypeScript 语言的内部实现中，将源自表达式的字面量类型标记为全新的（fresh）字面量类型，只有全新的字面量类型才是可放宽的字面量类型。

当全新的字面量类型出现在代码中可变值的位置时才会执行类型放宽操作。示例如下：

```
01  const a = 0;
02  //      ~
03  //     推断的类型为: 0
04
05  let b = a;
06  //   ~
07  //  推断的类型为: number
```

此例第 1 行，常量 a 初始值的类型为可放宽的数字字面量类型 0，同时也是全新的字面量类型。const 声明属于不可变的值。因此，推断常量 a 的类型时不进行字面量类型放宽操作，常量 a 的推断类型与初始值类型相同，即全新的可放宽的数字字面量类型 0。

此例第 5 行，常量 a 的类型为全新的可放宽的数字字面量类型 0，并且 let 声明属于可变的值。因此，推断变量 b 的类型时将进行字面量类型放宽操作，变量 b 的推断类型为放宽的全新的可放宽数字字面量类型 0，即 number 类型。

下面再来看另一个例子，如下所示：

```
01  const c: 0 = 0;
02  //    ~
03  //     类型为：0
04
05  let d = c;
06  //  ~
07  //   推断的类型为：0
```

此例第 1 行，虽然常量 c 的初始值类型为全新的可放宽的数字字面量类型 0，但是常量 c 使用了类型注解明确指定了数字字面量类型 0，因此，常量 c 的类型为不可放宽的数字字面量类型 0，同时它也是非全新的字面量类型。

此例第 5 行，虽然 let 声明属于可变位置，但是常量 c 的类型为非全新的字面量类型，因此，推断变量 d 的类型时不进行字面量类型放宽操作，变量 d 的推断类型与常量 c 的类型相同，均为非全新的不可放宽的数字字面量类型 0。

如果在代码中可变的位置上使用了 "as const" 断言，那么可变位置将变成不可变位置，同时也不再进行字面量类型放宽操作。示例如下：

```
01  let a = 0;
02  //  ~
03  //   推断的类型为：number
04
05  let b = 0 as const;
06  //  ~
07  //   推断的类型为：0
```

此例第 5 行，在 let 声明中使用了 "as const" 断言，从而可变位置成为不可变位置，因此推断变量 b 的类型时不再使用放宽的字面量类型。

7.5　命名空间

在 ECMAScript 2015 之前，JavaScript 语言没有内置的模块支持。在 JavaScript 程序中，通常使用 "命名空间" 来组织并隔离代码以免产生命名冲突等问题。最为流行的实现命名空间的方法是使用立即执行的函数表达式。这是因为立即执行的函数表达式能够创建出一个新的作用域并且不会对外层作用域产生影响。

下例中，使用立即执行的函数表达式定义了两个命名空间，在这两个命名空间中定义的变量 x 不会相互冲突。示例如下：

```
01 (function() {
02
03     const x = 0;
04
05 })();
06
07 (function() {
08
09     const x = { message: 'hello world' };
10
11 })();
```

TypeScript 利用了这个经典的命名空间实现方式并提供了声明命名空间的简便语法。

7.5.1　命名空间声明

命名空间通过 namespace 关键字来声明，它相当于一种语法糖。示例如下：

```
01 namespace Utils {
02
03     function isString(value: any) {
04         return typeof value === 'string';
05     }
06
07 }
```

此例中，我们声明了一个名为 Utils 的命名空间。这段 TypeScript 代码在编译后将生成如下 JavaScript 代码：

```
01 // output.js
02
03 "use strict";
04 var Utils;
05 (function (Utils) {
06     function isString(value) {
07         return typeof value === 'string';
08     }
09 })(Utils || (Utils = {}));
```

我们能够看到命名空间被转换成了立即执行的函数表达式。

在定义命名空间的名字时允许使用以点符号“.”分隔的名字，这与其他编程语言中的命名空间声明类似。示例如下：

```
01 namespace System.Utils {
02     function isString(value: any) {
03         return typeof value === 'string';
04     }
05 }
```

此例中定义的命名空间相当于两个嵌套的命名空间声明，它等同于如下的代码：

```
01  namespace System {
02      export namespace Utils {
03          function isString(value: any) {
04              return typeof value === 'string';
05          }
06      }
07  }
```

在命名空间内部可以使用绝大多数语言功能，如变量声明、函数声明、接口声明和命名空间声明等。示例如下：

```
01  namespace Outer {
02      namespace Inner {
03          const a = 0;
04
05          type Nullable<T> = T | undefined | null;
06
07          interface Point {
08              x: number;
09              y: number;
10          }
11
12          class Cat {
13              name: string;
14          }
15
16          function f(p: Point) {
17              console.log(p.x);
18          }
19      }
20  }
```

7.5.2　导出命名空间内的声明

默认情况下，在命名空间内部的声明只允许在该命名空间内部使用，在命名空间之外访问命名空间内部的声明会产生错误。示例如下：

```
01  namespace Utils {
02      function isString(value: any) {
03          return typeof value === 'string';
04      }
05
06      // 正确
07      isString('yes');
08  }
09
10  Utils.isString('no');
11  //    ~~~~~~~~
12  //    编译错误！Utils中不存在isString属性
```

如果我们查看由此例中的 TypeScript 代码生成的 JavaScript 代码，那么就能够明白为什么这段代码会产生错误，示例如下：

```
01  // output.js
```

```
02
03  var Utils;
04  (function (Utils) {
05
06      function isString(value) {
07          return typeof value === 'string';
08      }
09
10      isString('yes');
11
12  })(Utils || (Utils = {}));
13
14  Utils.isString('no'); // 运行错误
```

通过分析生成的 JavaScript 代码能够发现 isString 仅存在于立即执行的函数表达式的内部作用域，在外部作用域不允许访问内部作用域中的声明。

如果想要让命名空间内部的某个声明在命名空间外部也能够使用，则需要使用导出声明语句明确地导出该声明。导出命名空间内的声明需要使用 export 关键字，示例如下：

```
01  namespace Utils {
02      export function isString(value: any) {
03          return typeof value === 'string';
04      }
05
06      // 正确
07      isString('yes');
08  }
09
10  // 正确
11  Utils.isString('yes');
```

此例中，我们使用 export 关键字导出了 isString 函数声明。因此，在 Utils 外部也可以使用 isString 函数。此例中的代码生成的 JavaScript 代码如下所示：

```
01  // output.js
02
03  var Utils;
04  (function (Utils) {
05      function isString(value) {
06          return typeof value === 'string';
07      }
08
09      Utils.isString = isString;
10
11      isString('yes');
12
13  })(Utils || (Utils = {}));
14
15  Utils.isString('yes');
```

在访问导出的命名空间声明时，需要使用命名空间名和导出声明名并用点符号连接，这类似于对象属性访问的语法。

7.5.3　别名导入声明

我们可以使用 import 语句为命名空间的导出声明起一个别名。当命名空间名字比较长时，使用别名能够有效地简化代码。示例如下：

```
01  namespace Utils {
02      export function isString(value: any) {
03          return typeof value === 'string';
04      }
05  }
06
07  namespace App {
08      import isString = Utils.isString;
09
10      isString('yes');
11
12      Utils.isString('yes');
13  }
```

此例中，在 App 命名空间中为从 Utils 命名空间中导出的 isString 函数声明设置了一个别名 isString，这样就可以像第 10 行一样使用 isString 来引用 "Utils.isString" 函数，而不必像第 12 行那样写出完整的访问路径。

别名导入本质上 "相当于" 新声明了一个变量并将导出声明赋值给该变量。例如，上例中的代码编译后生成的 JavaScript 代码如下所示：

```
01  "use strict";
02  var Utils;
03  (function (Utils) {
04      function isString(value) {
05          return typeof value === 'string';
06      }
07      Utils.isString = isString;
08  })(Utils || (Utils = {}));
09  var App;
10  (function (App) {
11      var isString = Utils.isString;   // 别名导入声明
12      isString('yes');
13      Utils.isString('yes');
14  })(App || (App = {}));
```

需要注意的是，别名导入只是相当于新声明了一个变量而已，实际上不完全是这样的，因为别名导入对类型也有效。示例如下：

```
01  namespace Utils {
02      export interface Point {
03          x: number;
04          y: number;
05      }
06  }
07
08  namespace App {
09      import Point = Utils.Point;
```

```
10
11      const p: Point = { x: 0, y: 0 };
12 }
```

此例中的代码编译后生成的 JavaScript 代码如下所示：

```
01 // output.js
02
03 "use strict";
04 var App;
05 (function (App) {
06     const p = { x: 0, y: 0 };
07 })(App || (App = {}));
```

7.5.4　在多文件中使用命名空间

在实际工程中，代码不可能都放在同一个文件中，一定会拆分到不同的源代码文件。我们也可以将同一个命名空间声明拆分到不同的文件中，TypeScript 最终会将同名的命名空间声明合并在一起。例如，在如下两个文件中声明了同名的命名空间。

"a.ts" 文件的内容如下：

```
01 namespace Utils {
02     export function isString(value: any) {
03         return typeof value === 'string';
04     }
05
06     export interface Point {
07         x: number;
08         y: number;
09     }
10 }
```

"b.ts" 文件的内容如下：

```
01 namespace Utils {
02     export function isNumber(value: any) {
03         return typeof value === 'number';
04     }
05 }
```

最终，合并后的 Utils 命名空间中存在三个导出声明 isString、isNumber 和 Point。

7.5.4.1　文件间的依赖

当我们将命名空间拆分到不同的文件后，需要注意文件的加载顺序，因为文件之间可能存在依赖关系。例如，有两个拆分后的文件 a.ts 和 b.ts。

"a.ts" 文件的内容如下：

```
01 namespace App {
02     export function isString(value: any) {
03         return typeof value === 'string';
04     }
05 }
```

"b.ts" 文件的内容如下：

```
01  namespace App {
02      const a = isString('foo');
03  }
```

这两个文件中，"b.ts" 依赖于 "a.ts"。因为 "b.ts" 中调用了 "a.ts" 中定义的函数。我们需要保证 "a.ts" 先于 "b.ts" 被加载，否则在执行 "b.ts" 中的代码时将产生 isString 未定义的错误。

定义文件间的依赖关系有多种方式，本节将介绍以下两种：

❑ 使用 tsconfig.json 文件。

❑ 使用三斜线指令。

7.5.4.2　tsconfig.json

通过 "tsconfig.json" 配置文件能够定义文件间的加载顺序。例如，通过如下的配置文件能够定义 "a.ts" 先于 "b.ts" 被加载，这里我们主要配置了 outFile 和 files 两个选项。示例如下：

```
01  {
02      "compilerOptions": {
03          "strict": true,
04          "target": "ESNext",
05          "outFile": "main.js"
06      },
07      "files": ["a.ts", "b.ts"]
08  }
```

首先，outFile 选项指定了编译后输出的文件名。在指定了该选项后，编译后的 "a.ts" 和 "b.ts" 文件将被合并成一个 "main.js" 文件。其次，files 选项指定了工程中包含的所有源文件。files 文件列表是有序列表，我们正是通过它来保证 "a.ts" 先于 "b.ts" 被加载。最终编译后输出的 "main.js" 内容如下：

```
01  "use strict";
02  // a.ts
03  var App;
04  (function (App) {
05      function isString(value) {
06          return typeof value === 'string';
07      }
08      App.isString = isString;
09  })(App || (App = {}));
10  // b.ts
11  var App;
12  (function (App) {
13      const a = App.isString('foo');
14  })(App || (App = {}));
```

由该输出文件能够看到 "a.ts" 位于 "b.ts" 之前，因此不会产生错误。

关于 tsconfig.json 的详细介绍请参考 8.3 节。

7.5.4.3 三斜线指令

三斜线指令是 TypeScript 早期版本中就支持的一个特性，我们可以通过它来定义文件间的依赖。三斜线指令的形式如下所示：

```
01  /// <reference path="a.ts" />
```

此例中的三斜线指令声明了对 "a.ts" 文件的依赖。

我们可以在 "b.ts" 中使用三斜线指令来声明对 "a.ts" 文件的依赖。

"a.ts" 文件的内容如下：

```
01  namespace App {
02      export function isString(value: any) {
03          return typeof value === 'string';
04      }
05  }
```

"b.ts" 文件的内容如下：

```
01  /// <reference path="a.ts" />
02
03  namespace App {
04      const a = isString('foo');
05  }
```

在使用了三斜线指令后，编译器能够识别出 "b.ts" 依赖于 "a.ts"。在编译 "b.ts" 之前，编译器会确保先编译 "a.ts"。就算在 tsconfig.json 配置文件的 files 选项中将 "b.ts" 放在了 "a.ts" 之前，编译器也能够识别出正确的依赖顺序。示例如下：

```
01  {
02      "compilerOptions": {
03          "strict": true,
04          "target": "ESNext",
05          "outFile": "main.js"
06      },
07      "files": ["b.ts", "a.ts"]
08  }
```

我们甚至都不需要在 files 选项中包含 "a.ts" 文件，只需要包含 "b.ts" 即可。因为在编译 "b.ts" 时，编译器将保证依赖的文件会一同被编译。示例如下：

```
01  {
02      "compilerOptions": {
03          "strict": true,
04          "target": "ESNext",
05          "outFile": "main.js"
06      },
07      "files": ["b.ts"]
08  }
```

使用以上两个例子中的 tsconfig.json 配置文件都能够得到正确且相同的输出文件"main.js"。示例如下：

```
01  "use strict";
02  // a.ts
03  var App;
04  (function (App) {
05      function isString(value) {
06          return typeof value === 'string';
07      }
08      App.isString = isString;
09  })(App || (App = {}));
10  // b.ts
11  /// <reference path="a.ts" />
12  var App;
13  (function (App) {
14      const a = App.isString('foo');
15  })(App || (App = {}));
```

7.5.5　小结

命名空间是一种历史悠久的实现代码封装和隔离的方式。在 JavaScript 语言还没有支持模块时，命名空间极为流行。在 TypeScript 语言的源码中也大量地使用了命名空间。随着近些年 JavaScript 模块系统的演进以及原生模块功能的推出，命名空间的使用场景将变得越来越有限并有可能退出历史舞台。在新的工程中或面向未来的代码中，推荐优先选择模块来代替命名空间。接下来，我们就将介绍 TypeScript 中的模块。

7.6　模块

模块化编程是一种软件设计方法，它强调将程序按照功能划分为独立可交互的模块。一个模块是一段可重用的代码，它将功能的实现细节封装在模块内部。模块也是一种组织代码的方式。一个模块可以声明对其他模块的依赖，且模块之间只能通过模块的公共 API 进行交互。在新的工程或代码中，应该优先使用模块来组织代码，因为模块提供了更好的封装性和可重用性。

7.6.1　模块简史

自 1996 年 JavaScript 诞生到 2015 年 ECMAScript 2015 发布，在将近 20 年的时间里 JavaScript 语言始终缺少原生的模块功能。在这 20 年间，社区的开发者们设计了多种模块系统来帮助进行 JavaScript 模块化编程。其中较为知名的模块系统有以下几种：

- ❑ CommonJS 模块
- ❑ AMD 模块
- ❑ UMD 模块

7.6.1.1　CommonJS

CommonJS 是一个主要用于服务器端 JavaScript 程序的模块系统。CommonJS 使用 require 语句来声明对其他模块的依赖，同时使用 exports 语句来导出当前模块内的声明。CommonJS 的典型应用场景是在 Node.js 程序中。在 Node.js 中，每一个文件都会被视为一个模块。

例如，有如下目录结构的工程：

```
C:\app
|-- index.js
`-- utils.js
```

此例中，"utils.js"和"index.js"是两个 CommonJS 模块文件。其中，"index.js"模块文件声明了对"utils.js"模块文件的依赖。

"utils.js"文件的内容如下：

```
01 exports.add = function(x, y) {
02     return x + y;
03 };
```

"index.js"文件的内容如下：

```
01 const utils = require('./utils');
02
03 const total = utils.add(1, 2);
04 console.log(total);
```

7.6.1.2　AMD

CommonJS 模块系统在服务器端 JavaScript 程序中取得了成功，但无法给浏览器端 JavaScript 程序带来帮助。主要原因有以下两点：

❑ 浏览器环境中的 JavaScript 引擎不支持 CommonJS 模块，因此无法直接运行使用了 CommonJS 模块的代码。

❑ CommonJS 模块采用同步的方式加载模块文件，这种加载方式不适用于浏览器环境。因为在浏览器中同步地加载模块文件会阻塞用户操作，从而带来不好的用户体验。

基于以上原因，CommonJS 的设计者又进一步设计了适用于浏览器环境的 AMD 模块系统。AMD 是"Asynchronous Module Definition"的缩写，表示异步模块定义。AMD 模块系统不是将一个文件作为一个模块，而是使用特殊的 define 函数来注册一个模块。因此，在一个文件中允许同时定义多个模块。AMD 模块系统中也提供了 require 函数用来声明对其他模块的依赖，同时还提供了 exports 语句用来导出当前模块内的声明。

例如，有如下目录结构的工程：

```
C:\app
|-- index.js
`-- utils.js
```

"utils.js" 文件的内容如下：

```
01 define(['require', 'exports'], function(require, exports) {
02     function add(x, y) {
03         return x + y;
04     }
05     exports.add = add;
06 });
```

"index.js" 文件的内容如下：

```
01 define(
02     ['require', 'exports', './utils'],
03     function(require, exports, utils) {
04         var total = utils.add(1, 2);
05         console.log(total);
06     }
07 );
```

此例中，在 "utils.js" 和 "index.js" 文件中分别定义了两个 AMD 模块。其中，"index.js" 文件中的模块文件声明了对 "utils.js" 文件中的模块的依赖。

7.6.1.3　UMD

虽然 CommonJS 模块和 AMD 模块有着紧密的内在联系和相似的定义方式，但是两者不能互换使用。CommonJS 模块不能在浏览器中使用，AMD 模块也不能在 Node.js 中使用。如果一个功能模块既要在浏览器中使用也要在 Node.js 环境中使用，就需要分别使用 CommonJS 模块和 AMD 模块的格式编写两次。

UMD 模块的出现解决了这个问题。UMD 是 "Universal Module Definition" 的缩写，表示通用模块定义。一个 UMD 模块既可以在浏览器中使用，也可以在 Node.js 中使用。UMD 模块是基于 AMD 模块的定义，并且针对 CommonJS 模块定义进行了适配。因此，编写 UMD 模块会稍显复杂。

例如，有如下目录结构的工程：

```
C:\app
|-- index.js
`-- utils.js
```

"utils.js" 文件的内容如下：

```
01 (function(factory) {
02     if (typeof module === 'object' && typeof module.exports === 'object') {
03         var v = factory(require, exports);
04         if (v !== undefined) module.exports = v;
05     } else if (typeof define === 'function' && define.amd) {
06         define(['require', 'exports'], factory);
07     }
08 })(function(require, exports) {
09     function add(x, y) {
10         return x + y;
```

```
11        }
12        exports.add = add;
13  });
```

"index.js"文件的内容如下：

```
01  (function(factory) {
02      if (typeof module === 'object' && typeof module.exports === 'object') {
03          var v = factory(require, exports);
04          if (v !== undefined) module.exports = v;
05      } else if (typeof define === 'function' && define.amd) {
06          define(['require', 'exports', './utils'], factory);
07      }
08  })(function(require, exports) {
09      var utils_1 = require('./utils');
10      var total = utils_1.add(1, 2);
11      console.log(total);
12  });
```

此例中，在"utils.js"和"index.js"文件中分别定义了两个 UMD 模块。其中，"index.js"文件中的模块文件声明了对"utils.js"文件中的模块的依赖。

7.6.1.4　ESM

在经过了将近 10 年的标准化设计后，JavaScript 语言的官方模块标准终于确定并随着 ECMAScript 2015 一同发布。它就是 ECMAScript 模块，简称为 ES 模块或 ESM。ECMA-Script 模块是正式的语言内置模块标准，而前面介绍的 CommonJS、AMD 等都属于非官方模块标准。在未来，标准的 ECMAScript 模块将能够在任何 JavaScript 运行环境中使用，例如浏览器环境和服务器端环境等。实际上，在最新版本的 Chrome、Firefox 等浏览器上以及 Node.js 环境中已经能够支持 ECMAScript 模块。ECMAScript 模块使用 import 和 export 等关键字来定义。

例如，有如下目录结构的工程：

```
C:\app
|-- index.js
`-- utils.js
```

"utils.js"文件的内容如下：

```
01  export function add(x: number, y: number) {
02      return x + y;
03  }
```

"index.js"文件的内容如下：

```
01  import { add } from './utils';
02
03  const total = add(1, 2);
```

此例中，"utils.js"和"index.js"是两个 ECMAScript 模块文件。其中，"index.js"模块文件声明了对"utils.js"模块文件的依赖。

7.6.2　ECMAScript 模块

ECMAScript 模块是 JavaScript 语言的标准模块，因此 TypeScript 也支持 ECMAScript 模块。在后面的介绍中，我们将 ECMAScript 模块简称为模块。

每个模块都拥有独立的模块作用域，模块中的代码在其独立的作用域内运行，而不会影响模块外的作用域（有副作用的模块除外，后文将详细介绍）。模块通过 import 语句来声明对其他模块的依赖；同时，通过 export 语句将模块内的声明公开给其他模块使用。

模块不是使用类似于 module 的某个关键字来定义，而是以文件为单位。一个模块对应一个文件，同时一个文件也只能表示一个模块，两者是一对一的关系。若一个 TypeScript 文件中带有顶层的 import 或 export 语句，那么该文件就是一个模块，术语为"Module"。若一个 TypeScript 文件中既不包含 import 语句，也不包含 export 语句，那么该文件称作脚本，术语为"Script"。脚本中的代码全部是全局代码，它直接存在于全局作用域中。因此，模块中的代码能够访问脚本中的代码，因为在模块作用域中能够访问外层的全局作用域。

7.6.3　模块导出

默认情况下，在模块内部的声明不允许在模块外部访问。若想将模块内部的声明开放给模块外部访问，则需要使用模块导出语句将模块内的声明导出。

模块导出语句包含以下两类：

❑ 命名模块导出。

❑ 默认模块导出。

7.6.3.1　命名模块导出

命名模块导出使用自定义的标识符名来区分导出声明。在一个模块中，可以同时存在多个命名模块导出。在常规的声明语句中添加 export 关键字，即可定义命名模块导出。

导出变量声明示例如下：

```
01 export var a = 0;
02
03 export let b = 0;
04
05 export const c = 0;
```

导出函数声明示例如下：

```
01 export function f() {}
```

导出类声明示例如下：

```
01 export class C {}
```

导出接口声明示例如下：

```
01 export interface I {}
```

导出类型别名示例如下：

```
01 export type Numeric = number | bigint;
```

7.6.3.2 命名模块导出列表

进行命名模块导出时，一次只能导出一个声明，而命名模块导出列表能够一次性导出多个声明。命名模块导出列表使用 export 关键字和一对大括号将所有导出的声明名称包含在内。示例如下：

```
01 function f0() {}
02 function f1() {}
03
04 export { f0, f1 };
```

此例中，第 4 行是命名模块导出列表语句，它同时导出了函数声明 f0 和 f1。

在一个模块中，可以同时存在多个命名模块导出列表语句。示例如下：

```
01 const a = 0;
02 const b = 0;
03
04 export { a, b };
05
06 function f0() {}
07 function f1() {}
08
09 export { f0, f1 };
```

命名模块导出语句和命名模块导出列表语句也可以同时使用。示例如下：

```
01 export const a = 0;
02
03 function f0() {}
04 function f1() {}
05
06 export { f0, f1 };
```

7.6.3.3 默认模块导出

为了与现有的 CommonJS 模块和 AMD 模块兼容，ECMAScript 模块提供了默认模块导出的功能。对于一个 CommonJS 模块或 AMD 模块来讲，模块中的 exports 对象就相当于默认模块导出。

默认模块导出是一种特殊形式的模块导出，它等同于名字为"default"的命名模块导出。因此，一个模块中只允许存在一个默认模块导出。默认模块导出使用"export default"关键字来定义。

默认导出函数声明示例如下：

```
01 export default function f() {}
```

默认导出类声明示例如下：

```
01 export default class C {}
```

因为默认模块导出不依赖于声明的名字而是统一使用"default"作为导出名，因此默认模块导出可以导出匿名的函数和类等。

默认导出匿名函数示例如下：

```
01 export default function() {}
```

默认导出匿名类示例如下：

```
01 export default class {}
```

默认导出任意表达式的值示例如下：

```
01 export default 0;
```

由于默认模块导出相当于名为"default"的命名模块导出，因此，默认模块导出也可以写为如下形式：

```
01 function f() {}
02
03 export { f as default };
```

此例中，as 关键字的作用是重命名模块导出，它将 f 重命名为 default。我们将在后文中详细介绍模块导出的重命名。此例中的命名模块导出列表等同于如下的默认模块导出语句：

```
01 export default function f() {}
```

7.6.3.4　聚合模块

聚合模块是指将其他模块的模块导出作为当前模块的模块导出。聚合模块使用"export ... from ..."语法并包含以下形式：

❑ 从模块 mod 中选择部分模块导出作为当前模块的模块导出。示例如下：

```
01 export { a, b, c } from 'mod';
```

❑ 从模块 mod 中选择默认模块导出作为当前模块的默认模块导出。默认模块导出相当于名为"default"的命名模块导出。示例如下：

```
01 export { default } from 'mod';
```

❑ 从模块 mod 中选择某个非默认模块导出作为当前模块的默认模块导出。默认模块导出相当于名为"default"的命名模块导出。示例如下：

```
01 export { a as default } from 'mod';
```

❑ 从模块 mod 中选择所有非默认模块导出作为当前模块的模块导出。示例如下：

```
01 export * from 'mod';
```

❑ 从模块 mod 中选择所有非默认模块导出，并以 ns 为命名空间作为当前模块的模块导出。示例如下：

```
01 export * as ns from "mod";
```

需要注意的是，在聚合模块时不会引入任何本地声明。例如，下例从模块 mod 中重新导出了声明 a，但是在当前模块中是不允许使用声明 a 的，因为没有导入声明 a。示例如下：

```
01 export { a } from 'mod';
02
03 console.log(a);
04 //          ~
05 //          编译错误! 找不到名字 "a"
```

7.6.4 模块导入

如果想要使用一个模块的导出声明，则需要使用 import 语句来导入它。

7.6.4.1 导入命名模块导出

对于一个模块的命名模块导出，可以通过其导出的名称来导入它，具体语法如下所示：

```
01 import { a, b, c } from 'mod';
```

在该语法中，import 关键字后面的大括号中列出了 mod 模块中的命名模块导出；from 关键字的后面是模块名，模块名不包含文件扩展名，如 ".ts"。

例如，有如下目录结构的工程：

```
C:\app
|-- index.ts
`-- utils.ts
```

"utils.ts" 文件的内容如下：

```
01 export let a = 0;
02 export let b = 0;
03 export let c = 0;
```

"index.ts" 文件的内容如下：

```
01 import { a, b } from './utils';
02
03 console.log(a);
04 console.log(b);
```

此例中，在 "index.ts" 模块中导入了 "utils.ts" 模块中的导出变量声明 a 和 b。

7.6.4.2 导入整个模块

我们可以将整个模块一次性地导入，语法如下所示：

```
import * as ns from 'mod';
```

在该语法中，from 后面是要导入的模块名，它将模块 mod 中的所有命名模块导出导入到对象 ns 中。

例如，有如下目录结构的工程：

```
C:\app
|-- index.ts
`-- utils.ts
```

"utils.ts"文件的内容如下：

```
01 export let a = 0;
02 export let b = 0;
03 export let c = 0;
```

"index.ts"文件的内容如下：

```
01 import * as utils from './utils';
02
03 console.log(utils.a);
04 console.log(utils.b);
```

此例中，在"index.ts"模块中将"utils.ts"模块中的命名模块导出 a、b 和 c 导入了对象 utils 中，然后通过访问 utils 对象的属性来访问"utils.ts"模块的命名模块导出。

7.6.4.3　导入默认模块导出

导入默认模块导出需要使用如下语法：

```
01 import modDefault from 'mod';
```

在该语法中，modDefault 可以为任意标识符名，表示导入的默认模块导出在当前模块中所绑定的标识符。在当前模块中，将使用 modDefault 这个名字来访问 mod 模块中的默认模块导出。

例如，有如下目录结构的工程：

```
C:\app
|-- index.ts
`-- utils.ts
```

"utils.ts"文件的内容如下：

```
01 export default function() {
02     console.log(0);
03 }
```

"index.ts"文件的内容如下：

```
01 import utils from './utils';
02
03 utils();
```

此例中，在"index.ts"模块中导入了"utils.ts"模块中的默认模块导出并将其绑定到标识符 utils。在"index.ts"模块中，标识符 utils 表示"utils.ts"模块中默认导出的函数声明。

7.6.4.4　空导入

空导入语句不会导入任何模块导出，它只是执行模块内的代码。空导入的用途是"导入"模块的副作用。

在计算机科学中，"副作用"指的是某个操作会对外部环境产生影响。例如，有一个获取时间的函数，如果该函数除了会返回当前时间，同时还会修改操作系统的时间设置，那么我们可以说该函数具有副作用。对于模块来讲，模块有其独立的模块作用域，但是在模块作用域中也能够访问并修改全局作用域中的声明。有些模块从设计上就是用来与全局作用域进行交互的，如监听全局事件或设置某个全局变量等。除此之外，应尽量保持模块与外部环境的隔离，将模块的实现封闭在模块内部，并通过导入和导出语句与模块外部进行交互。

空导入的语法如下所示：

```
import 'mod';
```

例如，有如下目录结构的工程：

```
C:\app
|-- index.ts
`-- utils.ts
```

"utils.ts"文件的内容如下：

```
01 globalThis.mode = 'dev';
```

"index.ts"文件的内容如下：

```
01 import './utils';
02
03 console.log(globalThis.mode);
```

此例中，使用空导入语句导入了"utils.ts"模块，这会执行"utils.ts"文件中的代码并设置全局作用域中 mode 属性的值。因此，在"index.ts"模块中能够读取并打印全局作用域中 mode 属性的值。

7.6.5　重命名模块导入和导出

为了解决模块导入和导出的命名冲突问题，ECMAScript 模块允许重命名模块的导入和导出声明。重命名模块导入和导出通过 as 关键字来定义。

7.6.5.1　重命名模块导出

重命名模块导出的语法如下所示：

```
export { oldName as newName };
```

在该语法中，将导出模块内的 oldName 声明，并将其重命名为 newName。在其他模块中需要使用 newName 这个名字来访问该模块中的 oldName 声明。

例如，有如下目录结构的工程：

```
C:\app
|-- index.ts
`-- utils.ts
```

"utils.ts" 文件的内容如下：

```
01  const a = 0;
02
03  export { a as x };
```

在该模块中，我们导出了常量声明 a，并将其重命名为 x。

"index.ts" 文件的内容如下：

```
01  import { x } from './utils';
02
03  console.log(x);
```

在该模块中，我们使用新的名字 x 来导入 "utils.ts" 模块中的常量声明 a。

7.6.5.2　重命名聚合模块

重命名聚合模块的语法如下所示：

```
export { oldName as newName } from "mod";
```

在该语法中，将导出 mod 模块内的 oldName 声明，并将其重命名为 newName。

例如，有如下目录结构的工程：

```
C:\app
|-- index.ts
`-- utils.ts
```

"utils.ts" 文件的内容如下：

```
01  export const a = 0;
```

"index.ts" 文件的内容如下：

```
01  export { a as utilsA } from './utils';
02
03  export const b = 0;
```

在该模块中，我们重新导出了 "utils.ts" 模块中的声明 a，并将其重命名为 utilsA。

7.6.5.3　重命名模块导入

重命名模块导入的语法如下所示：

```
import { oldName as newName } from "mod";
```

在该语法中，将导入 mod 模块内的 oldName 声明，并重命名为 newName。在当前模块中需要使用 newName 这个名字来访问 mod 模块中的 oldName 声明。

例如，有如下目录结构的工程：

```
C:\app
|-- index.ts
`-- utils.ts
```

"utils.ts"文件的内容如下：

```
01  export const a = 0;
```

"index.ts"文件的内容如下：

```
01  import { a as utilsA } from './utils';
02
03  console.log(utilsA);
```

在该模块文件中，我们导入了"utils.ts"模块中的声明 a，并将其重命名为 utilsA。在"index.ts"模块中，需要使用 utilsA 来访问"utils.ts"模块中的声明 a。

7.6.6 针对类型的模块导入与导出

我们知道类和枚举既能表示一个值也能表示一种类型。在使用 import 和 export 语句来导入和导出类和枚举时，会同时导入和导出它们所表示的值和类型。因此，在代码中我们可以将导入的类和枚举同时用作值和类型。在 TypeScript 3.8 版本中，引入了只针对类型的导入导出语句。当在类和枚举上使用针对类型的导入导出语句时，只会导入和导出类和枚举所表示的类型，而不会导入和导出它们表示的值。延伸来看，在变量声明、函数声明上使用针对类型的导入导出语句时只会导入导出变量类型和函数类型，而不会导入导出变量的值和函数值。

7.6.6.1 背景介绍

TypeScript 为 JavaScript 添加了额外的静态类型，与类型相关的代码在编译生成 JavaScript 代码时会被完全删除，因为 JavaScript 本身并不支持静态类型。例如，我们在 TypeScript 程序中定义了一个接口，那么该接口声明在编译生成 JavaScript 时会被直接删除。该规则同样适用于模块导入导出语句。在默认情况下，如果模块的导入导出语句满足如下条件，那么在编译生成 JavaScript 时编译器会删除相应的导入导出语句，具体的条件如下：

❏ 模块导入或导出的标识符仅被用在类型的位置上。

❏ 模块导入或导出的标识符没有被用在表达式的位置上，即没有作为一个值使用。

例如，有如下目录结构的工程：

```
C:\app
|-- index.ts
`-- utils.ts
```

"utils.ts" 文件的内容如下：

```
01  export const a = 0;
02
03  export interface Point {
04    x: number;
05    y: number;
06  }
```

"index.ts" 文件的内容如下：

```
01  import { Point } from './utils';
02
03  const p: Point = { x: 0, y: 0 };
```

使用 tsc 命令来编译以上两个文件，将生成 "utils.js" 和 "index.js" 文件。

生成的 "utils.js" 文件的内容为：

```
01  export const a = 0;
```

生成的 "index.js" 文件的内容为：

```
01  const p = { x: 0, y: 0 };
```

此例中，"utils.ts" 模块导出的 Point 接口在生成的 "utils.js" 文件中被删除，因为接口只能表示一种类型。在 "index.ts" 文件中，导入 Point 接口的语句在生成的 "index.js" 文件中也被删除了，因为在 "index.ts" 中 Point 作为类型来使用，它不影响生成的 JavaScript 代码。

虽然在大部分情况下，编译器删除针对类型的导入导出语句不会影响生成的 JavaScript 代码，但有时候也会给开发者带来困扰。一个典型的例子是使用了带有副作用的模块。如果一个模块只从带有副作用的模块中导入了类型，那么这条导入语句将会被编译器删除。因此，带有副作用的模块代码将不会被执行，这有可能不是期望的行为。

例如，有如下目录结构的工程：

```
C:\app
|-- index.ts
`-- utils.ts
```

"utils.ts" 文件的内容如下：

```
01  globalThis.mode = 'dev';
02
03  export interface Point {
04    x: number;
05    y: number;
06  }
```

"index.ts" 文件的内容如下：

```
01  import { Point } from './utils';
```

```
02
03 const p: Point = { x: 0, y: 0 };
04
05 if (globalThis.mode === 'dev') {
06   console.log(p);
07 }
```

由于在"index.ts"文件中只导入了"utils.ts"模块中的接口类型，因此在编译生成的
JavaScript 文件中会删除导入"utils.ts"模块的语句，生成的"index.js"文件的内容如下：

```
01 const p = { x: 0, y: 0 };
02 if (globalThis.mode === 'dev') {
03     console.log(p);
04 }
```

而事实上，此例中的"index.ts"模块依赖于"utils.ts"模块中的副作用，即设置全局
的 mode 属性。因此，期望生成的"index.js"文件的内容如下：

```
01 import './utils';
02 const p = { x: 0, y: 0 };
03 if (globalThis.mode === 'dev') {
04     console.log(p);
05 }
```

在 TypeScript 3.8 版本中，引入了只针对类型的模块导入导出语句以及"--importsNot-
UsedAsValues"编译选项来帮助缓解上述问题。

7.6.6.2 导入与导出类型

总的来说，针对类型的模块导入导出语法是在前面介绍的模块导入导出语法中添加
type 关键字。

从模块中导出类型使用"export type"关键字，具体语法如下所示：

```
export type { Type }
```

```
export type { Type } from 'mod';
```

该语法中，Type 表示类型名。

从模块中导入默认模块导出类型的语法如下所示：

```
import type DefaultType from 'mod';
```

该语法中，DefaultType 可以为任意的标识符名，表示导入的默认模块导出类型在当前
模块中所绑定的标识符。在当前模块中，将使用 DefaultType 这个名字来访问 mod 模块中
的默认模块导出类型。

从模块中导入命名类型的语法如下所示：

```
import type { Type } from 'mod';
```

该语法中，Type 表示 mod 模块中导出的类型名。

从模块中导入所有导出的命名类型的语法如下所示：

```
import type * as TypeNS from 'mod';
```

该语法中，TypeNS 可以为任意标识符名，它将 mod 模块中的所有命名模块导出类型放在命名空间 TypeNS 下。

例如，有如下目录结构的工程：

```
C:\app
|-- index.ts
`-- utils.ts
```

"utils.ts"文件的内容如下：

```
01  class Point {
02      x: number;
03      y: number;
04  }
05
06  export type { Point };
```

TypeScript 中的类既能表示一个值，又能表示一种类类型。此例中，我们只导出了 Point 类表示的类型。

"index.ts"文件的内容如下：

```
01  import type { Point } from './utils';
02
03  const p: Point = { x: 0, y: 0 };
```

此例中，我们从"utils.ts"模块中导入了 Point 类型。需要注意的是，若将 Point 当作一个值来使用，则会产生编译错误。示例如下：

```
01  import type { Point } from './utils';
02
03  const p = new Point();
04  //            ~~~~~
05  //            编译错误：'Point' 不能作为值来使用，
06  //            因为它使用了'import type'导入语句
```

此外，就算在"index.ts"文件中不是使用"import type"来导入 Point，而是使用常规的 import 语句，也不能将 Point 作为一个值来使用，因为我们在"utils.ts"模块中只导出了 Point 类型，而没有导出 Point 值。示例如下：

```
01  import { Point } from './utils';
02
03  const p = new Point();
04  //            ~~~~~
05  //            编译错误：'Point' 不能作为值来使用，
06  //            因为它是由'export type'语句导出的
```

7.6.6.3　--importsNotUsedAsValues

针对类型的模块导入与导出的一个重要性质是，在编译生成 JavaScript 代码时，编译器一定会删除"import type"和"export type"语句，因为能够完全确定它们只与类型相关。

例如，"utils.ts"文件的内容如下：

```
01 class A {
02     x: number = 0;
03 }
04 class B {
05     x: number = 0;
06 }
07
08 export { A };
09 export type { B };
```

编译后生成的"utils.js"文件的内容如下：

```
01 class A {
02     constructor() {
03         this.x = 0;
04     }
05 }
06 class B {
07     constructor() {
08         this.x = 0;
09     }
10 }
11 export { A };
```

此例中，对类型 B 的导出语句被编译器删除了。

对于常规的 import 语句，编译器提供了"--importsNotUsedAsValues"编译选项来精确控制在编译时如何处理它们。该编译选项接受以下三个可能的值：

- ❏ "remove"（默认值）。该选项是编译器的默认行为，它自动删除只和类型相关的 import 语句。
- ❏ "preserve"。该选项会保留所有 import 语句。
- ❏ "error"。该选项会保留所有 import 语句，发现可以改写为"import type"的 import 语句时会报错。

7.6.7　动态模块导入

动态模块导入允许在一定条件下按需加载模块，而不是在模块文件的起始位置一次性导入所有依赖的模块。因此，动态模块导入可能会提升一定的性能。动态模块导入通过调用特殊的"import()"函数来实现。该函数接受一个模块路径作为参数，并返回 Promise 对象。如果能够成功加载模块，那么 Promise 对象的完成值为模块对象。动态模块导入语句不必出现在模块的顶层代码中，它可以被用在任意位置，甚至可以在非模块中使用。

例如，有如下目录结构的工程：

```
C:\app
|-- index.ts
`-- utils.ts
```

"utils.ts"文件的内容如下：

```
01  export function add(x: number, y: number) {
02      return x + y;
03  }
```

"index.ts"文件的内容如下：

```
01  setTimeout(() => {
02      import('./utils')
03          .then(utils => {
04              console.log(utils.add(1, 2));
05          })
06          .catch(error => {
07              console.log(error);
08          });
09  }, 1000);
```

在"index.ts"中使用了 setTimeout 函数实现了在延迟 1 秒之后动态地导入"utils.ts"模块，然后调用了"utils.ts"模块中导出的 add 函数。

7.6.8　--module

TypeScript 编译器提供了"--module"编译选项来设置编译生成的 JavaScript 代码使用的模块格式。在 TypeScript 程序中，推荐使用标准的 ECMAScript 模块语法来进行编码，然后通过编译器来生成其他模块格式的代码。

该编译选项的可选值如下：

❑ None（非模块代码）

❑ CommonJS

❑ AMD

❑ System

❑ UMD

❑ ES6

❑ ES2015

❑ ES2020

❑ ESNext

下面我们将配置编译器来生成符合 CommonJS 模块格式的代码。

例如，有如下目录结构的工程：

```
C:\app
|-- index.ts
`-- utils.ts
```

"utils.ts"文件的内容如下：

```
01  export function add(x: number, y: number) {
```

```
02      return x + y;
03  }
```

"index.ts" 文件的内容如下：

```
01  import { add } from './utils';
02
03  const total = add(1, 2);
```

在 "C:\app" 目录下运行 tsc 命令并指定 "--module" 编译选项来编译 "index.ts"，示例如下：

```
tsc index.ts --module CommonJS
```

关于 tsc 命令的详细介绍请参考 8.1 节。

运行 tsc 命令后，编译会分别生成 index.js 文件和 utils.js 文件，示例如下：

```
C:\app
|-- index.js
|-- index.ts
|-- utils.js
`-- utils.ts
```

编译生成的 "utils.js" 文件内容如下：

```
01  "use strict";
02  Object.defineProperty(exports, "__esModule", { value: true });
03  function add(x, y) {
04      return x + y;
05  }
06  exports.add = add;
```

编译生成的 "index.js" 文件内容如下：

```
01  "use strict";
02  Object.defineProperty(exports, "__esModule", { value: true });
03  const utils_1 = require("./utils");
04  const total = utils_1.add(1, 2);
```

此例中，编译生成的 "index.js" 文件和 "utils.js" 文件都是符合 CommonJS 模块格式的代码。代码中的 "__esModule" 属性表示该文件是由 ECMAScript 模块代码编译而来的。如果想要生成符合其他模块格式的代码，只需要传入不同的 "--module" 值即可。

7.7 外部声明

TypeScript 语言主要有两种类型的源文件：

❑ 文件扩展名为 ".ts" 或 ".tsx" 的文件。

❑ 文件扩展名为 ".d.ts" 的文件。

".ts" 或 ".tsx" 文件中包含了应用的实现代码，它也是开发者日常编写的代码。".ts"

和 ".tsx" 文件中既可以包含类型声明又可以包含可执行代码。在编译 TypeScript 程序的过程中，".ts" 和 ".tsx" 文件会生成对应的 ".js" 和 ".jsx" 文件。值得一提的是，".tsx" 文件中包含了使用 JSX 语法编写的代码。JSX 采用了类似于 XML 的语法，JSX 因知名的 React 框架而流行，因为 React 框架推荐使用 JSX 来编写应用程序。

".d.ts" 文件是类型声明文件，其中字母 "d" 表示 "declaration"，即声明的意思。".d.ts" 文件只提供类型声明，不提供任何值，如字符串和函数实现等。因此，在编译 TypeScript 程序的过程中，".d.ts" 文件不会生成对应的 ".js" 文件。

假设有如下目录结构的工程：

```
C:\app
|-- index.ts
|-- typings.d.ts
`-- tsconfig.json
```

在编译后，工程的目录结构如下：

```
C:\app
|-- index.js
|-- index.ts
|-- typings.d.ts
`-- tsconfig.json
```

我们能够看到，只有 "index.ts" 文件编译生成了对应的 "index.js" 文件，而 "typings.d.ts" 声明文件没有生成对应的 JavaScript 文件。该行为与两个文件中是否包含代码无关，就算 "index.ts" 是空文件也会生成对应的 "index.js" 文件。

我们可以将 ".d.ts" 文件称作外部声明文件或简称为声明文件。声明文件中的内容是外部声明。外部声明用于为已有代码提供静态类型信息以供 TypeScript 编译器使用。例如，知名代码库 jQuery⊖的外部声明文件提供了 jQuery API 的类型信息。TypeScript 编译器能够利用该类型信息进行代码静态类型检查以及代码自动补全等操作。

外部声明是 TypeScript 语言规范中使用的术语。我们不必纠结于如何划分外部和内部，它是一个相对概念。外部声明也可以出现在 ".ts" 文件中，我们只需明确外部声明是类型声明而不是具体实现，外部声明在编译后不会输出任何可执行代码即可。外部声明包含以下两类：

❑ 外部类型声明。
❑ 外部模块声明。

7.7.1　外部类型声明

外部类型声明通过 declare 关键字来定义，包含外部变量声明、外部函数声明、外部类

声明、外部枚举声明和外部命名空间声明。

7.7.1.1 外部变量声明

外部变量声明定义了一个变量类型，它的语法如下所示：

```
01  declare var a: boolean;
02
03  declare let b: boolean;
04
05  declare const c: boolean;
```

此例中定义了三个外部变量声明。外部变量声明不允许定义初始值，因为它只表示一种类型，而不能够表示一个值。如果外部变量声明中没有使用类型注解，那么变量的类型为 any 类型。

例如，有如下目录结构的工程：

```
C:\app
|-- index.ts
|-- typings.d.ts
`-- tsconfig.json
```

"typings.d.ts" 文件的内容如下：

```
01  declare var Infinity: number;
```

"index.ts" 文件的内容如下：

```
01  const x = 10 ** 10000;
02
03  if (x === Infinity) {
04      console.log('Infinity');
05  }
```

此例中，编译器能够从 "typings.d.ts" 文件中获取 Infinity 变量的类型。实际上，Infinity 是 JavaScript 语言内置的一个全局属性，它表示一个无穷大的数值。

7.7.1.2 外部函数声明

外部函数声明定义了一个函数类型，它的语法如下所示：

```
01  declare function f(a: string, b: boolean): void;
```

外部函数声明使用 "declare function" 关键字来定义。外部函数声明中不允许带有函数实现，只能定义函数类型。

例如，有如下目录结构的工程：

```
C:\app
|-- index.ts
|-- typings.d.ts
`-- tsconfig.json
```

"typings.d.ts" 文件的内容如下：

```
01 declare function alert(message?: any): void;
```

"index.ts"文件的内容如下：

```
01 alert('Hello, World!');
```

此例中，编译器能够从"typings.d.ts"文件中获取 alert 函数的类型。实际上，alert 函数是 JavaScript 语言内置的一个全局函数，它能够在浏览器中显示一个弹窗消息。

7.7.1.3　外部类声明

外部类声明定义了一个类类型，它的语法如下所示：

```
01 declare class C {
02     // 静态成员声明
03     public static s0(): string;
04     private static s1: string;
05
06     // 属性声明
07     public a: number;
08     private b: number;
09
10     // 构造函数声明
11     constructor(arg: number);
12
13     // 方法声明
14     m(x: number, y: number): number;
15
16     // 存取器声明
17     get c(): number;
18     set c(value: number);
19
20     // 索引签名声明
21     [index: string]: any;
22 }
```

外部类声明使用"declare class"关键字来定义。外部类声明中的成员不允许带有具体实现，只允许定义类型。例如，类的方法和构造函数不允许带有具体实现，类的属性声明不允许定义初始值等。

例如，有如下目录结构的工程：

```
C:\app
|-- index.ts
|-- typings.d.ts
`-- tsconfig.json
```

"typings.d.ts"文件的内容如下：

```
01 declare class Circle {
02     readonly radius: number;
03     constructor(radius: number);
04     area(): number;
05 }
```

"index.ts"文件的内容如下：

```
01 const circle = new Circle(10);
02 const area: number = circle.area();
```

此例中，编译器能够从"typings.d.ts"文件中获取 Circle 类的类型。注意，若想要实际运行此例中的代码，我们还需要给出 Circle 类的具体定义。"typings.d.ts"中只声明了 Circle 类的类型，而没有提供具体定义。

7.7.1.4 外部枚举声明

外部枚举声明定义了一个枚举类型。外部枚举声明与常规的枚举声明的语法是相同的，具体如下所示：

```
01 declare enum Foo {
02     A,
03     B,
04 }
05
06 declare enum Bar {
07     A = 0,
08     B = 1,
09 }
10
11 declare const enum Baz {
12     A,
13     B,
14 }
15
16 declare const enum Qux {
17     A = 0,
18     B = 1,
19 }
```

外部枚举声明与常规枚举声明主要有以下两点不同：

❑ 在外部枚举声明中，枚举成员的值必须为常量枚举表达式，例如数字字面量、字符串字面量或简单算术运算等。

❑ 在使用了"declare enum"的外部枚举中，若枚举成员省略了初始值，则会被视为计算枚举成员，因此不会被赋予一个自增长的初始值，如 0、1 和 2 等。

例如，有如下目录结构的工程：

```
C:\app
|-- index.ts
|-- typings.d.ts
`-- tsconfig.json
```

"typings.d.ts"文件的内容如下：

```
01 declare enum Direction {
02     Up,
03     Down,
04     Left,
```

```
05      Right,
06  }
```

"index.ts" 文件的内容如下：

```
01  let direction: Direction = Direction.Up;
```

此例中，编译器能够从 "typings.d.ts" 文件中获取 Direction 枚举的类型。注意，若想要实际运行此例中的代码，我们还需要给出 Direction 枚举的具体定义。"typings.d.ts" 中只声明了 Direction 枚举的类型，而没有提供具体定义。

7.7.1.5　外部命名空间声明

外部命名空间声明定义了一个命名空间类型，它的语法如下所示：

```
01  declare namespace Foo {
02      // 外部变量声明
03      var a: boolean;
04      let b: boolean;
05      const c: boolean;
06
07      // 外部函数声明
08      function foo(bar: string, baz: boolean): void;
09
10      // 外部类声明
11      class C {
12          x: number;
13          constructor(x: number);
14          y(): void;
15      }
16
17      // 接口声明
18      interface I {
19          x: number;
20          y: number;
21      }
22
23      // 外部枚举声明
24      enum E {
25          A,
26          B,
27      }
28
29      // 嵌套的外部命名空间声明
30      namespace Inner {
31          var a: boolean;
32      }
33  }
```

外部命名空间的成员默认为导出成员，不需要使用 export 关键字来明确地导出它们，但使用了 export 关键字也没有错误。示例如下：

```
01  declare namespace Foo {
02      export var a: boolean;
03  }
```

例如，有如下目录结构的工程：

```
C:\app
|-- index.ts
|-- typings.d.ts
`-- tsconfig.json
```

"typings.d.ts"文件的内容如下：

```
01 declare namespace Drawing {
02     interface Point {
03         x: number;
04         y: number;
05     }
06 }
```

"index.ts"文件的内容如下：

```
01 const point: Drawing.Point = { x: 0, y: 0 };
```

此例中，编译器能够从"typings.d.ts"文件中获取 Drawing 命名空间的类型。

7.7.2 外部模块声明

外部模块声明定义了一个模块类型。外部模块声明只能在文件的顶层定义，并且存在于全局命名空间当中。外部模块声明的语法如下所示：

```
01 declare module 'io' {
02     export function readFile(filename: string): string;
03 }
```

在该语法中，"declare module"是关键字，它后面跟着一个表示模块名的字符串，模块名中不能使用路径。

例如，有如下目录结构的工程：

```
C:\app
|-- index.ts
|-- typings.d.ts
`-- tsconfig.json
```

"typings.d.ts"文件的内容如下：

```
01 declare module 'io' {
02     export function readFile(filename: string): string;
03 }
```

"index.ts"文件的内容如下：

```
01 import { readFile } from 'io';
02
03 const content: string = readFile('hello.ts');
```

7.8　使用声明文件

TypeScript 中的 ".d.ts" 声明文件主要有以下几种来源：

❑ TypeScript 语言内置的声明文件。

❑ 安装的第三方声明文件。

❑ 自定义的声明文件。

7.8.1　语言内置的声明文件

当我们在计算机中安装了 TypeScript 语言后，同时也安装了一些语言内置的声明文件，它们位于 TypeScript 语言安装目录下的 lib 文件夹中。下面列举了部分内置的声明文件：

```
lib.d.ts
lib.dom.d.ts
lib.es2015.d.ts
lib.es2016.d.ts
lib.es2017.d.ts
lib.es2018.d.ts
lib.es2019.d.ts
lib.es2020.d.ts
lib.es5.d.ts
lib.es6.d.ts
```

TypeScript 语言内置的声明文件统一使用 "lib.[description].d.ts" 命名方式，其中，description 部分描述了该声明文件的内容。在这些声明文件中，既定义了标准的 JavaScript API，如 Array API、Math API 以及 Date API 等，也定义了特定于某种 JavaScript 运行环境的 API，如 DOM API 和 Web Workers API 等。

TypeScript 编译器在编译代码时能够自动加载内置的声明文件。因此，我们可以在代码中直接使用那些标准 API，而不需要进行特殊的配置。例如，我们可以在代码里直接使用标准的 DOM 方法，TypeScript 能够从内置的声明文件 "lib.dom.d.ts" 中获取该方法的类型信息并进行类型检查。示例如下：

```
01  const button = document.getElementById('btn');
```

7.8.2　第三方声明文件

如果我们的工程中使用了某个第三方代码库，例如 jQuery，通常我们也想要安装该代码库的声明文件。这样，TypeScript 编译器就能够对代码进行类型检查，同时代码编辑器也能够根据声明文件中的类型信息来提供代码自动补全等功能。

在尝试安装某个第三方代码库的声明文件时，可能会遇到以下三种情况，下面以 jQuery 为例：

❑ 在安装 jQuery 时，jQuery 的代码包中已经内置了它的声明文件。

❑ 在安装 jQuery 时，jQuery 的代码包中没有内置的声明文件，但是在 DefinitelyTyped

网站上能够找到 jQuery 的声明文件。

❑ 通过以上方式均找不到 jQuery 的声明文件，需要自定义 jQuery 的声明文件。

7.8.2.1 含有内置声明文件

实际上，在 jQuery 的代码包中没有包含内置的声明文件。本节我们将以 RxJS 代码库为例，在 RxJS 的代码包中内置了 TypeScript 声明文件。RxJS 是一个支持响应式编程的代码库，主要用于处理基于事件的异步数据流。在开始之前需要安装 Node.js 并对工程进行简单的初始化。关于 Node.js 环境配置的详细介绍请参考第 9 章。

假设当前工程目录结构如下：

```
C:\app
|-- index.ts
|-- package.json
`-- tsconfig.json
```

在"C:\app"目录下运行 npm 命令来安装 RxJS，示例如下：

```
npm install rxjs
```

在安装后，工程目录结构如下：

```
C:\app
|-- index.ts
|-- node_modules
|   |-- rxjs
|   |   |-- <省略了部分文件>
|   |   |-- index.d.ts
|   |   |-- index.js
|   |   |-- package.json
|   |   `-- README.md
|   `-- <省略了部分文件>
|-- package.json
`-- tsconfig.json
```

在"C:\app\node_modules\rxjs"目录中存在一个"index.d.ts"文件，它就是 RxJS 代码库内置的 TypeScript 声明文件。通常来讲，若代码库的安装目录中包含".d.ts"文件，则说明该代码库提供了内置的声明文件。

在"C:\app\index.ts"中使用 RxJS 时，编译器能够正确地进行类型检查并提供智能提示功能。示例如下：

```
01 import { Observable } from 'rxjs';
02
03 const observable = new Observable(subscriber => {
04     subscriber.next(1);
05     setTimeout(() => {
06         subscriber.next(2);
07         subscriber.complete();
08     }, 1000);
09 });
10
```

```
11  observable.subscribe({
12      next(x) {
13          console.log('got value ' + x);
14      },
15      error(err) {
16          console.error('something wrong occurred: ' + err);
17      },
18      complete() {
19          console.log('done');
20      }
21  });
```

此例第 1 行，从 rxjs 模块中导入了 Observable 对象，编译器能够自动地从 "C:\app\node_modules\rxjs\index.d.ts" 文件中读取 Observable 的类型声明。

7.8.2.2　DefinitelyTyped

DefinitelyTyped（https://definitelytyped.org/）是一个公开的集中式的 TypeScript 声明文件代码仓库，该仓库中包含了数千个代码库的声明文件。DefinitelyTyped 托管在 GitHub 网站上，由开源社区和 TypeScript 开发团队共同维护。

如果我们正在使用的第三方代码库没有内置的声明文件，那么可以尝试在 DefinitelyTyped 仓库中搜索声明文件。例如，jQuery 没有内置的声明文件，我们可以前往 DefinitelyTyped 的搜索页面[⊖]去搜索关键字 jQuery，如图 7-2 所示。

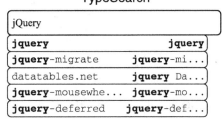

图 7-2　DefinitelyTyped jQuery

因为 DefinitelyTyped 仓库中提供了 jQuery 的声明文件，因此将跳转到 npm 上 jQuery 声明文件主页[⊖]，即 "@types/jquery" 代码包。值得一提的是，DefinitelyTyped 仓库中的所有声明文件都会发布到 npm 的 "@types" 空间下，如图 7-3 所示。

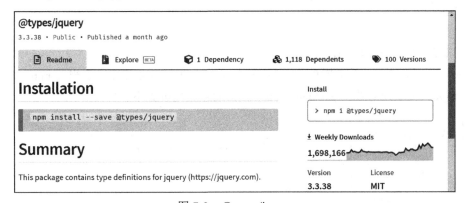

图 7-3　@types/jquery

⊖　DefinitelyTyped 搜索页面地址为 https://microsoft.github.io/TypeSearch/。

⊖　jQuery 声明文件在 npm 上的主页地址为 https://www.npmjs.com/package/@types/jquery。

接下来，让我们安装 jQuery 的声明文件，即 "@types/jquery" 代码包。在开始之前需要安装 Node.js 并对工程进行简单的初始化。关于 Node.js 环境配置的详细介绍请参考第 9 章。

假设当前工程目录结构如下：

```
C:\app
|-- index.ts
|-- package.json
`-- tsconfig.json
```

在 "C:\app" 目录下使用 npm 命令来安装 "@types/jquery" 声明文件代码包，如下所示：

```
npm install @types/jquery
```

安装后，工程目录结构如下：

```
C:\app
|-- index.ts
|-- node_modules
|    `-- @types
|        |-- jquery
|        |    |-- <省略了部分文件>
|        |    |-- index.d.ts
|        |    `-- package.json
|        `-- <省略了部分文件>
|-- package.json
|-- package-lock.json
`-- tsconfig.json
```

jQuery 的声明文件被安装到了 "C:\app\node_modules\@types\jquery" 目录下，该目录下的 "index.d.ts" 文件就是 jQuery 的声明文件。

在 "C:\app\index.ts" 中使用 jQuery API 时，编译器能够从安装的声明中获取 jQuery 的类型信息并正确地进行类型检查。示例如下：

```
01  import * as $ from 'jquery';
02
03  $('p').show();
```

7.8.2.3　typings 与 types

每个 npm 包都有一个标准的 "package.json" 文件，该文件描述了当前 npm 包的基础信息。例如，jQuery 包中 "package.json" 文件的主要内容如下：

```
01  {
02      "name": "jquery",
03      "description": "JavaScript library for DOM operations",
04      "version": "4.0.0-pre",
05      "main": "dist/jquery.js",
06      "homepage": "https://jquery.com",
07      "author": {
08          "name": "JS Foundation and other contributors",
09      },
10      "repository": {
11          "type": "git",
```

```
12          "url": "https://github.com/jquery/jquery.git"
13      },
14      "keywords": [
15          "jquery",
16          "javascript",
17          "browser",
18          "library"
19      ],
20      "bugs": {
21          "url": "https://github.com/jquery/jquery/issues"
22      },
23      "license": "MIT",
24      "dependencies": {},
25      "devDependencies": {},
26      "scripts": {}
27  }
```

该文件中比较重要的属性有表示包名的 name 属性、表示版本号的 version 属性和表示入口脚本的 main 属性等。

TypeScript 扩展了 "package.json" 文件，增加了 typings 属性和 types 属性。虽然两者的名字不同，但是作用相同，它们都用于指定当前 npm 包提供的声明文件。

假设有如下目录结构的工程：

```
C:\my-package
|-- index.js
|-- index.d.ts
`-- package.json
```

"package.json" 文件的内容如下：

```
01  {
02      "name": "my-package",
03      "version": "1.0.0",
04      "main": "index.js",
05      "typings": "index.d.ts"
06  }
```

此例中，使用 typings 属性定义了 "my-package" 包的声明文件为 "index.d.ts" 文件。当 TypeScript 编译器进行模块解析时，将会读取该属性的值并使用指定的 "index.d.ts" 文件作为声明文件。这里我们也可以将 typings 属性替换为 types 属性，两者是等效的。关于模块解析的详细介绍请参考 7.9 节。

如果一个 npm 包的声明文件为 "index.d.ts" 且位于 npm 包的根目录下，那么在 "package.json" 文件中也可以省略 typings 属性和 types 属性，因为编译器在进行模块解析时，若在 "package.json" 文件中没有找到 typings 属性和 types 属性，则将默认使用名为 "index.d.ts" 的文件作为声明文件。因此，上例中的 "package.json" 文件可以修改为如下形式：

```
01  {
02      "name": "my-package",
03      "version": "1.0.0",
04      "main": "index.js"
05  }
```

7.8.2.4 typesVersions

每个声明文件都有其兼容的 TypeScript 语言版本。例如，如果一个声明文件中使用了 TypeScript 3.0 才开始支持的 unknown 类型，那么在使用该声明文件时，需要安装 Type-Script 3.0 或以上的版本。也就是说，将该声明文件提供给其他用户使用时，需要使用者安装 TypeScript3.0 或以上的版本，这可能会给使用者带来困扰。

在 TypeScript 3.1 版本中，编译器能够根据当前安装的 TypeScript 版本来决定使用的声明文件，该功能是通过"package.json"文件中的 typesVersions 属性来实现的。

假设有如下目录结构的工程：

```
C:\my-package
|-- ts3.1
|    `-- index.d.ts
|-- ts3.7
|    `-- index.d.ts
|-- index.d.ts
`-- index.js
```

"package.json"文件的内容如下：

```
01  {
02      "name": "my-package",
03      "version": "1.0.0",
04      "main": "index.js",
05      "typings": "index.d.ts",
06      "typesVersions": {
07          ">=3.7": {
08              "*": ["ts3.7/*"]
09          },
10          ">=3.1": {
11              "*": ["ts3.1/*"]
12          }
13      }
14  }
```

此例中，我们定义了两个声明文件匹配规则：

❑ 第 7 行，当安装了 TypeScript 3.7 及以上版本时，将使用"ts3.7"目录下的声明文件。

❑ 第 10 行，当安装了 TypeScript 3.1 及以上版本时，将使用"ts3.1"目录下的声明文件。

需要注意的是，typesVersions 中的声明顺序很关键，编译器将从第一个声明（此例中为 ">=3.7"）开始尝试匹配，若匹配成功，则应用匹配到的值并退出。因此，若将此例中的两个声明调换位置，则会产生不同的结果。

此外，如果 typesVersions 中不存在匹配的版本，如当前安装的是 TypeScript 2.0 版本，那么编译器将使用 typings 属性和 types 属性中定义的声明文件。

7.8.3 自定义声明文件

如果使用的第三方代码库没有提供内置的声明文件，而且在 DefinitelyTyped 仓库中也没有对应的声明文件，那么就需要开发者自己编写一个声明文件。

在 7.7 节中介绍了如何编写声明文件，但如果我们不想编写一个详尽的声明文件，而只是想要跳过对某个第三方代码库的类型检查，则可以使用下面介绍的方法。

我们还是以 jQuery 为例，只不过不再安装 DefinitelyTyped 提供的 jQuery 声明文件，而是自定义一个 jQuery 声明文件，让编译器不对 jQuery 进行类型检查。

假设当前工程目录结构如下：

```
C:\app
|-- index.ts
|-- package.json
`-- tsconfig.json
```

接下来，我们在 "C:\app" 目录下创建一个 ".d.ts" 声明文件，例如 "jquery.d.ts"。"jquery.d.ts" 声明文件的内容如下：

```
01 declare module 'jquery';
```

此例中的代码是外部模块声明，该声明会将 jquery 模块的类型设置为 any 类型。

在 "C:\app\index.ts" 文件中，可以通过如下方式使用 jQuery 声明文件：

```
01 import * as $ from 'jquery';
02
03 $('p').show();
04 //      ~~~~
05 //      类型为: any
```

此例中，jquery 模块中所有成员的类型都成了 any 类型，这等同于不对 jQuery 进行类型检查。

7.9　模块解析

当在程序中导入了一个模块时，编译器会去查找并读取导入模块的定义，我们将该过程叫作模块解析。模块解析的过程受以下因素影响：

❑ 相对模块导入与非相对模块导入。
❑ 模块解析策略。
❑ 模块解析编译选项。

本节将先介绍如何判断相对模块导入与非相对模块导入，然后介绍 TypeScript 中的两种模块解析策略是如何解析相对模块导入和非相对模块导入的，最后还会介绍一些与模块解析相关的编译选项，这些编译选项能够配置模块解析的具体行为。

7.9.1　相对模块导入

在模块导入语句中，若模块名以下列符号开始，那么它就是相对模块导入。

- ❑ /
- ❑ ./
- ❑ ../

"/"表示系统根目录，示例如下：

```
01  import { a } from '/mod';
```

此例中，导入了系统根目录下的 mod 模块。

"./"表示当前目录，示例如下：

```
01  import { a } from './mod';
```

此例中，导入了当前目录下的 mod 模块。

"../"表示上一级目录，示例如下：

```
01  import { a } from '../mod';
```

此例中，导入了上一级目录下的 mod 模块。

在解析相对模块导入语句中的模块名时，将参照当前模块文件所在的目录位置。

例如，有如下目录结构的工程：

```
C:\
|-- app
|   |-- foo
|   |   |-- a.ts
|   |   `-- b.ts
|   `-- bar
|        `-- c.ts
`-- d.ts
```

在"a.ts"模块中，可以使用如下相对模块导入语句来导入"b.ts"模块：

```
01  import b from './b';
```

在"b.ts"模块中，可以使用如下相对模块导入语句来导入"c.ts"模块：

```
01  import c from '../bar/c';
```

在"c.ts"模块中，可以使用如下相对模块导入语句来导入系统根目录下的"d.ts"模块：

```
01  import d from '/d';
```

7.9.2 非相对模块导入

在模块导入语句中，若模块名不是以"/"、"./"和"../"符号开始，那么它就是非相对模块导入。例如，下面的两个导入语句都是非相对模块导入：

```
01  import { Observable } from 'rxjs';
02
03  import { Component } from '@angular/core';
```

7.9.3　模块解析策略

TypeScript 提供了两种模块解析策略，分别是：

❑ Classic 策略。

❑ Node 策略。

模块解析策略可以使用"--moduleResolution"编译选项来指定，示例如下：

```
tsc --moduleResolution Classic
```

关于 tsc 命令的详细介绍请参考 8.1 节。

模块解析策略也可以在"tsconfig.json"配置文件中使用 moduleResolution 属性来设置，示例如下：

```
01  {
02      "compilerOptions": {
03          "moduleResolution": "Node"
04      }
05  }
```

关于 tsconfig.json 的详细介绍请参考 8.3 节。

当没有设置模块的解析策略时，默认的模块解析策略与"--module"编译选项的值有关。"--module"编译选项用来设置编译生成的 JavaScript 代码使用的模块格式。关于"--module"编译选项的详细介绍请参考 7.6.8 节。

若"--module"编译选项的值为 CommonJS，则默认的模块解析策略为 Node。示例如下：

```
tsc --module CommonJS
```

这等同于：

```
tsc --module CommonJS --moduleResolution Node
```

若"--module"编译选项的值不为 CommonJS，则默认的模块解析策略为 Classic。示例如下：

```
tsc --module ES6
```

这等同于：

```
tsc --module ES6 --moduleResolution Classic
```

7.9.4　模块解析策略之 Classic

Classic 模块解析策略是 TypeScript 最早提供的模块解析策略，它尝试将模块名视为一个文件进行解析。

7.9.4.1　解析相对模块导入

在 Classic 模块解析策略下，相对模块导入的解析过程包含以下两个阶段：

1）将导入的模块名视为文件，并在指定目录中查找 TypeScript 文件。

2）将导入的模块名视为文件，并在指定目录中查找 JavaScript 文件。

假设有如下目录结构的工程：

```
C:\app
`-- a.ts
```

在 "a.ts" 模块文件中使用相对模块导入语句导入了模块 b。示例如下：

```
01 import * as B from './b';
```

在 Classic 模块解析策略下，模块 b 的解析过程如下：

1）查找 "C:/app/b.ts"。

2）查找 "C:/app/b.tsx"。

3）查找 "C:/app/b.d.ts"。

4）查找 "C:/app/b.js"。

5）查找 "C:/app/b.jsx"。

在查找模块文件的过程中，一旦找到匹配的文件，就会停止搜索。

7.9.4.2　解析非相对模块导入

在 Classic 模块解析策略下，非相对模块导入的解析过程包含以下三个阶段：

1）将导入的模块名视为文件，从当前目录开始向上遍历至系统根目录，并查找 Type-Script 文件。

2）将导入的模块名视为安装的声明文件，从当前目录开始向上遍历至系统根目录，并在每一级目录下的 "node_modules/@types" 文件夹中查找安装的声明文件。

3）将导入的模块名视为文件，从当前目录开始向上遍历至系统根目录，并查找 Java-Script 文件。

在 Classic 模块解析策略下，非相对模块导入的解析与相对模块导入的解析相比较有以下几点不同：

❑ 解析相对模块导入时只会查找指定的一个目录；解析非相对模块导入时会向上遍历整个目录树。

❑ 解析非相对模块导入比解析相对模块导入多了一步，即在每一层目录的 "node_modules/@types" 文件夹中查找是否安装了要导入的声明文件。

例如，有如下目录结构的工程：

```
C:\app
`-- a.ts
```

在 "a.ts" 模块文件中使用非相对模块导入语句导入了模块 b。示例如下：

```
01 import * as B from 'b';
```

下面分别介绍在 Classic 模块解析策略下，模块 b 的解析过程。

第一阶段，遍历目录树并查找 TypeScript 文件。具体步骤如下：

1）查找文件"C:/app/b.ts"。

2）查找文件"C:/app/b.tsx"。

3）查找文件"C:/app/b.d.ts"。

4）查找文件"C:/b.ts"。

5）查找文件"C:/b.tsx"。

6）查找文件"C:/b.d.ts"。

第二阶段，遍历目录树并在每一级目录下查找是否在"node_modules/@types"文件夹中安装了要导入的声明文件。具体步骤如下：

1）查找文件"C:/app/node_modules/@types/b.d.ts"。

2）如果"C:/app/node_modules/@types/b/package.json"文件存在，且包含了 typings 属性或 types 属性（假设属性值为"typings.d.ts"），那么：

①查找文件"C:/app/node_modules/@types/b/typings.d.ts"。

②查找文件"C:/app/node_modules/@types/b/typings.d.ts.ts"（注意，尝试添加".ts"文件扩展名）。

③查找文件"C:/app/node_modules/@types/b/typings.d.ts.tsx"（注意，尝试添加".tsx"文件扩展名）。

④查找文件"C:/app/node_modules/@types/b/typings.d.ts.d.ts"（注意，尝试添加".d.ts"文件扩展名）。

⑤若存在目录"C:/app/node_modules/@types/b/typings.d.ts/"，则：

　a）查找文件"C:/app/node_modules/@types/b/typings.d.ts/index.ts"。

　b）查找文件"C:/app/node_modules/@types/b/typings.d.ts/index.tsx"。

　c）查找文件"C:/app/node_modules/@types/b/typings.d.ts/index.d.ts"。

3）查找文件"C:/app/node_modules/@types/b/index.d.ts"。

4）查找文件"C:/node_modules/@types/b.d.ts"（注意，第 4～6 步与第 1～3 步的流程相同，区别是在上一级目录"C:/"中继续搜索）。

5）如果文件"C:/node_modules/@types/b/package.json"存在，且包含了 typings 属性或 types 属性（假设属性值为"./typings.d.ts"），那么：

①查找文件"C:/node_modules/@types/b/typings.d.ts"。

②查找文件"C:/node_modules/@types/b/typings.d.ts.ts"（注意，尝试添加".ts"文件扩展名）。

③查找文件"C:/node_modules/@types/b/typings.d.ts.tsx"（注意，尝试添加".tsx"文件扩展名）。

④查找文件"C:/node_modules/@types/b/typings.d.ts.d.ts"（注意，尝试添加".d.ts"文件扩展名）。

⑤若存在目录 "C:/node_modules/@types/b/typings.d.ts/"，则：

    a）查找文件 "C:/node_modules/@types/b/typings.d.ts/index.ts"。

    b）查找文件 "C:/node_modules/@types/b/typings.d.ts/index.tsx"。

    c）查找文件 "C:/node_modules/@types/b/typings.d.ts/index.d.ts"。

6）查找文件 "C:/node_modules/@types/b/index.d.ts"。

第三阶段，遍历目录树并查找 JavaScript 文件。具体步骤如下：

1）查找文件 "C:/app/b.js"。

2）查找文件 "C:/app/b.jsx"。

3）查找文件 "C:/b.js"。

4）查找文件 "C:/b.jsx"。

在查找模块文件的过程中，一旦找到匹配的文件，就会停止搜索。

7.9.5　模块解析策略之 Node

Node 模块解析策略是 TypeScript 1.6 版本中引入的，它因模仿了 Node.js 的模块解析策略⊖而得名。在实际工程中，我们可能更想要使用 Node 模块解析策略，因为它的功能更加丰富。

7.9.5.1　解析相对模块导入

在 Node 模块解析策略下，相对模块导入的解析过程包含以下几个阶段：

1）将导入的模块名视为文件，并在指定目录中查找 TypeScript 文件。

2）将导入的模块名视为目录，并在该目录中查找 "package.json" 文件，然后解析 "package.json" 文件中的 typings 属性和 types 属性。

3）将导入的模块名视为文件，并在指定目录中查找 JavaScript 文件。

4）将导入的模块名视为目录，并在该目录中查找 "package.json" 文件，然后解析 "package.json" 文件中的 main 属性。

假设有如下目录结构的工程：

```
C:\app
`-- a.ts
```

在 "a.ts" 模块文件中使用相对模块导入语句导入了模块 b。示例如下：

```
01  import * as B from './b';
```

下面分别介绍在 Node 模块解析策略下，模块 b 的解析过程。

第一阶段，将导入的模块名视为文件，并在指定目录中依次查找 TypeScript 文件。具体步骤如下：

1）查找文件 "C:/app/b.ts"。

⊖　Node.js 模块文档：https://nodejs.org/api/modules.html#modules_all_together。

2）查找文件 "C:/app/b.tsx"。

3）查找文件 "C:/app/b.d.ts"。

第二阶段，将导入的模块名视为目录，并在该目录中查找 "package.json" 文件，然后解析 "package.json" 文件中的 typings 属性和 types 属性。具体步骤如下：

1）如果 "C:/app/b/package.json" 文件存在，且包含了 typings 属性或 types 属性（假设属性值为 "typings.d.ts"），那么：

①查找文件 "C:/app/b/typings.d.ts"。

②查找文件 "C:/app/b/typings.d.ts.ts"（注意，尝试添加 ".ts" 文件扩展名）。

③查找文件 "C:/app/b/typings.d.ts.tsx"（注意，尝试添加 ".tsx" 文件扩展名）。

④查找文件 "C:/app/b/typings.d.ts.d.ts"（注意，尝试添加 ".d.ts" 文件扩展名）。

⑤如果存在目录 "C:/app/b/typings.d.ts/"，那么：

a）查找文件 "C:/app/b/typings.d.ts/index.ts"。

b）查找文件 "C:/app/b/typings.d.ts/index.tsx"。

c）查找文件 "C:/app/b/typings.d.ts/index.d.ts"。

2）查找文件 "C:/app/b/index.ts"。

3）查找文件 "C:/app/b/index.tsx"。

4）查找文件 "C:/app/b/index.d.ts"。

第三阶段，将导入的模块名视为文件，并在指定目录中依次查找 JavaScript 文件。具体步骤如下：

1）查找文件 "C:/app/b.js"。

2）查找文件 "C:/app/b.jsx"。

第四阶段，将导入的模块名视为目录，并在该目录中查找 "package.json" 文件，然后解析 "package.json" 文件中的 main 属性。具体步骤如下：

1）如果 "C:/app/b/package.json" 文件存在，且包含了 main 属性（假设属性值为 "main.js"），那么：

①查找文件 "C:/app/b/main.js"。

②查找文件 "C:/app/b/main.js.js"（注意，尝试添加 ".js" 文件扩展名）。

③查找文件 "C:/app/b/main.js.jsx"（注意，尝试添加 ".jsx" 文件扩展名）。

④查找文件 "C:/app/b/main.js"（注意，尝试删除文件扩展名后再添加 ".js" 文件扩展名）。

⑤查找文件 "C:/app/b/main.jsx"（注意，尝试删除文件扩展名后再添加 ".jsx" 文件扩展名）。

⑥如果存在目录 "C:/app/b/main.js/"，那么：

a）查找文件 "C:/app/b/main.js/index.js"。

b）查找文件 "C:/app/b/main.js/index.jsx"。

2）查找文件 "C:/app/b/index.js"。

3）查找文件 "C:/app/b/index.jsx"。

在查找模块文件的过程中，一旦找到匹配的文件，就会停止搜索。

7.9.5.2　解析非相对模块导入

在 Node 模块解析策略下，非相对模块导入的解析过程包含以下几个阶段：

1）将导入的模块名视为文件，并在当前目录下的 "node_modules" 文件夹中查找 Type-Script 文件。

2）将导入的模块名视为目录，并在当前目录下的 "node_modules" 文件夹中查找给定目录下的 "package.json" 文件，然后解析 "package.json" 文件中的 typings 属性和 types 属性。

3）将导入的模块名视为安装的声明文件，并在当前目录下的 "node_modules/@types" 文件夹中查找安装的声明文件。

4）重复第 1～3 步的查找过程，从当前目录开始向上遍历至系统根目录。

5）将导入的模块名视为文件，并在当前目录下的 "node_modules" 文件夹中查找 Java-Script 文件。

6）将导入的模块名视为目录，并在当前目录下的 "node_modules" 文件夹中查找给定目录下的 "package.json" 文件，然后解析 "package.json" 文件中的 main 属性。

7）重复第 5～6 步的查找过程，从当前目录开始向上遍历至系统根目录。

假设有如下目录结构的工程：

```
C:\app
`-- a.ts
```

在 "a.ts" 模块文件中使用非相对模块导入语句导入了模块 b。示例如下：

```
01  import * as B from 'b';
```

下面分别介绍在 Node 模块解析策略下，模块 b 的解析过程。

第一阶段，将导入的模块名视为文件，并在当前目录下的 "node_modules" 文件夹中查找 TypeScript 文件。具体步骤如下：

1）查找文件 "C:/app/node_modules/b.ts"。

2）查找文件 "C:/app/node_modules/b.tsx"。

3）查找文件 "C:/app/node_modules/b.d.ts"。

第二阶段，将导入的模块名视为目录，并在当前目录下的 "node_modules" 文件夹中查找给定目录下的 "package.json" 文件，然后解析 "package.json" 文件中的 typings 属性和 types 属性。具体步骤如下：

1）如果 "C:/app/node_modules/b/package.json" 文件存在，且包含了 typings 属性或 types 属性（假设属性值为 "typings.d.ts"），那么：

①查找文件"C:/app/node_modules/b/typings.d.ts"。

②查找文件"C:/app/node_modules/b/typings.d.ts.ts"（注意，尝试添加".ts"文件扩展名）。

③查找文件"C:/app/node_modules/b/typings.d.ts.tsx"（注意，尝试添加".tsx"文件扩展名）。

④查找文件"C:/app/node_modules/b/typings.d.ts.d.ts"（注意，尝试添加".d.ts"文件扩展名）。

⑤若存在目录"C:/app/node_modules/b/typings.d.ts/"，则：

　　a）查找文件"C:/app/node_modules/b/typings.d.ts/index.ts"。

　　b）查找文件"C:/app/node_modules/b/typings.d.ts/index.tsx"。

　　c）查找文件"C:/app/node_modules/b/typings.d.ts/index.d.ts"。

2）查找文件"C:/app/node_modules/b/index.ts"。

3）查找文件"C:/app/node_modules/b/index.tsx"。

4）查找文件"C:/app/node_modules/b/index.d.ts"。

第三阶段，将导入的模块名视为安装的声明文件，并在当前目录下的"node_modules/@types"文件夹中查找安装的声明文件。具体步骤如下：

1）查找文件"C:/app/node_modules/@types/b.d.ts"。

2）如果"C:/app/node_modules/@types/b/package.json"文件存在，且包含了 typings 属性或 types 属性（假设属性值为"typings.d.ts"），那么：

①查找文件"C:/app/node_modules/@types/b/typings.d.ts"。

②查找文件"C:/app/node_modules/@types/b/typings.d.ts.ts"（注意，尝试添加".ts"文件扩展名）。

③查找文件"C:/app/node_modules/@types/b/typings.d.ts.tsx"（注意，尝试添加".tsx"文件扩名）。

④查找文件"C:/app/node_modules/@types/b/typings.d.ts.d.ts"（注意，尝试添加".d.ts"文件扩展名）。

⑤如果存在目录"C:/app/node_modules/@types/b/typings.d.ts/"，那么：

　　a）查找文件"C:/app/node_modules/@types/b/typings.d.ts/index.ts"。

　　b）查找文件"C:/app/node_modules/@types/b/typings.d.ts/index.tsx"。

　　c）查找文件"C:/app/node_modules/@types/b/typings.d.ts/index.d.ts"。

3）查找文件"C:/app/node_modules/@types/b/index.d.ts"。

第四阶段，重复第一阶段至第三阶段的查找步骤，只不过是在上一级目录"C:/"下继续搜索。

第五阶段，将导入的模块名视为文件，并在当前目录中的"node_modules"文件夹下查找 JavaScript 文件：

1）查找文件"C:/app/node_modules/b.js"。

2）查找文件"C:/app/node_modules/b.jsx"。

第六阶段，将导入的模块名视为目录，并在当前目录下的"node_modules"文件夹中查找给定目录下的"package.json"文件，然后解析"package.json"文件中的 main 属性。具体步骤如下：

1）如果"C:/app/node_modules/b/package.json"文件存在，且包含了 main 属性（假设属性值为"main.js"），那么：

①查找文件"C:/app/node_modules/b/main.js"。

②查找文件"C:/app/node_modules/b/main.js.js"（注意，尝试添加".js"文件扩展名）。

③查找文件"C:/app/node_modules/b/main.js.jsx"（注意，尝试添加".jsx"文件扩展名）。

④查找文件"C:/app/node_modules/b/main.js"（注意，尝试删除文件扩展名后再添加".js"文件扩展名）。

⑤查找文件"C:/app/node_modules/b/main.jsx"（注意，尝试删除文件扩展名后再添加".jsx"文件扩展名）。

⑥如果存在目录"C:/app/node_modules/b/main.js/"，那么：

a）查找文件"C:/app/node_modules/b/main.js/index.js"。

b）查找文件"C:/app/node_modules/b/main.js/index.jsx"。

2）查找文件"C:/app/node_modules/b/index.js"。

3）查找文件"C:/app/node_modules/b/index.jsx"。

第七阶段，重复第五阶段至第六阶段的查找步骤，只不过是在上一级目录"C:/"下继续搜索。

在查找模块文件的过程中，一旦找到匹配的文件，就会停止搜索。

7.9.6 --baseUrl

"--baseUrl"编译选项用来设置非相对模块导入的基准路径。在解析相对模块导入时，将不受"--baseUrl"编译选项值的影响。

7.9.6.1 设置 --baseUrl

该编译选项既可以在命令行上指定，也可以在"tsconfig.json"配置文件中进行设置。

在命令行上使用"--baseUrl"编译选项，示例如下：

```
tsc --baseUrl ./
```

此例中，将"--baseUrl"编译选项的值设置为当前目录"./"，参照的是执行 tsc 命令时所在的目录。

在"tsconfig.json"配置文件中使用 baseUrl 属性来设置"--baseUrl"编译选项，示例如下：

```
01  {
02      "compilerOptions": {
03          "baseUrl": "./"
04      }
05  }
```

此例中，将 baseUrl 设置为当前目录"./"，参照的是"tsconfig.json"配置文件所在的目录。

7.9.6.2　解析 --baseUrl

当设置了"--baseUrl"编译选项时，非相对模块导入的解析过程包含以下几个阶段：

1）根据"--baseUrl"的值和导入的模块名，计算出导入模块的路径。

2）将导入的模块名视为文件，并查找 TypeScript 文件。

3）将导入的模块名视为目录，在该目录中查找"package.json"文件，然后解析"package.json"文件中的 typings 属性和 types 属性。

4）将导入的模块名视为目录，在该目录中查找"package.json"文件，然后解析"package.json"文件中的 main 属性。

5）忽略"--baseUrl"的设置并回退到使用 Classic 模块解析策略或 Node 模块解析策略来解析模块。

当设置了"--baseUrl"编译选项时，相对模块导入的解析过程不受影响，将使用设置的 Classic 模块解析策略或 Node 模块解析策略来解析模块。

假设有如下目录结构的工程：

```
C:\app
|-- bar
|   `-- b.ts
|-- foo
|   `-- a.ts
`-- tsconfig.json
```

"tsconfig.json"文件的内容如下：

```
01  {
02      "compilerOptions": {
03          "baseUrl": "./"
04      }
05  }
```

此例中，将"--baseUrl"编译选项的值设置为"tsconfig.json"配置文件所在的目录，即"C:\app"。

"a.ts"文件的内容如下：

```
01  import * as B from 'bar/b';
```

在解析非相对模块导入"'bar/b'"时，编译器会使用"--baseUrl"编译选项设置的基准路径"C:\app"计算出目标路径"C:\app\bar\b"，然后根据上文列出的具体步骤去解析该模块。因此，最终能够成功地将模块"'bar/b'"解析为"C:\app\bar\b.ts"。

7.9.7 paths

paths 编译选项用来设置模块名和模块路径的映射，用于设置非相对模块导入的规则。

7.9.7.1 设置 paths

paths 编译选项只能在"tsconfig.json"配置文件中设置，不支持在命令行上使用。由于paths 是基于"--baseUrl"进行解析的，所以必须同时设置"--baseUrl"和 paths 编译选项。

假设有如下目录结构的工程：

```
C:\app
|-- bar
|    `-- b.ts
|-- foo
|    `-- a.ts
`-- tsconfig.json
```

"tsconfig.json"文件的内容如下：

```
01 {
02     "compilerOptions": {
03         "baseUrl": "./",
04         "paths": {
05             "b": ["bar/b"]
06         }
07     }
08 }
```

此例中的 paths 设置会将对模块 b 的非相对模块导入映射到"C:\app\bar\b"路径。

"a.ts"文件的内容如下：

```
01 import * as B from 'b';
```

编译器在解析非相对模块导入 b 时，发现存在匹配的 paths 路径映射，因此会使用路径映射中的地址"C:\app\bar\b"作为模块路径去解析模块 b。

7.9.7.2 使用通配符

在设置 paths 时，还可以使用通配符"*"，它能够匹配任意路径。

假设有如下目录结构的工程：

```
C:\app
|-- bar
|    `-- b.ts
|-- foo
|    `-- a.ts
`-- tsconfig.json
```

"tsconfig.json"文件的内容如下：

```
01  {
02      "compilerOptions": {
03          "baseUrl": "./",
04          "paths": {
05              "@bar/*": ["bar/*"]
06          }
07      }
08  }
```

此例中的 paths 设置会将对模块"@bar/..."的导入映射到"C:\app\bar\..."路径下。两个星号通配符代表相同的路径。

"a.ts"文件的内容如下：

```
01  import * as B from '@bar/b';
```

编译器在解析非相对模块导入"'@bar/b'"时，发现存在匹配的 paths 路径映射，因此会使用路径映射后的地址"C:\app\bar\b"作为模块路径去解析模块 b。

7.9.7.3　使用场景

在大型工程中，程序会被拆分到不同的目录中，并且在每个目录下还会具体划分出子目录，这就可能导致出现如下模块导入语句：

```
01  import { logger } from '../../../../core/logger/logger';
```

此例中，先向上切换若干层目录找到 core 目录，然后再切换到 logger 目录。该代码的缺点是在编写时需要花费额外的精力来确定切换目录的层数并且很容易出错。就算一些代码编辑器能够帮助用户自动添加模块导入语句，该代码仍然具有较差的可读性。这种情况下使用 paths 设置能够很好地缓解这个问题。

假设有如下目录结构的工程：

```
C:\app
|-- src
|   |-- a
|   |   `-- b
|   |       `-- c
|   |           `-- c.ts
|   `-- core
|       `-- logger
|           `-- logger.ts
`-- tsconfig.json
```

如果没有配置 paths 编译选项，那么在"c.ts"中需要使用如下方式导入"logger.ts"模块：

```
01  import { logger } from "../../../core/logger/logger";
```

下面我们在"tsconfig.json"文件中配置 paths 和"--baseUrl"编译选项。示例如下：

```
01 {
02     "compilerOptions": {
03         "baseUrl": "./src",
04         "paths": {
05             "@core/*": ["core/*"]
06         }
07     }
08 }
```

然后，就可以像下面这样在"c.ts"模块文件中使用路径映射来导入"logger.ts"模块：

```
01 import { logger } from '@core/logger/logger';
```

7.9.8　rootDirs

rootDirs 编译选项能够使用不同的目录创建出一个虚拟目录，在使用时就好像这些目录被合并成了一个目录一样。在解析相对模块导入时，编译器会在 rootDirs 编译选项构建出来的虚拟目录中进行搜索。

rootDirs 编译选项需要在"tsconfig.json"配置文件中设置，它的值是由路径构成的数组。

假设有如下目录结构的工程：

```
C:\app
|-- bar
|   `-- b.ts
|-- foo
|   `-- a.ts
`-- tsconfig.json
```

"tsconfig.json"文件的内容如下：

```
01 {
02     "compilerOptions": {
03         "rootDirs": ["bar", "foo"]
04     }
05 }
```

此例中的 rootDirs 创建了一个虚拟目录，它包含了"C:\app\bar"和"C:\app\foo"目录下的内容。

"a.ts"文件的内容如下：

```
01 import * as B from './b';
```

编译器在解析相对模块导入"'./b'"时，将会同时查找"C:\app\bar"目录和"C:\app\foo"目录。

7.9.9　导入外部模块声明

在 Classic 模块解析策略和 Node 模块解析策略中，编译器都是在尝试查找一个与导入模块相匹配的文件。但如果最终未能找到这样的模块文件并且导入语句是非相对模块导入，那么编译器将继续在外部模块声明中查找导入的模块。关于外部模块声明的详细介绍请参考 7.7.2 节。

例如，有如下目录结构的工程：

```
C:\app
|-- foo
|    |---a.ts
|    `-- typings.d.ts
`-- tsconfig.json
```

"typings.d.ts"文件的内容如下：

```
01 declare module 'mod' {
02     export function add(x: number, y: number): number;
03 }
```

在"a.ts"文件中，可以使用非相对模块导入语句来导入外部模块"mod"。示例如下：

```
01 import * as Mod from 'mod';
02
03 Mod.add(1, 2);
```

注意，在"a.ts"文件中无法使用相对模块导入来导入外部模块"mod"，示例如下：

```
01 import * as M1 from './mod';
02 //                 ~~~~~~~
03 //                 错误：无法找到模块'./mod'
04
05 import * as M2 from './typings';
06 //                 ~~~~~~~~~~~
07 //                 错误：typings.d.ts不是一个模块
```

7.9.10　--traceResolution

在启用了"--traceResolution"编译选项后，编译器会打印出模块解析的具体步骤。不论是在学习 TypeScript 语言的过程中还是在调试代码的过程中，都可以通过启用该选项来了解编译器解析模块时的具体行为。随着 TypeScript 版本的更新，模块解析算法也许会有所变化，而"--traceResolution"的输出结果能够真实反映当前使用的 TypeScript 版本中的模块解析算法。

该编译选项可以在命令行上指定，也可以在"tsconfig.json"配置文件中设置。

在命令行上使用"--traceResolution"编译选项，示例如下：

```
tsc --traceResolution
```

在"tsconfig.json"配置文件中使用 traceResolution 属性来设置，示例如下：

```
01 {
02     "compilerOptions": {
03         "traceResolution": true
04     }
05 }
```

例如，有如下目录结构的工程：

```
C:\app
`-- a.ts
```

在"a.ts"文件中使用相对模块导入语句导入了模块 b。示例如下：

```
01 import * as B from './b';
```

在"C:\app"目录下执行 tsc 命令并使用"--traceResolution"编译选项来打印模块解析过程。示例如下：

```
tsc a.ts --moduleResolution classic --traceResolution
```

tsc 命令的执行结果如下：

```
01 ======== Resolving module './b' from 'C:/app/a.ts'. ========
02 Explicitly specified module resolution kind: 'Classic'.
03 File 'C:/app/b.ts' does not exist.
04 File 'C:/app/b.tsx' does not exist.
05 File 'C:/app/b.d.ts' does not exist.
06 File 'C:/app/b.js' does not exist.
07 File 'C:/app/b.jsx' does not exist.
08 ======== Module name './b' was not resolved. ========
```

该输出结果的第 1 行显示了正在解析的模块名；第 2 行显示了使用的模块解析策略为 Classic；第 3～7 行显示了模块解析的具体步骤；第 8 行显示了模块解析的结果，此例中未能成功解析模块"'./b'"。

7.10　声明合并

声明是编程语言中的基础结构，它描述了一个标识符所表示的含义。在 TypeScript 语言中，一个标识符总共可以有以下三种含义：

❑ 表示一个值。
❑ 表示一个类型。
❑ 表示一个命名空间。

下例中，我们分别定义了值、类型和命名空间。其中，常量 zero 属于值，接口 Point 属于类型，而命名空间 Utils 则属于命名空间。示例如下：

```
01 const zero = 0;
02
03 interface Point {
04     x: number;
05     y: number;
06 }
07
08 namespace Utils {}
```

对于同一个标识符而言，它可以同时具有上述多种含义。例如，有一个标识符 A，它可以同时表示一个值、一种类型和一个命名空间。示例如下：

```
01  const A = 0;
02
03  interface A {}
04
05  namespace A {}
```

在同一声明空间内使用的标识符必须唯一。TypeScript 语言中的大部分语法结构都能够创建出新的声明空间，例如函数声明和类声明都能够创建出一个新的声明空间。最典型的声明空间是全局声明空间和模块声明空间。当编译器发现同一声明空间内存在同名的声明时，会尝试将所有同名的声明合并为一个声明，即声明合并；若发现无法进行声明合并，则会产生编译错误。声明合并是 TypeScript 语言特有的行为。在进行声明合并时，编译器会按照标识符的含义进行分组合并，即值和值合并、类型和类型合并以及命名空间和命名空间合并。但是并非所有同名的声明都允许进行声明合并，例如，常量声明 a 和函数声明 a 之间不会进行声明合并。

接下来，将具体介绍 TypeScript 语言中的声明合并，包括接口声明、枚举声明、类声明、命名空间声明、扩充模块声明、扩充全局声明。

7.10.1　接口声明合并

接口声明为标识符定义了类型含义。在同一声明空间内声明的多个同名接口会合并成一个接口声明。下例中，存在两个 A 接口声明，它们属于同一声明空间。编译器会将两个 A 接口声明中的类型成员合并到一起，合并后的接口 A 等同于接口 MergedA。示例如下：

```
01  interface A {
02      a: string;
03  }
04
05  interface A {
06      b: number;
07  }
08
09  interface MergedA {
10      a: string;
11      b: number;
12  }
```

若待合并的接口中存在同名的属性签名类型成员，那么这些同名的属性签名必须是相同的类型，否则会因为合并冲突而产生编译错误。例如，在下例的两个接口 A 中，属性成员 a 的类型分别为 number 类型和 string 类型，在合并接口时会发生冲突。示例如下：

```
01  interface A {
02      a: number;
03  }
```

```
04
05 interface A {
06     a: string; // 编译错误
07 }
```

若待合并的接口中存在同名的方法签名类型成员，那么同名的方法签名类型成员会被视为函数重载，并且靠后定义的方法签名具有更高的优先级。例如，下例的两个 A 接口声明中都定义了方法签名类型成员 f。在合并后的接口 A 中，方法签名 f 具有两个重载签名并且后声明的 f 方法（第 6 行）具有更高的优先级。示例如下：

```
01 interface A {
02     f(x: any): void;
03 }
04
05 interface A {
06     f(x: string): boolean;
07 }
08
09 interface MergedA {
10     f(x: string): boolean;
11     f(x: any): void;
12 }
```

合并重载签名的基本原则是后声明的重载签名具有更高优先级。但也存在一个例外，若重载签名的参数类型中包含字面量类型，则该重载签名具有更高的优先级。例如，下例中尽管第 2 行的方法签名 f 是先声明的，但在接口合并后仍具有更高的优先级，因为它的函数签名中带有字面量类型。示例如下：

```
01 interface A {
02     f(x: 'foo'): boolean;
03 }
04
05 interface A {
06     f(x: any): void;
07 }
08
09 interface MergedA {
10     f(x: 'foo'): boolean;
11     f(x: any): void;
12 }
```

若待合并的接口中存在多个调用签名类型成员或构造签名类型成员，那么它们将被视作函数重载和构造函数重载。与合并方法签名类型成员相同，后声明的调用签名类型成员和构造签名类型成员具有更高的优先级，同时也会参考参数类型中是否包含字面量类型。示例如下：

```
01 interface A {
02     new (x: any): object;
03     (x: any): any;
04 }
05
```

```
06 interface A {
07     new (x: string): Date;
08     (x: string): string;
09 }
10
11 interface MergedA {
12     new (x: string): Date;
13     new (x: any): object;
14     (x: string): string;
15     (x: any): any;
16 }
```

当涉及重载时，接口合并的顺序变得尤为重要，因为它将影响重载的解析顺序。

若待合并的接口中存在多个字符串索引签名或数值索引签名，则将产生编译错误。在合并接口时，所有的接口中只允许存在一个字符串索引签名和一个数值索引签名。示例如下：

```
01 interface A {
02     [prop: string]: string;
03 }
04
05 interface A {
06     [prop: number]: string;
07 }
08
09 interface MergedA {
10     [prop: string]: string;
11     [prop: number]: string;
12 }
```

若待合并的接口是泛型接口，那么所有同名接口必须有完全相同的类型参数列表。若待合并的接口存在继承的接口，那么所有继承的接口会被合并为单一的父接口。在实际程序中，我们应避免复杂接口的合并行为，因为这会让代码变得难以理解。

7.10.2　枚举声明合并

多个同名的枚举声明会合并成一个枚举声明。在合并枚举声明时，只允许其中一个枚举声明的首个枚举成员省略初始值。示例如下：

```
01 enum E {
02     A,
03 }
04
05 enum E {
06     B = 1,
07 }
08
09 enum E {
10     C = 2,
11 }
12
13 let e: E;
14 e = E.A;
```

```
15  e = E.B;
16  e = E.C;
```

此例中，第 2 行的首个枚举成员省略了初始值，因此 TypeScript 会自动计算初始值。第 6 行和第 10 行，必须为首个枚举成员定义初始值，否则将产生编译错误，因为编译器无法在多个同名枚举声明之间自动地计算枚举值。

枚举声明合并的另外一点限制是，多个同名的枚举声明必须同时为 const 枚举或非 const 枚举，不允许混合使用。示例如下：

```
01  // 正确
02  enum E0 {
03      A,
04  }
05  enum E0 {
06      B = 1,
07  }
08
09  // 正确
10  const enum E1 {
11      A,
12  }
13  const enum E1 {
14      B = 1,
15  }
16
17  // 编译错误
18  enum E2 {
19      A,
20  }
21  const enum E2 {
22      B = 1,
23  }
```

7.10.3　类声明合并

TypeScript 不支持合并同名的类声明，但是外部类声明可以与接口声明进行合并，合并后的类型为类类型。示例如下：

```
01  declare class C {
02      x: string;
03  }
04
05  interface C {
06      y: number;
07  }
08
09  let c: C = new C();
10  c.x;
11  c.y;
```

7.10.4　命名空间声明合并

命名空间的声明合并会稍微复杂一些，它可以与命名空间、函数、类和枚举进行合并。

7.10.4.1　命名空间与命名空间合并

与合并接口类似，同名的命名空间也会进行合并。例如，编译器会将下例中的两个 Animals 命名空间进行合并，合并后的命名空间等同于命名空间 MergedAnimals。示例如下：

```
01  namespace Animals {
02      export class Bird {}
03  }
04
05  namespace Animals {
06      export interface CanFly {
07          canFly: boolean;
08      }
09      export class Dog {}
10  }
11
12  namespace MergedAnimals {
13      export interface CanFly {
14          canFly: boolean;
15      }
16      export class Bird {}
17      export class Dog {}
18  }
```

如果存在嵌套的命名空间，那么在合并外层命名空间时，同名的内层命名空间也会进行合并。示例如下：

```
01  namespace outer {
02      export namespace inner {
03          export var x = 10;
04      }
05  }
06  namespace outer {
07      export namespace inner {
08          export var y = 20;
09      }
10  }
11
12  namespace MergedOuter {
13      export namespace inner {
14          export var x = 10;
15          export var y = 20;
16      }
17  }
```

在合并命名空间声明时，命名空间中的非导出成员不会被合并，它们只能在各自的命名空间中使用。示例如下：

```
01  namespace NS {
02      const a = 0;
03
04      export function foo() {
05          a;      // 正确
06      }
07  }
```

```
08
09 namespace NS {
10     export function bar() {
11         foo(); // 正确
12
13         a;      // 编译错误：找不到 'a'
14     }
15 }
```

7.10.4.2　命名空间与函数合并

同名的命名空间声明与函数声明可以进行合并，但是要求函数声明必须位于命名空间声明之前，这样做能够确保先创建出一个函数对象。函数与命名空间合并就相当于给函数对象添加额外的属性。示例如下：

```
01 function f() {
02     return f.version;
03 }
04
05 namespace f {
06     export const version = '1.0';
07 }
08
09 f();            // '1.0'
10 f.version;      // '1.0'
```

7.10.4.3　命名空间与类合并

同名的命名空间声明与类声明可以进行合并，但是要求类声明必须位于命名空间声明之前，这样做能够确保先创建出一个构造函数对象。命名空间与类的合并提供了一种创建内部类的方式。示例如下：

```
01 class Outer {
02     inner: Outer.Inner = new Outer.Inner();
03 }
04
05 namespace Outer {
06     export class Inner {}
07 }
```

我们也可以利用命名空间与类的声明合并来为类添加静态属性和方法。示例如下：

```
01 class A {
02     foo: string = A.bar;
03 }
04
05 namespace A {
06     export let bar = 'A';
07     export function create() {
08         return new A();
09     }
10 }
11
12 const a: A = A.create();
```

```
13 a.foo; // 'A'
14 A.bar; // 'A'
```

7.10.4.4　命名空间与枚举合并

同名的命名空间声明与枚举声明可以进行合并。这相当于将枚举成员与命名空间的导出成员进行合并。示例如下：

```
01 enum E {
02     A,
03     B,
04     C,
05 }
06
07 namespace E {
08     export function foo() {
09         E.A;
10         E.B;
11         E.C;
12     }
13 }
14
15 E.A;
16 E.B;
17 E.C;
18 E.foo();
```

需要注意的是，枚举成员名与命名空间导出成员名不允许出现同名的情况。示例如下：

```
01 enum E {
02     A,                         // 编译错误！重复的标识符 A
03 }
04
05 namespace E {
06     export function A() {}    // 编译错误！重复的标识符 A
07 }
```

7.10.5　扩充模块声明

对于任意模块，通过模块扩充语法能够对模块内的已有声明进行扩展。例如，在"a.ts"模块中定义了一个接口 A，在"b.ts"模块中可以对"a.ts"模块中定义的接口 A 进行扩展，为其增加新的属性。

假设有如下目录结构的工程：

```
C:\app
|-- a.ts
`-- b.ts
```

"a.ts"模块文件的内容如下：

```
01 export interface A {
02     x: number;
03 }
```

"b.ts" 模块文件的内容如下：

```
01 import { A } from './a';
02
03 declare module './a' {
04     interface A {
05         y: number;
06     }
07 }
08
09 const a: A = { x: 0, y: 0 };
```

此例中，"declare module './a' {}" 是模块扩充语法。其中，"'./a'" 表示要扩充的模块名，它与第一行模块导入语句中的模块名一致。

我们使用模块扩充语法对导入模块 "'./a'" 进行了扩充。第 4 行定义的接口 A 将与 "a.ts" 模块中的接口 A 进行声明合并，合并后的结果仍为接口 A，但是接口 A 增加了一个属性成员 y。

在进行模块扩充时有以下两点需要注意：

❑ 不能在模块扩充语法中增加新的顶层声明，只能扩充现有的声明。也就是说，我们只能对 "'./a'" 模块中已经存在的接口 A 进行扩充，而不允许增加新的声明，例如新定义一个接口 B。

❑ 无法使用模块扩充语法对模块的默认导出进行扩充，只能对命名模块导出进行扩充，因为在进行模块扩充时需要依赖于导出的名字。

7.10.6 扩充全局声明

与模块扩充类似，TypeScript 还提供了全局对象扩充语法 "declare global {}"。示例如下：

```
01 export {};
02
03 declare global {
04     interface Window {
05         myAppConfig: object;
06     }
07 }
08
09 const config: object = window.myAppConfig;
```

此例中，"declare global {}" 是全局对象扩充语法，它扩展了全局的 Window 对象，增加了一个 myAppConfig 属性。第 1 行，我们使用了 "export {}" 空导出语句，这是因为全局对象扩充语句必须在模块或外部模块声明中使用，当我们添加了空导出语句后，该文件就成了一个模块。

全局对象扩充也具有和模块扩充相同的限制，不能在全局对象扩充语法中增加新的顶层声明，只能扩充现有的声明。

TypeScript 应用

Chapter 8 第 8 章

TypeScript 配置管理

本章主要内容：

❑ 安装并使用 TypeScript 编译器来编译 TypeScript 程序。

❑ 如何使用编译选项。

❑ 使用"tsconfig.json"配置文件来管理 TypeScript 工程。

❑ 如何对 JavaScript 代码进行类型检查。

❑ 如何使用三斜线指令。

通过前面几章的学习，我们已经能够使用 TypeScript 语言来编写独立的程序。一个真实的 TypeScript 项目通常由一个或多个 TypeScript 工程组成，而每一个 TypeScript 工程又可能包含成百上千的 TypeScript 源文件。因此，我们有必要了解如何组织和管理一个 TypeScript 项目。

本章将介绍如何组织和管理 TypeScript 工程。这其中包括了管理 TypeScript 工程中的文件，管理 TypeScript 工程的编译选项以及管理不同 TypeScript 工程之间的依赖关系。本章还会介绍如何编译由多个源文件构成的 TypeScript 工程。

8.1 编译器

TypeScript 编译器是一段 JavaScript 程序，能够对 TypeScript 代码和 JavaScript 代码进行静态类型检查，并且可以将 TypeScript 程序编译为可执行的 JavaScript 程序。TypeScript 编译器是自托管编译器[⊖]，它使用 TypeScript 语言进行开发。

⊖ 自托管编译器的英文为 self-hosting compiler。

TypeScript 编译器程序位于 TypeScript 语言安装目录下的 lib 文件夹中。TypeScript 编译器对外提供了一个命令行工具用来编译 TypeScript 程序，它就是 tsc 命令。

本节将详细介绍如何安装 TypeScript 编译器，以及如何使用 TypeScript 编译器来编译单个和多个 TypeScript 源文件。

8.1.1 安装编译器

安装 TypeScript 编译器最简单的方式是使用 npm 工具，即 Node.js 包管理器。如果你的计算机中没有安装 Node.js，那么需要先安装 Node.js。我们可以到 Node.js 的官方网站上下载软件安装包并安装。Node.js 的安装包中内置了 npm 工具，因此安装 Node.js 的同时会自动安装 npm 工具。关于安装 Node.js 的详细介绍请参考 9.1.3 节。

安装了 Node.js 之后，在命令行窗口中运行下列命令来全局安装 TypeScript 语言：

```
npm install -g typescript
```

如果安装成功，那么该命令会打印出如下的输出信息（实际版本号与安装的版本有关）：

```
+ typescript@3.8.3
```

在不同的操作系统中，全局安装的 TypeScript 会被安装到不同的目录下。例如，在 Windows 系统中 TypeScript 会被安装到 "%AppData%\npm" 目录下。

根据 GNU 编码规范，每个命令行程序都应该提供 "--help" 和 "--version" 两个选项。TypeScript 编译器也提供了这两个标准的命令行选项。

8.1.1.1 --help --all

在成功地安装了 TypeScript 后，我们就可以在命令行上使用 tsc 命令。按照惯例，可以使用 "--help"（简写为 "-h"）选项来显示 tsc 命令的帮助信息。示例如下：

```
tsc --help
```

运行该命令将产生类似于如下的输出结果：

```
Version 3.8.3
Syntax:   tsc [options] [file...]

Examples: tsc hello.ts
          tsc --outFile file.js file.ts
          tsc @args.txt
          tsc --build tsconfig.json

Options:
 -h, --help               Print this message.
 -w, --watch              Watch input files.
 ...
```

在默认情况下，"--help" 选项仅会显示基本的帮助信息。我们可以使用额外的 "--all" 选项来查看完整的帮助信息。示例如下：

```
tsc --help --all
```

8.1.1.2　--version

使用 "--version" 命令行选项能够查看当前安装的编译器版本号。示例如下：

```
tsc --version
```

运行该命令的输出结果如下（版本号与当前安装的 TypeScript 版本有关）：

```
Version 3.8.3
```

8.1.2　编译程序

在安装了 TypeScript 之后，就可以使用 tsc 命令来编译 TypeScript 工程了。

8.1.2.1　编译单个文件

TypeScript 编译器最基本的使用方式是编译单个文件。

假设，当前工程目录结构如下：

```
C:\app
`-- index.ts
```

"index.ts" 文件的内容如下：

```
01  function add(x: number, y: number): number {
02      return x + y;
03  }
```

在 "C:\app" 目录下运行 tsc 命令来编译 "index.ts" 文件，示例如下：

```
tsc index.ts
```

默认情况下，编译器会在 "C:\app" 目录下生成编译后的 "index.js" 文件，其内容如下：

```
01  function add(x, y) {
02      return x + y;
03  }
```

当前工程目录结构如下：

```
C:\app
|-- index.js
`-- index.ts
```

如果待编译文件的文件名中带有空白字符，如空格，那么就需要使用转义符号 "\" 或者使用单、双引号将文件名包围起来。

假设当前工程目录结构如下：

```
C:\app
`-- filename with spaces.ts
```

在 "C:\app" 目录下运行 tsc 命令来编译 "filename with spaces.ts" 文件。示例如下：

```
# 使用双引号
tsc "filename with spaces.ts"

# 使用单引号
tsc 'filename with spaces.ts'

# 使用转义符号
tsc filename\ with\ spaces.ts
```

8.1.2.2　编译多个文件

TypeScript 编译器能够同时编译多个文件。我们可以在命令行上逐一列出待编译的文件，也可以使用通配符来模糊匹配待编译的文件。

假设当前工程目录结构如下：

```
C:\app
|-- index.ts
`-- utils.ts
```

在 "C:\app" 目录下运行 tsc 命令来编译 "index.ts" 和 "utils.ts" 文件。示例如下：

```
tsc index.ts utils.ts
```

除此之外，还可以使用通配符来匹配待编译的文件，支持的通配符包括：

❑ "*" 匹配零个或多个字符，但不包含目录分隔符。

❑ "?" 匹配一个字符，但不包含目录分隔符。

❑ "**/" 匹配任意目录及其子目录。

在 "C:\app" 目录下运行 tsc 命令并使用通配符来匹配当前目录下的所有 TypeScript 文件。示例如下：

```
tsc *.ts
```

不论使用以上哪种方式来指定待编译的文件，编译器都会在 "C:\app" 目录下生成编译后的 "index.js" 文件和 "utils.js" 文件，工程目录结构如下：

```
C:\app
|-- index.js
|-- index.ts
|-- utils.js
`-- utils.ts
```

8.1.2.3　--watch 和 -w

TypeScript 编译器提供了一种特殊的编译模式，即观察模式。在观察模式下，编译器会监视文件的修改并自动重新编译文件。观察模式通过 "--watch"（简写为 "-w"）编译选项来启用。

假设当前工程目录结构如下：

```
C:\app
`-- index.ts
```

在 "C:\app" 目录下运行 tsc 命令来编译 "index.ts" 文件并启用观察模式。示例如下：

```
tsc index.ts --watch
```

运行 tsc 命令后，编译器会编译 "index.ts" 文件并进入观察模式。在命令行窗口中能够看到如下输出消息：

```
[1:00:00 PM] Starting compilation in watch mode...

[1:00:01 PM] Found 0 errors. Watching for file changes.
```

这时，如果我们修改 "index.ts" 文件并保存，编译器会自动重新编译 "index.ts" 文件。在命令行窗口中能够看到如下输出消息：

```
[1:00:10 PM] File change detected. Starting incremental compilation...

[1:00:11 PM] Found 0 errors. Watching for file changes.
```

编译器在重新编译了 "index.ts" 文件之后依然会继续监视文件的修改。

8.1.2.4　--preserveWatchOutput

在观察模式下，编译器每次编译文件之前都会清空命令行窗口中的历史输出信息。如果我们想保留每一次编译的输出信息，则可以使用 "--preserveWatchOutput" 编译选项。示例如下：

```
tsc index.ts --watch --preserveWatchOutput
```

8.2　编译选项

编译选项是传递给编译器程序的参数，使用编译选项能够改变编译器的默认行为。在编译程序时，编译选项不是必须指定的。

本节不会介绍完整的编译选项列表，而是会列举出部分常用的编译选项并介绍如何使用它们。如果读者想要了解最新的完整的编译选项列表，建议去查阅官方文档。在本节中，我们会着重介绍严格类型检查编译选项，因为这些编译选项能够帮助用户提高代码质量。

8.2.1　编译选项风格

TypeScript 编译选项的命名风格包含以下两种：

❑ 长名字风格，如 "--help"。
❑ 短名字风格，如 "-h"。

每一个编译选项都有一个长名字，但是不一定有短名字。在 TypeScript 中，不论是长名字风格的编译选项还是短名字风格的编译选项均不区分大小写，即 "--help" "--HELP" "-h" "-H" 表示相同的含义。

长名字风格的编译选项由两个连字符和一个单词词组构成。提供长名字风格的命令行选项是推荐的做法。它有助于在不同程序之间保持一致的、具有描述性的选项名，从而提高开发者的使用体验。

短名字风格的编译选项名由单个连字符和单个字母构成。TypeScript 编译器仅针对一小部分常用的编译选项提供了短名字。如果一个编译选项具有短名字形式，那么该短名字通常为其长名字的首字母，例如"--help"编译选项的短名字为"-h"。

由于提供了短名字的编译选项数量较少且十分常用，因此我们在表 8-1 中列出了所有支持短名字风格的编译选项。

表 8-1　支持短名字风格的编译选项

编译选项名称	默认值	描　述
--build -b	false	构建当前 TypeScript 工程及其依赖的工程。关于该编译选项的详细介绍请参考 8.4 节
--declaration -d	false	编译生成 TypeScript 声明文件，即".d.ts"文件。关于该编译选项的详细介绍请参考 7.7 节
--help -h	—	显示 tsc 命令的帮助信息
--module -m	—	设置编译生成的 JavaScript 代码所使用的模块格式，它的可选值为： • None • CommonJS • AMD • System • UMD • ES6 • ES2015 • ESNext 关于该编译选项的详细介绍请参考 7.6 节
--project -p	—	使用指定的"tsconfig.json"配置文件来编译 TypeScript 工程。关于该编译选项的详细介绍请参考 8.3 节
--target -t	"ES3"	设置生成的 JavaScript 代码所对应的 ECMAScript 版本，该编译选项决定了哪些 JavaScript 语法会被降级处理。它的可选值为： • ES3 • ES5 • ES6 / ES2015 • ES2016 • ES2017 • ES2018 • ES2019 • ES2020 • ESNext
--version -v	—	显示编译器的版本号
--watch -w	—	在观察模式下编译一个工程。关于该编译选项的详细介绍请参考 8.1 节

8.2.2 使用编译选项

在运行 tsc 命令时，可以在命令行上指定编译选项。有一些编译选项在使用时不必传入参数，只需要写出编译选项名即可，例如"--version"。示例如下：

```
tsc --version
```

我们也可以使用"--version"编译选项的短名字形式"-v"。示例如下：

```
tsc -v
```

实际上，每一个编译选项都能够接受一个参数值，只不过有一些编译选项具有默认值，因此也可以省略传入参数。在给编译选项传入参数时，需要将参数写在编译选项名之后，并以空格字符分隔。例如，"--emitBOM"编译选项接受 true 或 false 作为参数值。该编译选项设置了编译器在生成输出文件时是否插入 byte order mark（BOM）。示例如下：

```
tsc --emitBOM true
```

如果编译选项的参数值是布尔类型并且值为 true，那么就可以省略传入参数值。因此，上例中的命令等同于：

```
tsc --emitBOM
```

但如果编译选项的参数值不是布尔类型的 true 或 false，那么就不能省略参数值，必须在命令行上设置一个参数值。示例如下：

```
tsc --target ES5
```

如果想要同时使用多个编译选项，那么在编译选项之间使用空格分隔即可。示例如下：

```
tsc --version --locale zh-CN
```

此例中，同时使用了"--version"和"--locale"编译选项。"--locale"编译选项能够设置显示信息时使用的区域和语言，它的可选值如下：

❑ 英语：en
❑ 捷克语：cs
❑ 德语：de
❑ 西班牙语：es
❑ 法语：fr
❑ 意大利语：it
❑ 日语：ja
❑ 韩语：ko
❑ 波兰语：pl

⊖ BOM，即字节序标识，它出现在文本文件头部，在 Unicode 编码标准中用于标识文件是采用哪种格式的编码。

❑ 葡萄牙语：pt-BR

❑ 俄语：ru

❑ 土耳其语：tr

❑ 简体中文：zh-CN

8.2.3　严格类型检查

TypeScript 编译器提供了两种类型检查模式，即严格类型检查和非严格类型检查。

非严格类型检查是默认的类型检查模式，该模式下的类型检查比较宽松。在将已有的 JavaScript 代码迁移到 TypeScript 时，通常会使用这种类型检查模式，因为这样做可以让迁移工作更加顺利地进行，不至于一时产生过多的错误。

在严格类型检查模式下，编译器会进行额外的类型检查，从而能够更好地保证程序的正确性。严格类型检查功能使用一系列编译选项来开启。在开始一个新的工程时，强烈推荐启用所有严格检查编译选项。对于已有的工程，则可以逐步启用这些编译选项。因为只有如此，才能够最大限度地利用编译器的静态类型检查功能。

关于类型检查的详细介绍请参考 5.2 节。

8.2.3.1　--strict

"--strict"编译选项是所有严格类型检查编译选项的"总开关"。如果启用了"--strict"编译选项，那么就相当于同时启用了下列编译选项：

❑ --noImplicitAny

❑ --strictNullChecks

❑ --strictFunctionTypes

❑ --strictBindCallApply

❑ --strictPropertyInitialization

❑ --noImplicitThis

❑ --alwaysStrict

在实际工程中，我们可以先启用"--strict"编译选项，然后再根据需求禁用不需要的某些严格类型检查编译选项。这样做有一个优点，那就是在 TypeScript 语言发布新版本时可能会引入新的严格类型检查编译选项，如果启用了"--strict"编译选项，那么就会自动应用新引入的严格类型检查编译选项。

"--strict"编译选项既可以在命令行上使用，也可以在"tsconfig.json"配置文件中使用。

在命令行上使用该编译选项，示例如下：

```
tsc --strict
```

在"tsconfig.json"配置文件中使用该编译选项，示例如下：

```
01 {
02     "compilerOptions": {
03         "strict": true
04     }
05 }
```

上例的配置等同于如下 "tsconfig.json" 配置文件：

```
01 {
02     "compilerOptions": {
03         "noImplicitAny": true,
04         "strictNullChecks": true,
05         "strictFunctionTypes": true,
06         "strictBindCallApply": true,
07         "strictPropertyInitialization": true,
08         "noImplicitThis": true,
09         "alwaysStrict": true
10     }
11 }
```

8.2.3.2　--noImplicitAny

若一个表达式没有明确的类型注解并且编译器又无法推断出一个具体的类型时，那么它将被视为 any 类型。编译器不会对 any 类型进行类型检查，因此可能存在潜在的错误。

例如，下例中的函数参数 str 既没有类型注解也无法推断出具体类型，因此它的类型为 any 类型。不论我们使用哪种类型调用函数 f 都不会产生编译错误，但如果实际参数不是 string 类型，那么在代码运行时会产生错误。示例如下：

```
01 /**
02  * --noImplicitAny=false
03  */
04 function f(str) {
05     //     ~~~
06     //     类型为: any
07
08     console.log(str.substring(3));
09 }
10
11 f(42); // 运行时错误
```

如果启用了 "--noImplicitAny" 编译选项，那么当表达式的推断类型为 any 类型时将产生编译错误。因此，上例中的代码在启用了 "--noImplicitAny" 编译选项的情况下将产生编译错误。示例如下：

```
01 /**
02  * --noImplicitAny=true
03  */
04 function f(str) {
05     //     ~~~
06     //     编译错误! 参数 'str' 隐式地成为 'any' 类型
07
08     console.log(str.substring(3));
```

```
09  }
10
11  f(42);
```

关于该编译选项的详细介绍请参考 5.7.1 节。

8.2.3.3　--strictNullChecks

若没有启用"--strictNullChecks"编译选项，编译器在类型检查时将忽略 undefined 值和 null 值。示例如下：

```
01  /**
02   * --strictNullChecks=false
03   */
04  function f(str: string) {
05      console.log(str.substring(3));
06  }
07
08  // 以下均没有编译错误，但在运行时产生错误
09  f(undefined);
10  f(null);
```

此例中，函数 f 期望传入 string 类型的参数，并且在传入 undefined 值和 null 值时，编译器没有产生错误。因为在没有启用"--strictNullChecks"编译选项的情况下，当编译器遇到 undefined 值和 null 值时会跳过类型检查。而实际上，此例中的代码在运行时会产生错误，因为在 undefined 值或 null 值上调用方法将抛出"TypeError"异常。

如果启用了"--strictNullChecks"编译选项，那么 undefined 值只能赋值给 undefined 类型（顶端类型、void 类型除外），null 值也只能赋值给 null 类型（顶端类型除外），两者都明确地拥有了各自的类型。因此，上例中的代码在该编译选项下会产生编译错误。示例如下：

```
01  /**
02   * --strictNullChecks=true
03   */
04  function f(str: string) {
05      console.log(str.substring(3));
06  }
07
08  f(undefined);
09  //~~~~~~~~~
10  //编译错误! 'undefined' 不能赋值给 'string' 类型的参数
11
12  f(null);
13  //~~~~
14  //编译错误! 'null' 不能赋值给 'string' 类型的参数
```

关于该编译选项的详细介绍请参考 5.3.6 节。

8.2.3.4　--strictFunctionTypes

该编译选项用于配置编译器对函数类型的类型检查规则。

如果启用了"--strictFunctionTypes"编译选项，那么函数参数类型与函数类型之间是

逆变关系。

如果禁用了"--strictFunctionTypes"编译选项，那么函数参数类型与函数类型之间是相对宽松的双变关系。

不论是否启用了"--strictFunctionTypes"编译选项，函数返回值类型与函数类型之间始终是协变关系。

关于该编译选项的详细介绍请参考 7.1.5 节。

8.2.3.5　--strictBindCallApply

"Function.prototype.call""Function.prototype.bind""Function.prototype.apply"是 JavaScript 语言中函数对象上的内置方法。这三个方法都能够绑定函数调用时的 this 值。例如，下例中的 6、7、8 行将调用函数 f 时的 this 值设置成了对象"{ name: 'ts' }"：

```
01 function f(this: { name: string }, x: number, y: number) {
02     console.log(this.name);
03     console.log(x + y);
04 }
05
06 f.apply({ name: 'ts' }, [1, 2]);
07 f.call({ name: 'ts' }, 1, 2);
08 f.bind({ name: 'ts' })(1, 2);
```

如果没有启用"--strictBindCallApply"编译选项，那么编译器不会对以上三个内置方法进行类型检查。虽然函数声明 f 中定义了 this 的类型以及参数 x 和 y 的类型，但是传入任何类型的实际参数都不会产生编译错误。示例如下：

```
01 /**
02  * --strictBindCallApply=false
03  */
04 function f(this: { name: string }, x: number, y: number) {
05     console.log(this.name);
06     console.log(x + y);
07 }
08
09 // 下列语句均没有编译错误
10 f.apply({}, ['param']);
11 f.call({}, 'param');
12 f.bind({})('param');
```

如果启用了"--strictBindCallApply"编译选项，那么编译器将对以上三个内置方法的 this 类型以及参数类型进行严格的类型检查。示例如下：

```
01 /**
02  * --strictBindCallApply=true
03  */
04 function f(this: Window, str: string) {
05     return this.alert(str);
06 }
07
08 f.call(document, 'foo');
```

```
09 //        ~~~~~~~~
10 //        编译错误! 'document' 类型的值不能赋值给 'window' 类型的参数
11
12 f.call(window, false);
13 //            ~~~~~
14 //            编译错误! 'false' 类型的值不能赋值给 'string' 类型的参数
15
16 f.apply(document, ['foo']);
17 //        ~~~~~~~~
18 //        编译错误! 'document' 类型的值不能赋值给 'window' 类型的参数
19
20 f.apply(window, [false]);
21 //             ~~~~~
22 //             编译错误! 'false' 类型的值不能赋值给 'string' 类型的参数
23
24 f.bind(document);
25 //      ~~~~~~~~
26 //      编译错误! 'document' 类型的值不能赋值给 'window' 类型的参数
27
28 // 正确的用法
29 f.call(window, 'foo');
30 f.apply(window, ['foo']);
31 f.bind(window);
```

8.2.3.6　--strictPropertyInitialization

该编译选项用于配置编译器对类属性的初始化检查。

如果启用了"--strictPropertyInitialization"编译选项，那么当类的属性没有进行初始化时将产生编译错误。类的属性既可以在声明时直接初始化，例如下例中的属性 x，也可以在构造函数中初始化，例如下例中的属性 y。如果一个属性没有使用这两种方式之一进行初始化，那么会产生编译错误，例如下例中的属性 z。示例如下：

```
01 /**
02  * -- strictPropertyInitialization=true
03  */
04 class Point {
05     x: number = 0;
06
07     y: number;
08
09     z: number;  // 编译错误! 属性 'z' 没有初始值，也没有在构造函数中初始化
10
11     constructor() {
12         this.y = 0;
13     }
14 }
```

若没有启用"--strictPropertyInitialization"编译选项，那么上例中的代码不会产生编译错误。也就是说，允许未初始化的属性 z 存在。

使用该编译选项时需要注意一种特殊情况，有时候我们会在构造函数中调用其他方法来初始化类的属性，而不是在构造函数中直接进行初始化。目前，编译器无法识别出这种情况，依旧会认为类的属性没有被初始化，进而产生编译错误。我们可以使用"!"类型断

言来解决这个问题，示例如下：

```
01  /**
02   * -- strictPropertyInitialization=true
03   */
04  class Point {
05      x: number;   // 编译错误：属性 'x' 没有初始值，也没有在构造函数中初始化
06
07      y!: number; // 正确
08
09      constructor() {
10          this.initX();
11          this.initY();
12      }
13
14      private initX() {
15          this.x = 0;
16      }
17
18      private initY() {
19          this.y = 0;
20      }
21  }
```

关于该编译选项的详细介绍请参考 5.15.2 节。

8.2.3.7 --noImplicitThis

与 " --noImplicitAny" 编译选项类似，在启用了 " --noImplicitThis" 编译选项时，如果程序中的 this 值隐式地获得了 any 类型，那么将产生编译错误。示例如下：

```
01  /**
02   * -- noImplicitThis=true
03   */
04  class Rectangle {
05      width: number;
06      height: number;
07
08      constructor(width: number, height: number) {
09          this.width = width;
10          this.height = height;
11      }
12
13      getAreaFunctionWrong() {
14          return function () {
15              return this.width * this.height;
16              //       ~~~~        ~~~~
17              //       编译错误：'this' 隐式地获得了 'any' 类型
18              //       因为不存在类型注解
19          };
20      }
21
22      getAreaFunctionCorrect() {
23          return function (this: Rectangle) {
```

```
24                  return this.width * this.height;
25              };
26          }
27   }
```

关于该编译选项的详细介绍请参考 5.12.13 节。

8.2.3.8　--alwaysStrict

ECMAScript 5 引入了一个称为严格模式[⊖]的新特性。在全局 JavaScript 代码或函数代码的开始处添加 " "use strict" " 指令就能够启用 JavaScript 严格模式。在模块和类中则会始终启用 JavaScript 严格模式。注意，JavaScript 严格模式不是本节所讲的 TypeScript 严格类型检查模式。

在 JavaScript 严格模式下，JavaScript 有着更加严格的语法要求和一些新的语义。例如，implements、interface、let、package、private、protected、public、static 和 yield 都成了保留关键字；在函数的形式参数列表中，不允许出现同名的形式参数等。

若启用了 " --alwaysStrict " 编译选项，则编译器总是以 JavaScript 严格模式的要求来检查代码，并且在编译生成 JavaScript 代码时会在代码的开始位置添加 " "use strict" " 指令。示例如下：

```
01   /**
02    * --alwaysStrict=true
03    */
04   function outer() {
05       if (true) {
06           function inner() {
07               //    ~~~~~
08               //    编译错误！当编译目标为'ES3'或'ES5'时,
09               //    在严格模式下的语句块中不允许使用函数声明
10           }
11       }
12   }
```

此例中，只有在启用了 " --alwaysStrict " 编译选项时，第 6 行代码才会产生编译错误。因为在 JavaScript 严格模式下，语句块中不允许出现函数声明。

8.2.4　编译选项列表

随着 TypeScript 版本的更新，提供的编译选项列表也会有所变化。例如，一些编译选项会被废弃，也会有一些新加入的编译选项。推荐读者到 TypeScript 官方网站上的 " Compiler Options " 页面[⊖]中了解最新的编译选项列表。

⊖　JavaScript 严格模式是 ECMAScript 5 引入的新功能。详情请参考 https://developer.mozilla.org/en-US/docs/Web/JavaScript/Reference/Strict_mode。

⊖　官方网站的 Compiler Options 页面地址：https://www.typescriptlang.org/docs/handbook/compiler-options.html。

8.3　tsconfig.json

在 TypeScript 1.5 版本之前缺少一种内置的方法能够管理 TypeScript 工程的配置。在 TypeScript 1.5 版本中，提供了使用 tsconfig.json 配置文件来管理 TypeScript 工程的功能，从而弥补了这个不足。

tsconfig.json 配置文件能够管理如下种类的工程配置：

❑ 编译文件列表。

❑ 编译选项。

❑ tsconfig.json 配置文件间的继承关系（TypeScript 2.1）。

❑ 工程间的引用关系（TypeScript 3.0）。

本节中将介绍如何为 TypeScript 工程添加 tsconfig.json 配置文件，并使用该配置文件来管理工程中的编译文件列表和声明文件列表。在本节的最后将介绍 tsconfig.json 配置文件的继承，它允许我们重用配置文件，同时也遵循了 DRY（Don't repeat yourself）原则。

8.3.1　使用配置文件

"tsconfig.json"配置文件是一个 JSON⊖格式的文件。若一个目录中存在"tsconfig.json"文件，那么该目录将被编译器视作 TypeScript 工程的根目录。

假设当前工程目录结构如下：

```
C:\app
|-- src
|   `-- index.ts
`-- tsconfig.json
```

此例中，"C:\app"目录下包含了一个"tsconfig.json"文件，因此"C:\app"成了一个 TypeScript 工程，并且"C:\app"目录将被视为工程的根目录。

"tsconfig.json"文件的内容如下：

```
01 {
02     "compilerOptions": {
03         "target": "ES5"
04     }
05 }
```

在编写好"tsconfig.json"配置文件之后，有以下两种方式来使用它：

❑ 运行 tsc 命令时，让编译器自动搜索"tsconfig.json"配置文件。

❑ 运行 tsc 命令时，使用"--project"或"-p"编译选项指定使用的"tsconfig.json"配置文件。

需要注意的是，如果运行 tsc 命令时指定了输入文件，那么编译器将忽略"tsconfig.

⊖　JSON 即 JavaScript 对象表示法。JSON 文件的后缀名为 .json。更多详情请参考 https://www.json.org/json-en.html。

json"配置文件，既不会自动搜索配置文件，也不会使用指定的配置文件。示例如下：

```
tsc index.ts -p tsconfig.json
```

此例中，在运行 tsc 命令时指定了输入文件" index.ts"，因此编译器将不使用指定的
"tsconfig.json"配置文件。

8.3.1.1　自动搜索配置文件

在运行 tsc 命令时，若没有使用"--project"或" -p"编译选项，那么编译器将在 tsc 命
令的运行目录下查找是否存在文件名为" tsconfig.json"的配置文件。若存在" tsconfig.json"
配置文件，则使用该配置文件来编译工程；若不存在，则继续在父级目录下查找" tsconfig.
json"配置文件，直到搜索到系统根目录为止；如果最终也未能找到一个可用的" tsconfig.
json"配置文件，那么就会停止编译工程。

假设当前工程目录结构如下：

```
C:\app
|-- src
|    `-- index.ts
`-- tsconfig.json
```

当在" C:\app\src"目录下运行 tsc 命令时，编译器搜索" tsconfig.json"配置文件的流
程如下：

1）搜索" C:\app\src\tsconfig.json"。

2）搜索" C:\app\tsconfig.json"。

3）搜索" C:\tsconfig.json"。

4）退出 tsc 编译命令，不进行编译。

一旦编译器找到了匹配的" tsconfig.json"配置文件，就会终止查找过程并使用找到的
配置文件。此例中，在第 2 步能够找到匹配的" tsconfig.json"配置文件，于是使用该配置
文件来编译工程，并终止后续的查找。

8.3.1.2　指定配置文件

在运行 tsc 命令时，可以使用"--project"编译选项（短名字为" -p"）来指定使用的配
置文件。

"--project"编译选项的参数是一个路径，它的值可以为：

❑ 指向某个具体的配置文件。在这种情况下，配置文件的文件名不限，例如可以使用
　　名为" app.config.json"的配置文件。

❑ 指向一个包含了" tsconfig.json"配置文件的目录。在这种情况下，该目录中必须
　　包含一个名为" tsconfig.json"的配置文件。

假设当前工程目录结构如下：

```
C:\app
```

```
|-- src
|   `-- index.ts
|-- tsconfig.json
`-- tsconfig.release.json
```

在"C:\app"目录下运行 tsc 命令并使用"-p"编译选项来指定使用"tsconfig.release.json"配置文件编译该工程。示例如下：

```
tsc -p tsconfig.release.json
```

在"C:\app"目录下运行 tsc 命令并使用"-p"编译选项来指定一个包含了"tsconfig.json"配置文件的目录。示例如下：

```
tsc -p .
```

此例中，"-p"编译选项的参数值为一个点符号".", 它表示当前目录, 也就是运行 tsc 命令时所在的目录。因此, 编译器会查找并使用"C:\app\tsconfig.json"配置文件。

8.3.2　编译选项列表

在"tsconfig.json"配置文件中使用顶层的"compilerOptions"属性能够设置编译选项。对于同一个编译选项而言, 不论是在命令行上指定还是在"tsconfig.json"配置文件中指定, 它们都具有相同的效果并且使用相同的名称。示例如下：

```
01 {
02     "compilerOptions": {
03         "strict": true,
04         "target": "ES5"
05     }
06 }
```

注意, 不是所有的编译选项都能够在"tsconfig.json"配置文件中指定。例如, 前文介绍的"--help"和"--version"编译选项不支持在"tsconfig.json"配置文件中使用。

TypeScript 提供了一个"--init"编译选项, 在命令行上运行 tsc 命令并使用"--init"编译选项会初始化一个"tsconfig.json"配置文件。在生成的"tsconfig.json"配置文件中会自动添加一些常用的编译选项并将它们分类。

假设当前工程目录结构如下：

```
C:\app
`-- index.ts
```

在"C:\app"目录下运行 tsc 命令并使用"--init"编译选项。示例如下：

```
tsc --init
```

tsc 命令的运行结果是在"C:\app"目录下新生成了一个"tsconfig.json"配置文件。该文件的内容如下：

```
01 {
```

```
02      "compilerOptions": {
03          /* 基础选项 */
04          "incremental": true,
05          "target": "es5",
06          "module": "commonjs",
07          "lib": [],
08          "allowJs": true,
09          "checkJs": true,
10          "jsx": "preserve",
11          "declaration": true,
12          "declarationMap": true,
13          "sourceMap": true,
14          "outFile": "./",
15          "outDir": "./",
16          "rootDir": "./",
17          "composite": true,
18          "tsBuildInfoFile": "./",
19          "removeComments": true,
20          "noEmit": true,
21          "importHelpers": true,
22          "downlevelIteration": true,
23          "isolatedModules": true,
24
25          /* 严格类型检查选项 */
26          "strict": true,
27          "noImplicitAny": true,
28          "strictNullChecks": true,
29          "strictFunctionTypes": true,
30          "strictBindCallApply": true,
31          "strictPropertyInitialization": true,
32          "noImplicitThis": true,
33          "alwaysStrict": true,
34
35          /* 额外检查选项 */
36          "noUnusedLocals": true,
37          "noUnusedParameters": true,
38          "noImplicitReturns": true,
39          "noFallthroughCasesInSwitch": true,
40
41          /* 模块解析选项 */
42          "moduleResolution": "node",
43          "baseUrl": "./",
44          "paths": {},
45          "rootDirs": [],
46          "typeRoots": [],
47          "types": [],
48          "allowSyntheticDefaultImports": true,
49          "esModuleInterop": true,
50          "preserveSymlinks": true,
51          "allowUmdGlobalAccess": true,
52
53          /* SourceMap 选项 */
54          "sourceRoot": "",
55          "mapRoot": "",
56          "inlineSourceMap": true,
57          "inlineSources": true,
```

```
58
59          /* 实验性选项 */
60          "experimentalDecorators": true,
61          "emitDecoratorMetadata": true,
62
63          /* 高级选项 */
64          "forceConsistentCasingInFileNames": true
65      }
66  }
```

8.3.3　编译文件列表

"tsconfig.json"配置文件的另一个主要用途是配置待编译的文件列表。

8.3.3.1　--listFiles 编译选项

TypeScript 提供了一个"--listFiles"编译选项，如果启用了该编译选项，那么在编译工程时，编译器将打印出参与本次编译的文件列表。该编译选项既可以在命令行上使用，也可以在"tsconfig.json"配置文件中使用。

假设当前工程目录结构如下：

```
C:\app
`-- src
    |---a.ts
    `-- b.ts
```

在命令行上使用"--listFiles"编译选项，示例如下：

```
tsc --listFiles
```

在"tsconfig.json"配置文件中使用"--listFiles"编译选项，示例如下：

```
01 {
02     "compilerOptions": {
03         "listFiles": true,
04         "strict": true,
05         "target": "ES5"
06     }
07 }
```

在使用上例中的"tsconfig.json"配置文件编译工程时，编译器将输出编译文件列表。示例如下：

```
...\typescript\lib\lib.d.ts
...\typescript\lib\lib.es5.d.ts
...\typescript\lib\lib.dom.d.ts
...\typescript\lib\lib.webworker.importscripts.d.ts
...\typescript\lib\lib.scripthost.d.ts

C:\app\src\a.ts
C:\app\src\b.ts
```

通过以上运行结果能够看到，编译文件列表除了包含工程内的源文件外还包含了 Type-

Script 内置的一些声明文件。

8.3.3.2　默认编译文件列表

如果工程中含有一个"tsconfig.json"配置文件，那么在默认情况下"tsconfig.json"配置文件所在目录及其子目录下的所有".ts"".d.ts"".tsx"文件都会被添加到编译文件列表。

假设当前工程目录结构如下：

```
C:\app
|-- a.ts
|-- src
|   |-- b.ts
|   `-- c.ts
`-- tsconfig.json
```

"tsconfig.json"配置文件内容如下：

```
01 {
02     "compilerOptions": {
03         "listFiles": true
04     }
05 }
```

在"C:\app"目录下运行 tsc 编译命令，示例如下：

```
tsc
```

tsc 命令的运行结果如下：

```
<此处省略了内置的声明文件列表>

C:\app\a.ts
C:\app\src\b.ts
C:\app\src\c.ts
```

通过以上运行结果能够看到，"C:\app"目录与其子目录"C:\app\src"下的所有 Type-Script 源文件都参与了本次编译。

8.3.3.3　files 属性

在"tsconfig.json"配置文件中，使用顶层的"files"属性能够定义编译文件列表。"files"属性的值是由待编译文件路径所构成的数组。

假设当前工程目录结构如下：

```
C:\app
|-- a.ts
|-- src
|   |-- b.ts
|   `-- c.ts
`-- tsconfig.json
```

"tsconfig.json"配置文件内容如下：

```
01 {
02    "compilerOptions": {
03        "listFiles": true
04    },
05    "files": ["src/b.ts", "src/c.ts"]
06 }
```

在"C:\app"目录下运行 tsc 命令，示例如下：

```
tsc
```

tsc 命令的运行结果如下：

<此处省略了内置的声明文件列表>

```
C:\app\src\b.ts
C:\app\src\c.ts
```

通过以上运行结果能够看到，只有"files"属性中指定的"C:\app\src\b.ts"和"C:\app\src\c.ts"文件参与了本次编译，而"C:\app\a.ts"文件则没有参与编译。

在使用"files"属性设置编译文件列表时必须逐一地列出每一个文件，该属性不支持进行模糊的文件匹配。因此，"files"属性适用于待编译文件数量较少的情况。当待编译文件数量较多时，使用"include"和"exclude"属性是更好的选择。

8.3.3.4 include 属性

在"tsconfig.json"配置文件中，使用顶层的"include"属性能够定义编译文件列表。"include"属性的功能包含了"files"属性的功能，它既支持逐一地列出每一个待编译的文件，也支持使用通配符来模糊匹配待编译的文件。

"include"属性支持使用三种通配符来匹配文件，具体请参考 8.1.2 节。

假设当前工程目录结构如下：

```
C:\app
|-- bar
|   `-- c.ts
|-- foo
|   |-- a.spec.ts
|   |-- a.ts
|   |-- b.spec.ts
|   `-- b.ts
`-- tsconfig.json
```

如果 tsconfig.json 配置文件的内容如下：

```
01 {
02    "include": ["foo/*.spec.ts"]
03 }
```

那么只有"C:\app\foo\a.spec.ts"和"C:\app\foo\b.spec.ts"文件会被添加到编译文件列表。

如果"tsconfig.json"配置文件的内容如下：

```
01 {
02     "include": ["foo/?.ts"]
03 }
```

那么只有"C:\app\foo\a.ts"和"C:\app\foo\b.ts"文件会被添加到编译文件列表。

如果"tsconfig.json"配置文件的内容如下：

```
01 {
02     "include": ["bar/**/*.ts"]
03 }
```

那么只有"C:\app\bar\c.ts"文件会被添加到编译文件列表。

8.3.3.5　exclude 属性

在"tsconfig.json"配置文件中，"exclude"属性需要与"include"属性一起使用，它的作用是从"include"属性匹配到的文件列表中去除指定的文件。"exclude"属性也支持和"include"属性相同的通配符。

假设当前工程目录结构如下：

```
C:\app
|-- bar
|   `-- c.ts
|-- foo
|   |-- a.spec.ts
|   |-- a.ts
|   |-- b.spec.ts
|   `-- b.ts
`-- tsconfig.json
```

"tsconfig.json"配置文件的内容如下：

```
01 {
02     "compilerOptions": {
03         "listFiles": true
04     },
05     "include": ["**/*"],
06     "exclude": ["**/*.spec.ts"]
07 }
```

在"C:\app"目录下运行 tsc 命令，示例如下：

```
tsc
```

tsc 命令的运行结果如下：

```
<此处省略了内置的声明文件列表>

C:\app\bar\c.ts
C:\app\foo\a.ts
C:\app\foo\b.ts
```

此例中，"include"属性将"C:\app"目录下所有的".ts"文件添加到编译文件列表，然后"exclude"属性则将所有的".spec.ts"文件从编译文件列表中移除。

8.3.4 声明文件列表

在 TypeScript 工程中"node_modules/@types"目录是一个特殊的目录，TypeScript 将其视为第三方声明文件的根目录，因为在安装 DefinitelyTyped 提供的声明文件时，它会被安装到"node_modules/@types"目录下。在默认情况下，编译器会将安装在"node_modules/@types"目录下的所有声明文件添加到编译文件列表。该默认行为可以使用"--typeRoots"和"--types"编译选项设置。

8.3.4.1 --typeRoots 编译选项

"--typeRoots"编译选项用来设置声明文件的根目录。当配置了"--typeRoots"编译选项时，只有该选项指定的目录下的声明文件会被添加到编译文件列表，而"node_modules/@types"目录下的声明文件将不再被默认添加到编译文件列表。

假设当前工程目录结构如下：

```
C:\app
|-- node_modules
|   `-- @types
|       `-- jquery
|       |   |-- ...
|       |   |-- index.d.ts
|       |   `-- package.json
|       `-- ...
|-- typings
|   `-- utils
|       `-- index.d.ts
|-- index.ts
|-- package.json
|-- package-lock.json
`-- tsconfig.json
```

"tsconfig.json"配置文件的内容如下：

```
01  {
02      "compilerOptions": {
03          "listFiles": true,
04          "typeRoots": ["./typings"]
05      }
06  }
```

注意，"typeRoots"属性中的路径是相对于当前"tsconfig.json"配置文件的路径来进行解析的。

在"C:\app"目录下运行 tsc 命令，示例如下：

```
tsc
```

tsc 命令的运行结果如下：

```
<此处省略了内置的声明文件列表>

C:\app\index.ts
C:\app\typings\utils\index.d.ts
```

通过该运行结果能够看到，只有"typeRoots"属性定义的"C:\app\typings"目录下的声明文件被添加到了编译文件列表，而"C:\app\node_modules\@types"目录下的声明文件则没有被添加到编译文件列表。

如果想要同时使用"C:\app\typings"和"C:\app\node_modules\@types"目录下的声明文件，则需要将两者同时添加到"typeRoots"属性中。示例如下：

```
01  {
02      "compilerOptions": {
03          "listFiles": true,
04          "typeRoots": [
05              "./node_modules/@types",
06              "./typings"
07          ]
08      }
09  }
```

在"C:\app"目录下运行 tsc 命令的运行结果如下：

```
<此处省略了内置的声明文件列表>

C:\app\index.ts
C:\app\typings\utils\index.d.ts
C:\app\node_modules\@types\jquery\index.d.ts
```

8.3.4.2　--types 编译选项

"--types"编译选项也能够用来指定使用的声明文件。"--typeRoots"编译选项配置的是含有声明文件的目录，而"--types"编译选项则配置的是具体的声明文件。

假设当前工程目录结构如下：

```
C:\app
|-- node_modules
|   `-- @types
|       |-- jquery
|       |   |-- index.d.ts
|       |   `-- package.json
|       `-- lodash
|           |-- index.d.ts
|           `-- package.json
|-- index.ts
|-- package.json
|-- package-lock.json
`-- tsconfig.json
```

"tsconfig.json"配置文件的内容如下：

```
01  {
```

```
02     "compilerOptions": {
03         "listFiles": true,
04         "types": ["jquery"]
05     }
06 }
```

在 "C:\app" 目录下运行 tsc 命令，示例如下：

```
tsc --listFiles
```

tsc 命令的运行结果如下：

<此处省略了内置的声明文件列表>

```
C:\app\index.ts
C:\app\node_modules\@types\jquery\index.d.ts
```

通过以上运行结果能够看到，只有 "types" 属性中定义的 jQuery 声明文件被添加到了编译文件列表，而 "C:\app\node_modules\@types\lodash\index.d.ts" 声明文件则没有被添加到编译文件列表。

8.3.5　继承配置文件

一个 "tsconfig.json" 配置文件可以继承另一个 "tsconfig.json" 配置文件中的配置。当一个项目中包含了多个 TypeScript 工程时，我们可以将工程共同的配置提取到 "tsconfig.base.json" 配置文件中，其他的 "tsconfig.json" 配置文件继承 "tsconfig.base.json" 配置文件中的配置。这种方式避免了重复配置同一属性并且能够增强可维护性，当需要修改某一共通属性时，仅需要修改一处即可。

在 "tsconfig.json" 配置文件中，使用顶层的 "extends" 属性来设置要继承的 "tsconfig.json" 配置文件。在 "extends" 属性中指定的路径既可以是相对路径，也可以是绝对路径，但路径解析规则有所不同。

8.3.5.1　--showConfig 编译选项

在介绍配置文件的继承之前，先介绍一下 "--showConfig" 编译选项。在使用该编译选项后，编译器将显示出编译工程时使用的所有配置信息。当我们在调试工程配置的时候，该编译选项是非常有帮助的。

但需要注意的是，若启用了 "--showConfig" 编译选项，那么编译器将不会真正编译一个工程，而只是显示工程的配置。

假设当前工程目录结构如下：

```
C:\app
|-- src
|   `-- index.ts
`-- tsconfig.json
```

"tsconfig.json" 配置文件的内容如下：

```
01 {
02     "compilerOptions": {
03
04         "target": "ES6"
05     }
06 }
```

在"C:\app"目录下运行 tsc 命令，示例如下：

```
tsc --showConfig
```

tsc 命令的运行结果如下：

```
{
    "compilerOptions": {
        "target": "es6"
    },
    "files": [
        "./src/index.ts"
    ]
}
```

该结果显示了在编译工程时最终使用的配置信息，它不但包含了"tsconfig.json"配置文件中的配置信息，还包含了待编译的文件列表。

注意，"--showConfig"编译选项只能在命令行上使用，在"tsconfig.json"配置文件中不能使用该编译选项。

8.3.5.2　使用相对路径

若"extends"属性中指定的路径是以"./"或"../"作为起始的，那么编译器在解析相对路径时将参照当前"tsconfig.json"配置文件所在的目录。

假设当前工程目录结构如下：

```
C:\app
|-- src
|   `-- index.ts
|-- tsconfig.app.json
|-- tsconfig.base.json
`-- tsconfig.spec.json
```

在"tsconfig.base.json"配置文件中包含了共同的配置，而"tsconfig.app.json"配置文件和"tsconfig.spec.json"配置文件继承了"tsconfig.base.json"配置文件中的配置。

"tsconfig.base.json"文件的内容如下：

```
01 {
02     "compilerOptions": {
03         "target": "ES6"
04     }
05 }
```

"tsconfig.app.json"文件的内容如下：

```
01 {
02     "extends": "./tsconfig.base.json",
03     "compilerOptions": {
04         "strict": true
05     },
06     "files": ["./src/index.ts"]
07 }
```

"tsconfig.spec.json" 文件的内容如下：

```
01 {
02     "extends": "./tsconfig.base.json",
03     "compilerOptions": {
04         "strict": false
05     },
06     "files": ["./src/index.spec.ts"]
07 }
```

在 "C:\app" 目录下运行 tsc 命令，并使用 "tsconfig.app.json" 配置文件来编译该工程。示例如下：

```
tsc --showConfig -p tsconfig.app.json
```

tsc 命令的运行结果如下：

```
01 {
02     "compilerOptions": {
03         "target": "es6",
04         "strict": true
05     },
06     "files": [
07         "./src/index.ts"
08     ]
09 }
```

在 "C:\app" 目录下运行 tsc 命令，并使用 "tsconfig.spec.json" 配置文件来编译该工程。示例如下：

```
tsc --showConfig -p tsconfig.spec.json
```

tsc 命令的运行结果如下：

```
01 {
02     "compilerOptions": {
03         "target": "es6",
04         "strict": false
05     },
06     "files": [
07         "./src/index.spec.ts"
08     ]
09 }
```

通过以上运行结果能够看到，"tsconfig.app.json" 配置文件和 "tsconfig.spec.json" 配置文件都继承了 "tsconfig.base.json" 配置文件中的 "target" 编译选项。

8.3.5.3　使用非相对路径

若"extends"属性指定的路径不是以"./"或"../"作为起始的,那么编译器将在"node_modules"目录下查找指定的配置文件。

编译器首先在"tsconfig.json"配置文件所在目录的"node_modules"子目录下查找,若该目录下包含了指定的配置文件,则使用该配置文件;否则,继续在父级目录下的"node_modules"子目录下查找,直到搜索到系统根目录为止。若最终未能找到指定的配置文件,则产生编译错误。

假设有如下目录结构的工程:

```
C:\app
|-- node_modules
|    `-- tsconfig
|        `-- tsconfig.standard.json
|-- index.ts
`-- tsconfig.json
```

"tsconfig.json"配置文件的内容如下:

```
01 {
02     "extends": "tsconfig/tsconfig.standard.json"
03 }
```

此例中,编译器查找"tsconfig/tsconfig.standard.json"文件的步骤如下:

1)查找"C:\app\node_modules\tsconfig\tsconfig.standard.json"文件。

2)查找"C:\node_modules\tsconfig\tsconfig.standard.json"文件。

3)报错,文件未找到。

当编译器找到了匹配的配置文件时就会终止查找过程。此例中,在第 1 步找到了匹配的"tsconfig.standard.json"配置文件,于是使用该配置文件来编译工程并终止后续的查找。

8.4　工程引用

随着工程规模的扩大,一个工程中的代码量可能会达到数十万行的级别。当 TypeScript 编译器对数十万行代码进行类型检查时可能会遇到性能问题。"分而治之"是解决该问题的一种策略,我们可以将一个较大的工程拆分为独立的子工程,然后将多个子工程关联在一起。

工程引用是 TypeScript 3.0 引入的新功能。它允许一个 TypeScript 工程引用一个或多个其他的 TypeScript 工程。借助于工程引用,我们可以将一个原本较大的 TypeScript 工程拆分成多个 TypeScript 工程,并设置它们之间的依赖关系。每个 TypeScript 工程都可以进行独立的配置与类型检查。当我们修改其中一个工程的代码时,会按需对其他工程进行类型检查,因此能够显著地提高类型检查的效率。同时,使用工程引用还能够更好地组织代码结构,从逻辑上将软件拆分为可以重用的组件,将实现细节封装在组件内部,并通过定义好的接口与外界交互。

本节将通过一个具体示例来介绍如何使用"tsconfig.json"配置文件来配置不同 Type-Script 工程之间的引用。在本节的最后会介绍一种"solution 模式",它能够帮助我们很好地管理包含多个 TypeScript 工程的项目。

8.4.1 使用工程引用

若一个目录中包含"tsconfig.json"配置文件,那么该目录将被视为 TypeScript 工程的根目录。在使用工程引用时,需要在"tsconfig.json"配置文件中进行以下配置:

❏ 使用"references"属性配置当前工程所引用的其他工程。

❏ 被引用的工程必须启用"composite"编译选项。

8.4.1.1 references

"tsconfig.json"配置文件有一个顶层属性"references"。它的值是对象数组,用于设置引用的工程。示例如下:

```
01 {
02     "references": [
03         { "path": "../pkg1" },
04         { "path": "../pkg2/tsconfig.release.json" },
05     ]
06 }
```

其中,"path"的值既可以是指向含有"tsconfig.json"配置文件的目录,也可以直接指向某一个配置文件,此时配置文件名可以不为"tsconfig.json"。此例中的工程引用了两个工程。

8.4.1.2 --composite

"--composite"编译选项的值是一个布尔值。通过启用该选项,TypeScript 编译器能够快速地定位依赖工程的输出文件位置。如果一个工程被其他工程所引用,那么必须将该工程的"--composite"编译选项设置为 true。

当启用了该编译选项时,它会影响以下的配置:

❏ 如果没有设置"--rootDir"编译选项,那么它将会被设置为包含"tsconfig.json"配置文件的目录。

❏ 如果设置了"include"或"files"属性,那么所有的源文件必须被包含在内,否则将产生编译错误。

❏ 必须启用"--declaration"编译选项。

8.4.1.3 --declarationMap

"--declarationMap"是推荐启用的编译选项。如果启用了该选项,那么在生成".d.ts"声明文件时会同时生成对应的"Source Map"文件。这样在代码编辑器中使用"跳转到定义"的功能时,编辑器会自动跳转到代码实现的位置,而不是跳转到声明文件中类型声明的位置。示例如下：

```
01 {
02     "compilerOptions": {
03         "declaration": true,
04         "declarationMap": true
05     }
06 }
```

8.4.2　工程引用示例

该示例项目由 "C:\app\src" 和 "C:\app\test" 两个工程组成，其目录结构如下：

```
C:\app
|-- src
|   |-- index.ts
|   `-- tsconfig.json
`-- test
    |-- index.spec.ts
    `-- tsconfig.json
```

"index.ts" 文件的内容如下：

```
01 export function add(x: number, y: number) {
02     return x + y;
03 }
```

"index.spec.ts" 文件的内容如下：

```
01 import { add } from '../src/index';
02
03 if (add(1, 2) === 3) {
04     console.log('pass');
05 } else {
06     console.log('failed');
07 }
```

8.4.2.1　配置 references

在该项目中，"C:\app\test" 工程依赖于 "C:\app\src" 工程中的模块。因此，"C:\app\test" 工程依赖于 "C:\app\src" 工程。

在 "C:\app\test" 工程的 "tsconfig.json" 配置文件中设置对 "C:\app\src" 工程的依赖。"C:\app\test\tsconfig.json" 配置文件的内容如下：

```
01 {
02     "references": [
03         {
04             "path": "../src"
05         }
06     ]
07 }
```

此例中，通过 "references" 属性设置了对 "C:\app\src" 工程的引用。

8.4.2.2　配置 composite

在该项目中，"C:\app\src" 工程被 "C:\app\test" 工程所依赖。因此，必须在 "C:\app\src" 工程的 tsconfig.json 配置文件中将 "--composite" 编译选项设置为 true。

"C:\app\src\tsconfig.json" 配置文件的内容如下：

```
01 {
02     "compilerOptions": {
03         "composite": true,
04         "declarationMap": true
05     }
06 }
```

至此，所有必须的工程引用配置已经设置完毕。

8.4.3　--build

TypeScript 提供了一种新的构建模式来配合工程引用的使用，它就是 "--build" 模式（简写为 "-b"）。在该模式下，编译器能够进行增量构建。具体的使用方式如下所示：

```
tsc --build
```

当使用该命令构建 TypeScript 工程时，编译器会执行如下操作：

❑ 查找当前工程所引用的工程。

❑ 检查当前工程和引用的工程是否有更新。

❑ 若工程有更新，则根据依赖顺序重新构建它们；若没有更新，则不进行重新构建。

下面还是以上一节中的示例项目为例，目录结构如下：

```
C:\app
|-- src
|   |-- index.ts
|   `-- tsconfig.json
`-- test
    |-- index.spec.ts
    `-- tsconfig.json
```

在 "C:\app" 目录下使用 "--build" 模式首次构建 "C:\app\test" 工程。示例如下：

```
tsc --build test --verbose
```

tsc 命令的运行结果如下：

```
[6:00:00 PM] Projects in this build:
                * src/tsconfig.json
                * test/tsconfig.json

[6:00:00 PM] Project 'src/tsconfig.json' is out of date because
            output file 'src/index.js' does not exist

[6:00:00 PM] Building project 'src/tsconfig.json'...
```

```
[6:00:00 PM] Project 'test/tsconfig.json' is out of date because
             output file 'test/index.spec.js' does not exist

[6:00:00 PM] Building project 'test/tsconfig.json'...
```

通过以上运行结果能够看到，当构建"C:\app\test"工程时，编译器先确定参与本次构建的所有工程，然后根据引用顺序对待编译的工程进行排序。此例中的顺序为先编译"C:\app\src"工程，后编译"C:\app\test"工程。接下来开始尝试编译"C:\app\src"工程。由于之前没有编译过该工程，它不处于最新状态，因此编译器会编译"C:\app\src"工程。同理，在编译完"C:\app\src"工程后会接着编译"C:\app\test"工程。

假设自上一次编译完"C:\app\test"工程之后，没有对"C:\app\src"工程和"C:\app\test"工程做任何修改。当再一次使用"--build"模式构建"C:\app\test"工程时，运行结果如下：

```
[6:00:01 PM] Projects in this build:
                 * src/tsconfig.json
                 * test/tsconfig.json

[6:00:01 PM] Project 'src/tsconfig.json' is up to date because
             newest input 'src/index.ts' is older than oldest
             output 'src/index.js'

[6:00:01 PM] Project 'test/tsconfig.json' is up to date because
             newest input 'test/index.spec.ts' is older than
             oldest output 'test/index.spec.js'
```

通过以上运行结果能够看到，编译器能够检测出"C:\app\src"工程和"C:\app\test"工程没有发生变化，因此也就没有重新编译这两个工程。

"C:\app\src"工程和"C:\app\test"工程编译后的目录结构如下：

```
C:\app
|-- src
|    |-- index.d.ts
|    |-- index.js
|    |-- index.ts
|    |-- tsconfig.tsbuildinfo
|    `-- tsconfig.json
`-- test
     |-- index.spec.ts
     |-- index.spec.js
     `-- tsconfig.json
```

在"C:\app\src"工程和"C:\app\test"工程中都编译生成了对应的".js"文件。

在"C:\app\src"工程中，由于启用了"--composite"编译选项，它会自动启用"--declaration"编译选项，因此编译后生成了 index.d.ts 声明文件。

在"C:\app\src"工程中还生成了"tsconfig.tsbuildinfo"文件，它保存了该工程本次构建的详细信息，编译器正是通过查看该文件来判断当前工程是否需要重新编译。

TypeScript 还提供了以下一些仅适用于"--build"模式的编译选项：

❑ --verbose，打印构建的详细日志信息，可以与以下编译选项一起使用。

❑ --dry，打印将执行的操作，而不进行真正的构建。

❑ --clean，删除工程中编译输出的文件，可以与"--dry"一起使用。

❑ --force，强制重新编译工程，而不管工程是否有更新。

❑ --watch，观察模式，执行编译命令后不退出，等待工程有更新后自动地再次编译工程。

8.4.4　solution 模式

当一个项目由多个工程组成时，我们可以新创建一个"solution"工程来管理这些工程。"solution"工程本身不包含任何实际代码，它只是引用了项目中所有的工程并将它们关联在一起。在构建项目时，只需要构建"solution"工程就能够构建整个项目。

接下来，我们将之前的"C:\app\src"工程和"C:\app\test"工程重构为"solution"模式。修改后的目录结构如下：

```
C:\app
|-- src
|   |-- index.ts
|   `-- tsconfig.json
|-- test
|   |-- index.spec.ts
|   `-- tsconfig.json
`-- tsconfig.json
```

我们在"C:\app"目录下新建了一个"tsconfig.json"配置文件，目的是让"C:\app"成为一个"solution"工程。"tsconfig.json"配置文件的内容如下：

```
01 {
02     "files": [],
03     "include": [],
04     "references": [
05         { "path": "src" },
06         { "path": "test" }
07     ]
08 }
```

在该配置文件中同时将"C:\app\src"工程和"C:\app\test"工程设置为引用工程。此外，必须将"files"和"include"属性设置为空数组，否则编译器将会重复编译"C:\app\src"工程和"C:\app\test"工程。

在"C:\app"目录下使用"--build"模式来编译该工程，如下所示：

```
tsc --build --verbose
```

tsc 命令的运行结果如下：

```
[6:00:10 PM] Projects in this build:
               * src/tsconfig.json
               * test/tsconfig.json
               * tsconfig.json

[6:00:10 PM] Project 'src/tsconfig.json' is out of date because
```

```
                    output file 'src/index.js' does not exist

[6:00:10 PM] Building project 'src/tsconfig.json'...

[6:00:10 PM] Project 'test/tsconfig.json' is out of date because
                    output file 'test/index.spec.js' does not exist

[6:00:10 PM] Building project 'test/tsconfig.json'...
```

通过以上运行结果能够看到，编译器能够正确地编译"C:\app\src"工程和"C:\app\test"工程。

8.5　JavaScript 类型检查

由于 TypeScript 语言是 JavaScript 语言的超集，因此 JavaScript 程序是合法的 TypeScript 程序。TypeScript 编译器能够像处理 TypeScript 程序一样去处理 JavaScript 程序，例如对 JavaScript 程序执行类型检查和编译 JavaScript 程序。

本节将介绍如何配置 TypeScript 编译器，使其能够对 JavaScript 程序执行类型检查以及编译 JavaScript 程序。此外，我们还会介绍 TypeScript 编译器是如何从 JavaScript 文档工具 JSDoc 中提供类型信息的。

8.5.1　编译 JavaScript

在一个工程中可能既存在 TypeScript 代码也存在 JavaScript 代码。例如，一个 TypeScript 工程依赖于某个 JavaScript 代码库，又或者一个工程正在从 JavaScript 向 TypeScript 进行迁移。如果 TypeScript 工程中的 JavaScript 程序也是工程的一部分，那么就需要使用"--allowJs"编译选项来配置 TypeScript 编译器。

在默认情况下，编译器只会将".ts"和".tsx"文件添加到编译文件列表，而不会将".js"和".jsx"文件添加到编译文件列表。如果想要让编译器去编译 JavaScript 文件，那么就需要启用"--allowJs"编译选项。在启用了"--allowJs"编译选项后，工程中的".js"和".jsx"文件也会被添加到编译文件列表。

假设当前工程目录结构如下：

```
C:\app
`-- src
    `-- index.js
```

在"C:\app"目录下，运行 tsc 命令来编译"index.js"文件，示例如下：

```
tsc src/index.js
```

运行上述命令时会出现如下错误，因为在默认情况下，编译器不支持编译 JavaScript 文件：

```
error TS6054: 不支持'src/foo.js'文件的扩展名。
                支持的扩展名为'.ts', '.tsx', '.d.ts'。
```

在"C:\app"目录下，运行 tsc 命令来编译"index.js"文件，并启用"--allowJs"编译选项。示例如下：

```
tsc src/index.js --allowJs --outDir dist
```

在启用了"--allowJs"编译选项后，编译器能够像编译 TypeScript 文件一样去编译 JavaScript 文件。此例中，我们还必须指定一个除"C:\app\src"之外的目录作为输出文件目录，否则编译器将报错。因为如果在"C:\app\src"目录下生成编译后的"index.js"文件，那么它将会覆盖源"index.js"文件，这是不允许的。

8.5.2　JavaScript 类型检查

在默认情况下，TypeScript 编译器不会对 JavaScript 文件进行类型检查。就算启用了"--allowJs"编译选项，编译器依然不会对 JavaScript 代码进行类型检查。

8.5.2.1　--checkJs

TypeScript 2.3 提供了一个"--checkJs"编译选项。当启用了该编译选项时，编译器能够对".js"和".jsx"文件进行类型检查。"--checkJs"编译选项必须与"--allowJs"编译选项一起使用。

假设当前工程目录结构如下：

```
C:\app
`-- src
    `-- index.js
```

"index.js"文件的内容如下：

```
01  const element = document.getElementById(123);
02  //                                       ~~~
03  //                                       参数类型错误，应该为 string 类型
```

在此例的 JavaScript 代码中存在一个类型错误，那就是"getElementById"方法的参数类型应该为字符串类型，而实际参数的类型为数字类型。

在"C:\app"目录下，运行 tsc 命令来编译"index.js"文件。若不启用"--checkJs"编译选项，则不会产生编译错误，示例如下：

```
tsc src/index.js --allowJs --outDir dist
```

在"C:\app"目录下，运行 tsc 命令来编译"index.js"文件。若启用了"--checkJs"编译选项和"--allowJs"编译选项，则会产生编译错误，示例如下：

```
tsc src/index.js --allowJs --checkJs --outDir dist
```

编译器能够检查出"getElementById"方法的参数类型错误，如下所示：

```
src/index.js:1:41 - error TS2345: Argument of type '123' is not assignable to
    parameter of type 'string'.
```

8.5.2.2　// @ts-nocheck

"// @ts-nocheck"是一个注释指令,如果为 JavaScript 文件添加该注释,那么相当于告诉编译器不对该 JavaScript 文件进行类型检查。此外,该指令也可以在 TypeScript 文件中使用。

假设当前工程目录结构如下:

```
C:\app
`-- src
    `-- index.js
```

"index.js"文件的内容如下:

```
01 // @ts-nocheck
02
03 const element = document.getElementById(123);
04 //                                      ~~~
05 //                                      参数类型错误,应该为 string 类型
```

在"C:\app"目录下,运行 tsc 命令来编译"index.js"文件,并启用"--checkJs"编译选项和"--allowJs"编译选项。示例如下:

```
tsc src/index.js --allowJs --checkJs --outDir dist
```

此例中,虽然"index.js"存在类型错误,但是编译器不会报错。因为我们使用"// @ts-nocheck"注释指令禁用了对"index.js"文件的类型检查。

8.5.2.3　// @ts-check

如果一个 JavaScript 文件中添加了"// @ts-check"注释指令,那么编译器将对该 JavaScript 文件进行类型检查,不论是否启用了"--checkJs"编译选项。

假设当前工程目录结构如下:

```
C:\app
`-- src
    `-- index.js
```

"index.js"文件的内容如下:

```
01 // @ts-check
02
03 const element = document.getElementById(123);
04 //                                      ~~~
05 //                                      参数类型错误,应该为 string 类型
```

在"C:\app"目录下,运行 tsc 命令来编译"index.js"文件,但不启用"--checkJs"编译选项。示例如下:

```
tsc src/index.js --allowJs --outDir dist
```

此例中，虽然没有启用"--checkJs"编译选项，但是编译器仍然会对"index.js"文件进行类型检查并显示如下的错误提示：

```
src/index.js:3:41 - error TS2345: Argument of type '123' is not assignable to
    parameter of type 'string'.
```

8.5.2.4 // @ts-ignore

"// @ts-ignore"注释指令的作用是忽略对某一行代码进行类型检查。当在代码中使用"// @ts-ignore"注释指令时，编译器不会对与该指令相邻的后面一行代码进行类型检查。此外，该指令也可以在 TypeScript 文件中使用。

假设当前工程目录结构如下：

```
C:\app
`-- src
    `-- index.js
```

"index.js"文件的内容如下：

```
01 // @ts-ignore
02 const element1 = document.getElementById(123);
03 //                                       ~~~
04 //                                       参数类型错误，应该为 string 类型
05
06 const element2 = document.getElementById(456);
07 //                                       ~~~
08 //                                       参数类型错误，应该为 string 类型
```

在"C:\app"目录下，运行 tsc 命令来编译"index.js"文件，并启用"--checkJs"编译选项和"--allowJs"编译选项，示例如下：

```
tsc src/index.js --allowJs --checkJs --outDir dist
```

运行 tsc 命令的输出结果如下：

```
src/index.js:6:42 - error TS2345: Argument of type '456' is not assignable to
    parameter of type 'string'.
```

此例中，编译器会对"index.js"文件进行类型检查。因为我们在第 1 行添加了"// @ts-ignore"注释指令，所以编译器不会对第 2 行进行类型检查。但第 6 行代码不受影响，编译器将对其进行类型检查。最后的输出结果也显示了，编译器只检查出第 6 行中的类型错误。

8.5.3 JSDoc 与类型

JSDoc[⊖]是一款知名的为 JavaScript 代码添加文档注释的工具。JSDoc 利用了 JavaScript 语言中的多行注释语法并结合使用特殊的"JSDoc 标签"来为代码添加丰富的描述信息。

在使用 JSDoc 时，有以下两个基本要求：

⊖ JSDoc：https://jsdoc.app/about-getting-started.html。

❑ 代码注释必须以 "/**" 开始，其中星号（*）的数量必须为两个。若使用了 "/*" "/***" 或其他形式的多行注释，则 JSDoc 会忽略该条注释。

❑ 代码注释与它描述的代码处于相邻的位置，并且注释在上，代码在下。

下例中，使用 JSDoc 描述了 "sayHello" 函数能够接受一个 string 类型的参数。其中，"@param" 是一个 JSDoc 标签，如下所示：

```
01 /**
02  * @param {string} somebody
03  */
04 function sayHello(somebody) {
05     alert('Hello ' + somebody);
06 }
```

TypeScript 编译器既能够自动推断出大部分 JavaScript 代码的类型信息，也能够从 JSDoc 中提取类型信息。接下来，我们将介绍 TypeScript 编译器支持的部分 JSDoc 标签。

8.5.3.1　@typedef

"@typedef" 标签能够创建自定义类型。通过 "@typedef" 标签创建的自定义类型等同于 TypeScript 中的类型别名。示例如下：

```
01 /**
02  * @typedef {(number | string)} NumberLike
03  */
```

此例中，创建了一个名为 NumberLike 的类型，它是由 number 类型和 string 类型构成的联合类型。该类型等同于如下类型别名定义：

```
01 type NumberLike = string | number;
```

8.5.3.2　@type

"@type" 标签能够定义变量的类型。示例如下：

```
01 /**
02  * @type {string}
03  */
04 let a;
```

此例中，定义了变量 a 的类型为 string。

在 "@type" 标签中可以使用由 "@typedef" 标签创建的类型。示例如下：

```
01 /**
02  * @typedef {(number | string)} NumberLike
03  */
04
05 /**
06  * @type {NumberLike}
07  */
08 let a = 0;
```

在 "@type" 标签中允许使用 TypeScript 中的类型及其语法。示例如下：

```
01 /**@type {true | false} */
02 let a;
03
04 /** @type {number[]} */
05 let b;
06
07 /** @type {Array<number>} */
08 let c;
09
10 /** @type {{ readonly x: number, y?: string }} */
11 let d;
12
13 /** @type {(s: string, b: boolean) => number} */
14 let e;
```

8.5.3.3　@param

"@param"标签用于定义函数参数类型。示例如下：

```
01 /**
02  * @param {string}  x - A string param.
03  */
04 function foo(x) {}
```

若函数参数是可选参数，则需要将参数名置于一对中括号"[]"中。示例如下：

```
01 /**
02  * @param {string}  [x] - An optional param.
03  */
04 function foo(x) {}
```

在定义可选参数时，还可以为它指定一个默认值。示例如下：

```
01 /**
02  * @param {string} [x="bar"] - An optional param
03  */
04 function foo(x) {}
```

此例中，声明了参数 x 的默认值为字符串 bar。

8.5.3.4　@return 和 @returns

"@return"和"@returns"标签的作用相同，两者都用于定义函数返回值类型。它的用法如下所示：

```
01 /**
02  * @return {boolean}
03  */
04 function foo() {
05     return true;
06 }
07
08 /**
09  * @returns {number}
10  */
11 function bar() {
```

```
12      return 0;
13 }
```

8.5.3.5　@extends 和修饰符

"@extends"标签用于定义继承的基类。"@public""@protected""@private"标签分别用于定义类的公有成员、受保护成员和私有成员。"@readonly"标签用于定义只读成员。示例如下：

```
01 class Base {
02      /**
03       * @public
04       * @readonly
05       */
06      x = 0;
07
08      /**
09       *  @protected
10       */
11      y = 0;
12 }
13
14 /**
15  * @extends {Base}
16  */
17 class Derived extends Base {
18      /**
19       * @private
20       */
21      z = 0;
22 }
```

8.6　三斜线指令

三斜线指令是一系列指令的统称，它是从 TypeScript 早期版本就开始支持的编译指令。目前，已经不推荐继续使用三斜线指令，因为可以使用模块来取代它的大部分功能。

正如其名，三斜线指令是以三条斜线开始，并包含一个 XML 标签。从 JavaScript 语法的角度上来看，三斜线指令相当于一条单行注释。若一个文件中使用了三斜线指令，那么在三斜线指令之前只允许使用单行注释、多行注释和其他三斜线指令。若某个三斜线指令出现在可执行语句之后，那么该三斜线指令将不生效。示例如下：

```
01 let count;
02
03 /// <reference path="lib.ts" />
04
05 count = add(1, 2);
```

此例第 3 行是一个三斜线指令，而第 1 行是一条变量声明语句，因此第 3 行的三斜线指令将不生效。下面将其修改为正确的使用方式，示例如下：

```
01 /// <reference path="lib.ts" />
02
03 let count = add(1, 2);
```

经过修改后，在第 1 行的三斜线指令之前没有可执行语句和声明，因此该三斜线指令会生效。

8.6.1　/// <reference path="" />

该指令用于声明 TypeScript 源文件之间的依赖关系。在编译一个文件时，编译器会同时将该文件中使用"/// <reference path="" />"三斜线指令引用的文件添加到编译文件列表。

在"/// <reference path="" />"三斜线指令中，"path"属性定义了依赖文件的路径。若指定的路径是一个相对路径，则相对于的是当前文件的路径。

假设当前工程目录结构如下：

```
C:\app
|-- index.ts
`-- lib.ts
```

其中，"index.ts"文件依赖于"lib.ts"文件。

"lib.ts"文件内容如下：

```
01 function add(x: number, y: number): number {
02     return x + y;
03 }
```

"index.ts"文件内容如下：

```
01 /// <reference path="lib.ts" />
02
03 let count = add(1, 2);
```

在"C:\app"目录下运行 tsc 命令来编译"index.ts"文件。示例如下：

```
tsc index.ts
```

由于"index.ts"文件依赖于"lib.ts"文件，所以在编译"index.ts"文件时，编译器不但会将"index.ts"文件添加到编译文件列表，还会将"lib.ts"文件添加到编译文件列表。

此时，"C:\app"目录的结构如下：

```
C:\app
|-- index.js
|-- index.ts
|-- lib.js
`-- lib.ts
```

8.6.1.1　--outFile 编译选项

使用"--outFile"编译选项能够将编译生成的".js"文件合并为一个文件。但需要注意的是，该编译选项不支持合并使用了 CommonJS 模块和 ES6 模块模式的代码，只有将

"--module"编译选项设置为 None、System 或 AMD 时才有效。

在合并生成代码的过程中，"/// <reference path="" />"三斜线指令可以作为排序文件的一种手段。

假设当前工程目录结构如下：

```
C:\app
|-- index.ts
|-- lib1.ts
`-- lib2.ts
```

"lib1.ts"文件的内容如下：

```
01 const a = 'lib1';
```

"lib2.ts"文件的内容如下：

```
01 const b = 'lib2';
```

"index.ts"文件的内容如下：

```
01 /// <reference path="lib2.ts" />
02 /// <reference path="lib1.ts" />
03
04 const index = 'index';
```

在"C:\app"目录下运行 tsc 命令来编译"index.ts"文件，并将编译后的文件合并为"main.js"。示例如下：

```
tsc index.ts --outFile main.js
```

合并后的"main.js"文件内容如下：

```
01 var b = 'lib2';
02 var a = 'lib1';
03 /// <reference path="lib2.ts" />
04 /// <reference path="lib1.ts" />
05 var index = 'index';
```

在"index.ts"文件中，我们先声明了对"lib2.ts"文件的依赖，后声明了对"lib1.ts"文件的依赖。在合并后的文件中，"lib2.ts"文件内容将出现在"lib1.ts"文件内容之上，在最后的是"index.ts"文件的内容。

8.6.1.2　--noResolve 编译选项

在默认情况下，编译器会检查三斜线指令中引用的文件是否存在，并将它们添加到编译文件列表。若启用了"--noResolve"编译选项，则编译器将忽略所有的三斜线指令。此时，三斜线指令中引用的文件既不会被添加到编译文件列表，也不会影响"--outFile"的结果。

假设当前工程目录结构如下：

```
C:\app
```

```
|-- index.ts
|-- lib1.ts
`-- lib2.ts
```

"lib1.ts" 文件的内容如下:

```
01 const a = 'lib1';
```

"lib2.ts" 文件的内容如下:

```
01 const b = 'lib2';
```

"index.ts" 文件的内容如下:

```
01 /// <reference path="lib2.ts" />
02 /// <reference path="lib1.ts" />
03
04 const index = 'index';
```

在"C:\app"目录下运行 tsc 命令来编译"index.ts"文件,同时将编译后的文件合并为"main.js",并启用"--noResolve"编译选项。示例如下:

```
tsc index.ts --outFile main.js --noResolve
```

合并后的"main.js"文件内容如下:

```
01 /// <reference path="lib2.ts" />
02 /// <reference path="lib1.ts" />
03 var index = 'index';
```

通过以上运行结果能够看到,三斜线指令中引用的"lib1.ts"和"lib2.ts"文件在编译过程中被忽略了。

8.6.1.3 注意事项

在使用"/// <reference path="" />"三斜线指令时,有以下两个注意事项:

❏ "path"属性必须指向一个存在的文件,若文件不存在则会报错。

❏ "path"属性不允许指向当前文件。

例如,如下的"index.ts"文件中两处对三斜线指令的使用均有错误:

```
01 /// <reference path="unknown.ts" />
02 //                   ~~~~~~~~~~
03 //                   编译错误: 文件未找到
04
05 /// <reference path="index.ts" />
06 //                   ~~~~~~~~~~
07 //                   编译错误: 文件不能引用自身
```

8.6.2　/// <reference types="" />

该三斜线指令用来定义对某个 DefinitelyTyped 声明文件的依赖,或者说是对安装在"node_modules/@types"目录下的某个声明文件的依赖。在"/// <reference types="" />"

三斜线指令中，"types" 属性的值是声明文件安装包的名称，也就是安装到 "node_modules/@types" 目录下的文件夹的名字。

例如，我们使用如下命令安装了 DefinitelyTyped 提供的 jQuery 声明文件：

```
npm install @types/jquery
```

在安装后，工程目录结构如下：

```
C:\lib
|-- index.d.ts
`-- node_modules
    `-- @types
        `-- jquery
            |-- index.d.ts
            `-- package.json
```

jQuery 声明文件被安装在了 "C:\lib\node_modules\@types\jquery" 目录下。因此，"jquery" 这个名字就是可以在 "/// <reference types="" />" 三斜线指令中使用的名字。

"C:\lib\index.d.ts" 文件的内容如下：

```
01  /// <reference types="jquery" />
02
03  declare var settings: JQuery.AjaxSettings;
```

注意，我们应该只在声明文件（.d.ts）中使用 "/// <reference types="" />" 三斜线指令，而不应该在 ".ts" 文件中使用该指令。在 .ts 文件中，我们应该使用 "--types" 编译选项和 "--typeRoots" 编译选项来设置引用的声明文件。

8.6.3　/// <reference lib="" />

该三斜线指令用于定义对语言内置的某个声明文件的依赖。在前文介绍过，当我们在计算机中安装 TypeScript 语言时，也会同时安装一些内置的声明文件。这些声明文件位于 TypeScript 安装目录下的 lib 文件夹中，它们描述了 JavaScript 语言的标准 API。内置的声明文件列表如下：

```
lib.d.ts                           lib.es2018.full.d.ts
lib.dom.d.ts                       lib.es2018.intl.d.ts
lib.dom.iterable.d.ts              lib.es2018.promise.d.ts
lib.es2015.collection.d.ts         lib.es2018.regexp.d.ts
lib.es2015.core.d.ts               lib.es2019.array.d.ts
lib.es2015.d.ts                    lib.es2019.d.ts
lib.es2015.generator.d.ts          lib.es2019.full.d.ts
lib.es2015.iterable.d.ts           lib.es2019.object.d.ts
lib.es2015.promise.d.ts            lib.es2019.string.d.ts
lib.es2015.proxy.d.ts              lib.es2019.symbol.d.ts
lib.es2015.reflect.d.ts            lib.es2020.d.ts
lib.es2015.symbol.d.ts             lib.es2020.full.d.ts
lib.es2015.symbol.wellknown.d.ts   lib.es2020.string.d.ts
lib.es2016.array.include.d.ts      lib.es2020.symbol.wellknown.d.ts
```

```
lib.es2016.d.ts                      lib.es5.d.ts
lib.es2016.full.d.ts                 lib.es6.d.ts
lib.es2017.d.ts                      lib.esnext.array.d.ts
lib.es2017.full.d.ts                 lib.esnext.asynciterable.d.ts
lib.es2017.intl.d.ts                 lib.esnext.bigint.d.ts
lib.es2017.object.d.ts               lib.esnext.d.ts
lib.es2017.sharedmemory.d.ts         lib.esnext.full.d.ts
lib.es2017.string.d.ts               lib.esnext.intl.d.ts
lib.es2017.typedarrays.d.ts          lib.esnext.symbol.d.ts
lib.es2018.asyncgenerator.d.ts       lib.scripthost.d.ts
lib.es2018.asynciterable.d.ts        lib.webworker.d.ts
lib.es2018.d.ts                      lib.webworker.importscripts.d.ts
```

该列表并不是固定的，它会随着 TypeScript 版本的升级而更新。

在 "/// <reference lib="" />" 三斜线指令中，"lib" 属性的值是内置声明文件的名称。内置声明文件统一使用 "lib.[description].d.ts" 命名方式，而 "/// <reference lib="" />" 指令中 "lib" 属性的值就是文件名中的 "description" 这部分。

例如，对于内置的 "lib.es2015.symbol.wellknown.d.ts" 声明文件，应使用如下方式进行引用：

```
01  /// <reference lib="es2015.symbol.wellknown" />
```

8.6.3.1 --target 编译选项

"--target" 编译选项能够设置程序的目标运行环境，可选择的值为：

❑ ES3（默认值）

❑ ES5

❑ ES6 / ES2015

❑ ES2016

❑ ES2017

❑ ES2018

❑ ES2019

❑ ES2020

❑ ESNext

如果我们将 "--target" 编译选项设置为 "ES5"，那么编译器会自动将适用于 "ES5" 的内置声明文件添加到编译文件列表。示例如下：

```
lib.d.ts
lib.es5.d.ts
lib.dom.d.ts
lib.webworker.importscripts.d.ts
lib.scripthost.d.ts
```

另外，"--target" 编译选项还决定了对哪些语法进行降级处理。例如，在 "ES5" 环境中不支持箭头函数语法，因此当将 "--target" 设置为 "ES5" 时，编译后代码中的箭头函数将被替换为 "ES5" 环境中支持的函数表达式。

假设"index.ts"文件的内容如下：

```
01 const double = [0, 1, 2].map(val => val * 2);
```

将"--target"设置为"ES5"，然后编译"index.ts"文件的结果如下：

```
01 var double = [0, 1, 2].map(function (val) {
02     return val * 2;
03 });
```

此例中，箭头函数被降级成了常规的函数表达式。

将"--target"设置为"ES6"，编译"index.ts"文件的结果如下：

```
01 const double = [0, 1, 2].map(val => val * 2);
```

此例中，箭头函数没有被降级，因为在"ES6"环境中支持箭头函数这个功能。

8.6.3.2　--lib 编译选项

"--lib"编译选项与"/// <reference lib="" />"三斜线指令有着相同的作用，都是用来引用语言内置的某个声明文件。

如果将"--target"设置为"ES6"，但是我们想使用 ES2017 环境中才开始支持的"padStart()"函数。那么，我们就需要引用内置的"lib.es2017.string.d.ts"声明文件，否则编译器将产生编译错误。

在"tsconfig.json"配置文件中使用"--lib"编译选项，示例如下：

```
01 {
02     "compilerOptions": {
03         "target": "ES6",
04         "lib": ["ES6", "ES2017.String"]
05     }
06 }
```

注意，我们不但要传入"ES2017.String"，还要传入"ES6"，否则编译器将仅包含"ES2017.String"这一个内置声明文件，这通常不是我们期望的结果。

使用"/// <reference lib="" />"三斜线指令，示例如下：

```
01 /// <reference lib="ES2017.String" />
```

不论使用以上哪种方式，我们都可以在代码中使用"padStart()"函数，因为编译器能够获取到该函数的类型信息。示例如下：

```
01 'foo'.padStart(10, '-');
```

需要注意的是，在将"lib.es2017.string.d.ts"内置声明文件添加到编译文件列表后，虽然编译器允许使用"padStart()"方法，但是实际的 JavaScript 运行环境可能不支持该方法。因为该方法是在 ES2017 标准中定义的，而 JavaScript 运行环境可能仍处于一个较旧的版本，因此不支持这个新方法。这样就会导致程序可以成功地编译，但是在运行时出错，因为找不到"padStart()"方法的定义。

　　在实际项目中，我们通过引入"polyfill"脚本来解决这个常见问题。"polyfill"已经成为了 Web 开发领域中的一个术语，在很多地方它被叫作"腻子脚本"，个人感觉叫作"填充脚本"可能容易理解。"polyfill"脚本是一段 JavaScript 代码，它使用普遍支持的 Java-Script 语法和 API 来实现新版本 JavaScript 中才支持的 API（在新版本 ECMAScript 规范中定义的 API）。因此，它相当于用自定义代码来填充 JavaScript 运行环境中缺失的 API，从而为 JavaScript 运行环境打上了"补丁"。

　　目前，已经有一些非常知名的"polyfill"开源项目。"core-js"[⊖]就是其中之一，像是流行的 Angular 框架就依赖于该代码库来提供对低版本运行环境的支持。此外，还有一些知名的构建工具也能够帮助自动检测和添加"polyfill"脚本，例如后文要介绍的 Babel。

⊖　core-js 源码地址：https://github.com/zloirock/core-js。

第 9 章 *Chapter 9*

TypeScript 项目实践

本章主要内容：
- ❑ 如何结合使用 TypeScript 和代码转译工具 Babel。
- ❑ 如何结合使用 TypeScript 和代码打包工具 webpack。
- ❑ 如何结合使用 TypeScript 和静态程序分析工具 ESLint。
- ❑ 如何在集成开发环境 Visual Studio Code 中开发 TypeScript 程序。

JavaScript 语言在过去的几年中一直是最流行的编程语言之一，围绕着 JavaScript 语言已经形成了一套比较完善的生态系统。例如，有应用开发框架 Angular 和 React、代码包管理工具 npm 以及各种项目构建工具等。TypeScript 语言也逐渐融入了这个生态系统并成为其中的一员。TypeScript 能够与其他工具一起配合工作提升开发者的效率。

根据笔者的个人经验，在绝大多数的 JavaScript 项目中都会使用代码转译工具、代码打包工具以及代码分析检查工具。本章中将介绍如何将这些常用的工具与 TypeScript 进行集成。在本章的最后还将演示如何使用 Visual Studio Code 集成开发环境来辅助 TypeScript 程序的开发。

9.1 TypeScript 与 Babel

很多现有的 JavaScript 项目已经在使用 Babel 作为代码转译工具，而 TypeScript 也具有代码转译的功能。在将现有的 JavaScript 项目迁移到 TypeScript 时，开发者既可以选择继续使用 Babel 作为代码转译工具，也可以选择使用 TypeScript 来转译代码。

在本节中，将简要介绍 Babel 与 TypeScript 的代码转译功能，并通过一个示例来演示如何在 TypeScript 工程中使用 Babel 来转译代码。

9.1.1 Babel

Babel 是诞生于 2014 年的开源项目，它是一个比较流行的 JavaScript 程序转译器。Babel 能够对输入的 JavaScript 代码进行解析，并在保证功能不变的情况下重新生成 JavaScript 代码。

Babel 的原名是 "6to5"。最初，它是用来将符合 ES6 标准的代码转译为符合 ES5 标准的代码。这样一来使用最新语言特性编写的程序也能够在低版本的运行环境中运行。

但自从 2015 年发布了 ES6 标准以来，每一年都会有新版本的 ECMAScript 标准发布并以年份命名。例如，ES6 也叫作 ES2015，还有之后的 ES2016、ES2017 等。于是，Babel 的功能也不仅限于转译 ES6 代码，它还能够转译其他 ECMAScript 版本的代码。与此同时，Babel 的架构也进行了演进，变得更加模块化并且提供了插件系统，开发者可以自定义代码转译的行为。基于以上种种原因，"6to5" 已经不再是一个恰当的名字，最终被更名为 Babel。

现如今，Babel 的主要用途是将 ES6 及以上版本的 JavaScript 代码转译为兼容某一运行环境的 JavaScript 代码。例如，它既可以将 ES6 代码转译为 ES5 代码，也可以将 ES7 代码转译为兼容某一浏览器的代码，如 Microsoft Internet Explorer 浏览器。从 Babel 7 版本开始，Babel 内置了对 TypeScript 语言的支持，因此也能够将 TypeScript 代码转译为兼容某一运行环境的 JavaScript 代码。

例如，有如下的 TypeScript 代码：

```
01 [1, 2, 3].map((n: number) => n + 1);
```

这段代码使用了箭头函数，能够在支持 ES6 的运行环境中运行，但在 ES5 及以下版本的运行环境中则无法运行。在这种情况下，我们可以使用 Babel 将上述代码转译为符合 ES5 规范的 JavaScript 代码。Babel 能够将箭头函数转译为 ES5 规范中定义的函数表达式，从而这段程序能够在仅支持 ES5 的环境中运行。示例如下：

```
01 [1, 2, 3].map(function(n) {
02   return n + 1;
03 });
```

9.1.2 TypeScript 编译器

TypeScript 编译器具有以下两个主要功能：
- ❏ 能够对 TypeScript 和 JavaScript 代码进行静态类型检查。
- ❏ 能够将 TypeScript 和 JavaScript 代码转译为 JavaScript 代码。

由此可以看出，TypeScript 编译器与 Babel 的相同之处在于两者都能够将 TypeScript 和 JavaScript 代码转译为 JavaScript 代码，而两者的不同之处在于 TypeScript 编译器还能够对 TypeScript 和 JavaScript 代码进行静态类型检查。

9.1.2.1 转译 TypeScript

将 TypeScript 代码转译为 JavaScript 代码是 TypeScript 编译器的主要功能之一。例如，

index.ts 文件使用了 ES6 规范中定义的箭头函数语法，如下所示：

```
01 [1, 2, 3].map((n: number) => n + 1);
```

通过运行以下 tsc 编译命令能够将上述 TypeScript 代码编译为符合 ES5 规范的 Java-Script 代码，示例如下：

```
tsc index.ts --target ES5
```

编译生成的 JavaScript 代码如下：

```
01 [1, 2, 3].map(function(n) {
02     return n + 1;
03 });
```

TypeScript 编译器还会对 TypeScript 代码进行类型检查，例如检查 map 方法的类型。此例中，经过 TypeScript 编译器处理后的 JavaScript 代码与使用 Babel 转译后的 JavaScript 代码是相同的。

如果在运行 tsc 编译命令时启用了"--allowJs"编译选项，那么 TypeScript 编译器也能够转译 JavaScript 文件。例如，有 index.js 文件的内容如下：

```
01 [1, 2, 3].map(n => n + 1);
```

运行 tsc 编译命令将 index.js 编译为 ES5 代码，示例如下：

```
tsc index.js --target ES5 --allowJs --outFile index.out.js
```

编译生成的 index.out.js 文件的内容如下：

```
01 [1, 2, 3].map(function(n) {
02     return n + 1;
03 });
```

虽然 TypeScript 编译器包含了 Babel 的主要功能，但两者并不是对立的关系。TypeScript 和 Babel 可以结合使用，TypeScript 负责静态类型检查而 Babel 则负责转译 JavaScript 代码。

该模式的一个应用场景是对现有项目进行改造。例如，有一个使用 JavaScript 开发的 Web 应用，它已经在依赖于 Babel 将 JavaScript 源码转译为兼容旧版本浏览器环境的代码。现在，我们想要为该程序添加静态类型检查。那么，只需要在原先的 Babel 工作流中增加一步，使用 TypeScript 编译器对代码进行静态类型检查即可。

9.1.2.2　关于编译器与转译器

在此前的章节中，我们多次提到了编译器与转译器，本节将对两者做一个简短的介绍。

编译器指的是能够将高级语言翻译成低级语言的程序。编译器的典型代表是 C 语言编译器，它能够将 C 语言程序翻译为低级的机器语言。

转译器通常是指能够将高级语言翻译成高级语言的程序，即在同一抽象层次上进行源代码的翻译。转译器的典型代表是 Babel，它能够将符合 ES6 规范的代码翻译为符合 ES5

规范的代码，其输入和输出均为 JavaScript 语言的代码。

有时候 TypeScript 编译器也称作 TypeScript 转译器，因为它是在 TypeScript 语言与 Java-Script 语言之间进行翻译的，而这两种编程语言拥有相近的抽象层次。

9.1.3 实例演示

本节将通过一个简单的例子来演示如何将 TypeScript 与 Babel 结合使用。此例中，TypeScript 编译器负责对代码进行静态类型检查，然后 Babel 负责将 TypeScript 代码转译为可执行的 JavaScript 代码，具体如图 9-1 所示。

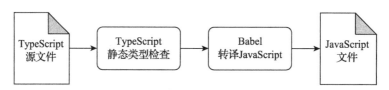

图 9-1　TypeScript 与 Babel

9.1.3.1 安装 Node.js

在使用 TypeScript 和 Babel 之前，我们需要先安装 Node.js。在 Node.js 的官方网站上下载适合当前操作系统的软件安装包并安装。在安装 Node.js 时会自动安装 npm 工具，即 Node.js 包管理器，如图 9-2 所示。

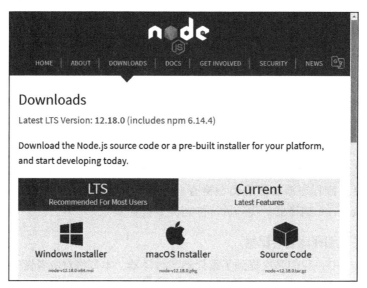

图 9-2　Node.js 下载页面

安装完成后，打开命令行窗口并运行"node -v"命令来验证是否安装成功。如果成功地安装了 Node.js，那么该命令会显示出安装的 Node.js 的版本号，如"v12.18.0"（见图 9-3）。

图 9-3 显示版本号

9.1.3.2 初始化工程

新建一个名为"ts-babel"的文件夹，该文件夹将作为示例工程的根目录。为了简便起见，我们直接在系统根目录"C:\"下创建该文件夹。接下来，在"C:\ts-babel"目录下运行如下命令来初始化工程：

```
npm init --yes
```

该命令的作用是初始化一个新的 npm 包，"--yes"选项的作用是使用默认配置来初始化 npm 包。

在运行该命令后，将在"C:\ts-babel"目录下生成一个 package.json 文件。接下来，从该文件中删除此例中不关注的配置项，修改后的 package.json 文件如下：

```
01 {
02     "name": "ts-babel",
03     "version": "1.0.0"
04 }
```

每个 npm 包都包含一个 package.json 文件。该文件相当于一个配置文件，它记录了当前 npm 包的基本信息。npm 工具能够读取并使用 package.json 文件中的信息。

现在，"C:\ts-babel"目录的结构如下：

```
C:\ts-babel
`-- package.json
```

9.1.3.3 安装 TypeScript

在"C:\ts-babel"目录下运行如下命令来安装 TypeScript 语言：

```
npm install --save-dev typescript
```

该命令用于安装某个 npm 包及其依赖的包。其中，"typescript"是 TypeScript 语言发布到 npm 时使用的包名。

运行该命令会在"C:\ts-babel\node_modules"目录下安装 TypeScript 语言。现在，"C:\ts-babel"目录的结构如下：

```
C:\ts-babel
```

```
|-- node_modules
|   `-- typescript
|-- package.json
`-- package-lock.json
```

其中，"package-lock.json"文件是由 npm 工具自动生成的，它的作用是锁定依赖的 npm 包的具体版本号，这样就能够确保每次执行安装命令时都会安装相同版本的 npm 包。

此时，package.json 文件的内容如下：

```
01 {
02     "name": "ts-babel",
03     "version": "1.0.0",
04     "devDependencies": {
05         "typescript": "^3.8.2"
06     }
07 }
```

能够看到，"typescript"被添加到了"devDependencies"属性中作为一项开发时的依赖；"^3.8.2"表示依赖的 TypeScript 版本号，它采用了语义化版本格式[⊖]。

在"C:\ts-babel"目录下，运行下列命令来验证 TypeScript 是否安装成功：

```
npx tsc -v
```

若安装成功，则会显示安装的 TypeScript 的版本号，如"Version 3.8.2"。请注意，此例中我们使用了 npx 命令来确保使用的是安装在"C:\ts-babel\node_modules"目录下的 TypeScript。

9.1.3.4 配置 TypeScript

在"C:\ts-babel"目录下新建一个 tsconfig.json 配置文件，它的内容如下：

```
01 {
02     "compilerOptions": {
03         "target": "ES5",
04         "outDir": "lib",
05         "strict": true,
06         "isolatedModules": true
07     }
08 }
```

此时，"C:\ts-babel"目录的结构如下：

```
C:\ts-babel
|-- node_modules
|   `-- typescript
|-- package.json
|-- package-lock.json
`-- tsconfig.json
```

9.1.3.5 安装 Babel

对于 JavaScript 程序开发而言，工具和环境配置从来不是一件容易的事情。为了简化配

⊖ 语义化版本规范：https://semver.org/lang/zh-CN/。

置流程，Babel 与 TypeScript 开发团队进行了合作，在 Babel 7 版本中提供了内置的 Type-Script 支持。

此例中，将使用 Babel 7 进行演示。我们需要安装下列 npm 包：

❑ @babel/core 提供了 Babel 核心的转译代码的功能。

❑ @babel/cli 提供了 Babel 命令行工具。

❑ @babel/preset-env 提供了自动检测待转译的语法以及自动导入填充脚本（polyfill）的功能。

❑ @babel/preset-typescript，它是 Babel 与 TypeScript 结合的关键，它提供了从 Type-Script 代码中删除类型相关代码的功能，如类型注解。

接下来，在"C:\ts-babel"目录下使用如下命令来安装上述 npm 包。示例如下：

```
npm install @babel/core \
            @babel/cli \
            @babel/preset-env \
            @babel/preset-typescript --save-dev
```

在运行了上述命令之后，"C:\ts-babel"目录的结构如下：

```
C:\ts-babel
|-- node_modules
|   |-- <省略了一部分代码包>
|   |-- @babel
|   `-- typescript
|-- package.json
|-- package-lock.json
`-- tsconfig.json
```

package.json 文件的内容如下：

```
01 {
02     "name": "ts-babel",
03     "version": "1.0.0",
04     "devDependencies": {
05         "@babel/cli": "^7.8.4",
06         "@babel/core": "^7.8.4",
07         "@babel/preset-env": "^7.8.4",
08         "@babel/preset-typescript": "^7.8.4",
09         "typescript": "^3.8.2"
10     }
11 }
```

在"C:\ts-babel"目录下运行下列命令来验证 Babel 是否安装成功。示例如下：

```
npx babel --version
```

如果安装成功，则会显示出安装的 Babel 的版本号，如"7.10.4 (@babel/core 7.10.4)"。

9.1.3.6　配置 Babel

与 tsconfig.json 配置文件类似，".babelrc.json"文件是 Babel 的配置文件。在"C:\ts-babel"

目录下新建一个“.babelrc.json”配置文件，它的内容如下：

```
01  {
02      "presets": [
03          "@babel/env",
04          "@babel/typescript"
05      ]
06  }
```

现在，“C:\ts-babel”目录的结构如下：

```
C:\ts-babel
|-- node_modules
|   |-- <省略了一部分代码包>
|   |-- @babel
|   `-- typescript
|-- .babelrc.json
|-- package.json
|-- package-lock.json
`-- tsconfig.json
```

9.1.3.7 添加 TypeScript 源文件

在“C:\ts-babel”目录下新建一个“src”文件夹，然后在“C:\ts-babel\src”目录下新建一个 index.ts 文件，它的内容如下：

```
01  export function toUpperCase(strs: string[]): string[] {
02      return strs.map((str: string) => str.toUpperCase());
03  }
```

此时，“C:\ts-babel”目录的结构如下：

```
C:\ts-babel
|-- node_modules
|   |-- <省略了一部分代码包>
|   |-- @babel
|   `-- typescript
|-- src
|   `-- index.ts
|-- .babelrc.json
|-- package.json
|-- package-lock.json
`-- tsconfig.json
```

9.1.3.8 配置静态类型检查

TypeScript 编译器提供了一个“--noEmit”编译选项。当启用该编译选项时，编译器只会对代码进行静态类型检查，而不会将 TypeScript 代码转译为 JavaScript 代码。

在“C:\ts-babel”目录下，运行 tsc 编译命令并启用“--noEmit”编译选项，示例如下：

```
npx tsc --noEmit
```

运行该命令能够对 TypeScript 代码进行类型检查，但不会生成任何 JavaScript 文件。

我们可以将该命令添加为 npm 脚本来方便之后进行调用。在 package.json 文件的

"scripts" 属性中定义一个 "type-check" 脚本，示例如下：

```
01  {
02      "name": "ts-babel",
03      "version": "1.0.0",
04      "scripts": {
05          "type-check": "tsc --noEmit"
06      },
07      "devDependencies": {
08          "@babel/cli": "^7.8.4",
09          "@babel/core": "^7.8.4",
10          "@babel/preset-env": "^7.8.4",
11          "@babel/preset-typescript": "^7.8.4",
12          "typescript": "^3.8.2"
13      }
14  }
```

在 "C:\ts-babel" 目录下，通过如下方式来运行 "type-check" 脚本：

```
npm run type-check
```

9.1.3.9　配置转译 JavaScript

在 " C:\ts-babel" 目录下，运行 babel 命令将 TypeScript 代码转译为 JavaScript 代码。
示例如下：

```
npx babel src \
        --out-dir lib \
        --extensions \".ts,.tsx\" \
        --source-maps inline
```

同理，我们也可以将该命令添加为 npm 脚本来方便之后进行调用。在 package.json 文
件的 "scripts" 属性中定义一个 "build" 脚本，示例如下：

```
01  {
02      "name": "ts-babel",
03      "version": "1.0.0",
04      "scripts": {
05          "type-check": "tsc --noEmit",
06          "build": "babel src --out-dir lib --extensions \".ts,.tsx\" --source-
                maps inline"
07      },
08      "devDependencies": {
09          "@babel/cli": "^7.8.4",
10          "@babel/core": "^7.8.4",
11          "@babel/preset-env": "^7.8.4",
12          "@babel/preset-typescript": "^7.8.4",
13          "typescript": "^3.8.2"
14      }
15  }
```

在 "C:\ts-babel" 目录下，通过如下方式来运行 "build" 脚本：

```
npm run build
```

通过上述的配置，我们让 Babel 去转译"C:\ts-babel\src"目录下的 TypeScript 代码，并将生成的 JavaScript 代码放在"C:\ts-babel\lib"目录下。运行该命令后"C:\ts-babel"目录的结构如下：

```
C:\ts-babel
|-- lib
|    `-- index.js
|-- node_modules
|    |-- <省略了一部分代码包>
|    |-- @babel
|    `-- typescript
|-- src
|    `-- index.ts
|-- .babelrc.json
|-- package.json
|-- package-lock.json
`-- tsconfig.json
```

生成的 index.js 文件的内容如下：

```
01  "use strict";
02
03  Object.defineProperty(exports, "__esModule", {
04    value: true
05  });
06  exports.toUpperCase = toUpperCase;
07
08  function toUpperCase(strs) {
09    return strs.map(function (str) {
10      return str.toUpperCase();
11    });
12  }
13  //# sourceMappingURL=data:application/json;...
```

9.1.4 注意事项

虽然 Babel 能够转译绝大部分的 TypeScript 代码，但仍存在一些语言结构无法很好地处理。例如：

- ❑ 命名空间。
- ❑ "<T>"类型断言语法，但可以使用"x as T"语法来代替。
- ❑ 常量枚举"const enum"。
- ❑ 跨文件声明的枚举，在 TypeScript 中会被合并为一个声明。
- ❑ 旧的导入导出语法，如：
  - export =
  - import =

在编译 TypeScript 时，可以启用"--isolatedModules"编译选项，它的作用是当编译器发现无法被正确处理的语言结构时给出提示。

9.1.5　小结

本节介绍了 TypeScript 与 Babel 的功能对比，以及如何将两者结合使用。

如果想要为程序添加静态类型检查的功能，则需要使用 TypeScript。如果想要将 Type-Script 或 JavaScript 代码转译为兼容某一运行环境的 JavaScript，则既可以使用 TypeScript 也可以使用 Babel。

如果一个项目已经在使用 TypeScript，则推荐继续使用 TypeScript 编译器来转译代码；若当前项目已经在使用 Babel，则可以继续使用 Babel 来转译代码，同时使用 TypeScript 编译器进行静态类型检查。如果计划开始一个全新的项目并且选用 TypeScript 进行开发，则不需要在项目一开始就引入 Babel。

9.2　TypeScript 与 webpack

项目中的 TypeScript 源代码不会全部放在一个文件中，我们会根据组件、模块和功能等将源代码划分到不同的文件。在发布一个项目时，尤其 Web 前端应用，通常需要使用打包工具对源文件进行打包合并。使用打包工具至少有以下几个原因：

❑ 由于运行环境（浏览器）中不支持 TypeScript 代码中使用的模块格式（ES 模块），因此会导致无法加载代码。打包工具能够解析模块间的依赖关系并将多个模块文件合并为运行环境能够直接加载的单一文件。

❑ 在浏览器环境中减少加载的资源文件数量能够显著提升 Web 应用的性能。如果使用打包工具将多文件合并为一个文件，那么浏览器只需加载一个文件即可。

在本节中，将通过一个示例来演示如何使用 webpack 工具来打包合并 TypeScript 代码。

9.2.1　webpack

webpack 是一个流行的 JavaScript 应用打包器。webpack 的主要用途是将多个 JavaScript 文件打包成一个或多个 JavaScript 文件。除此之外，webpack 还能够打包其他类型的资源文件，如图片和 CSS 等。

9.2.2　实例演示

本节将通过一个简单的例子来演示如何将 TypeScript 与 webpack 结合使用。此例中，web-pack 负责将多个 TypeScript 源文件打包合并为一个单独的 JavaScript 文件，具体如图 9-4 所示。

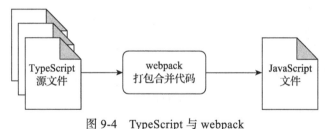

图 9-4　TypeScript 与 webpack

与配置 Babel 的前四步相同，我们需要安装 Node.js 和 TypeScript 并且初始化工程。
假设当前工程的目录结构如下：

```
C:\ts-webpack
|-- node_modules
|   |-- <省略了一部分代码包>
|   `-- typescript
|-- package.json
|-- package-lock.json
`-- tsconfig.json
```

package.json 文件的内容如下：

```
01  {
02      "name": "ts-webpack",
03      "version": "1.0.0",
04      "devDependencies": {
05          "typescript": "^3.8.2"
06      }
07  }
```

tsconfig.json 文件的内容如下：

```
01  {
02      "compilerOptions": {
03          "target": "ES6",
04          "strict": true,
05          "outDir": "dist"
06      }
07  }
```

9.2.2.1　添加 TypeScript 文件

为了演示 webpack 的打包功能，我们新建两个模块文件。在 “C:\ts-webpack” 目录下
创建一个 src 文件夹并添加 index.ts 和 utils.ts 文件。

当前工程的目录结构如下：

```
C:\ts-webpack
|-- node_modules
|   |-- <省略了一部分代码包>
|   `-- typescript
|-- src
|   |-- index.ts
|   `-- utils.ts
|-- package.json
|-- package-lock.json
`-- tsconfig.json
```

utils.ts 文件的内容如下：

```
01  export function add(x: number, y: number) {
02      return x + y;
03  }
```

index.ts 使用了 utils.ts 中导出的 add 函数，index.ts 文件的内容如下：

```
01  import { add } from './utils';
02
03  const total = add(1, 2);
04
05  console.log(total);
```

9.2.2.2 安装 webpack

在"C:\ts-webpack"目录下，运行如下命令来安装 webpack 及相关工具：

```
npm install --save-dev webpack webpack-cli ts-loader
```

此时，"C:\ts-webpack"目录的结构如下：

```
C:\ts-webpack
|-- node_modules
|    |-- <省略了一部分代码包>
|    |-- ts-loader
|    |-- typescript
|    |-- webpack
|    `-- webpack-cli
|-- src
|    |-- index.ts
|    `-- utils.ts
|-- package.json
|-- package-lock.json
`-- tsconfig.json
```

9.2.2.3 配置 webpack

在默认情况下，webpack 会使用"webpack.config.js"作为配置文件。在"C:\ts-webpack"目录下创建一个"webpack.config.js"文件，它的内容如下：

```
01  const path = require('path');
02
03  module.exports = {
04      entry: './src/index.ts',
05      module: {
06          rules: [
07              {
08                  test: /\.tsx?$/,
09                  use: 'ts-loader',
10                  exclude: /node_modules/
11              }
12          ]
13      },
14      resolve: {
15          extensions: ['.tsx', '.ts', '.js']
16      },
17      output: {
18          filename: 'bundle.js',
19          path: path.resolve(__dirname, 'dist')
20      }
21  };
```

在该配置文件中，"entry"属性用来配置入口的模块文件，webpack 将搜索该模块文件直接或间接依赖的其他模块文件，并将此依赖关系保存在一种称作"依赖图"的数据结构中。

"module.rules"属性用来配置文件加载器，文件加载器定义了如何解析一个文件以及如何打包该文件。webpack 从"依赖图"中读取要加载的文件，然后根据文件的类型选择对应的文件加载器。webpack 内置了 JavaScript 文件和 JSON 文件的加载器，若想要打包其他类型的文件，则必须安装和配置使用的加载器。此例中，我们想要让 webpack 能够打包 TypeScript 文件，因此必须安装能够处理 TypeScript 文件加载器。其中：

❏ "test"属性定义了在哪些文件上使用"ts-loader"文件加载器。此例中，使用正则表达式匹配了以".ts"或".tsx"结尾的文件。

❏ "use"属性定义了文件加载器的名字。此例中，使用的是前面安装的"ts-loader"文件加载器。

"resolve.extensions"属性定义了在文件名相同但文件扩展名不同时选择文件的优先级，第一个数组元素的优先级最高。例如，若同时存在 utils.ts 和 utils.js 文件，将优先使用 util.ts 文件。

"output"属性定义了打包生成的文件名及存放的位置。此例中，将打包生成的"bundle.js"存放在"C:\ts-webpack\dist"目录下。

现在，"C:\ts-webpack"目录的结构如下：

```
C:\ts-webpack
|-- node_modules
|   |-- <省略了一部分代码包>
|   |-- ts-loader
|   |-- typescript
|   |-- webpack
|   `-- webpack-cli
|-- src
|   |-- index.ts
|   `-- utils.ts
|-- package.json
|-- package-lock.json
|-- tsconfig.json
`-- webpack.config.js
```

9.2.2.4 运行 webpack

在"C:\ts-webpack"目录下运行 webpack 命令来打包文件，示例如下：

```
npx webpack
```

运行 webpack 命令会在"C:\ts-webpack\dist"目录下生成打包后的文件，示例如下：

```
C:\ts-webpack
|-- dist
|   `-- bundle.js
|-- node_modules
|   |-- <省略了一部分代码包>
```

```
|    |-- ts-loader
|    |-- typescript
|    |-- webpack
|    `-- webpack-cli
|-- package.json
|-- package-lock.json
|-- src
|    |-- index.ts
|    `-- utils.ts
|-- tsconfig.json
`-- webpack.config.js
```

运行打包后的"bundle.js"文件能够输出数字 3，因为我们在 index.ts 中使用了 utils.ts 提供的 add 函数来计算并打印"1+2"的值。示例如下：

```
node dist/bundle.js
```

最后，我们将 webpack 命令添加为 npm 脚本。在 package.json 文件的"scripts"属性中定义一个"bundle"脚本，示例如下：

```
01  {
02      "name": "ts-webpack",
03      "version": "1.0.0",
04      "scripts": {
05          "bundle": "webpack"
06      },
07      "devDependencies": {
08          "ts-loader": "^6.2.1",
09          "typescript": "^3.8.2",
10          "webpack": "^4.41.6",
11          "webpack-cli": "^3.3.11"
12      }
13  }
```

现在可以通过"npm run"命令来运行该脚本，示例如下：

```
npm run bundle
```

9.2.3　小结

webpack 是一个十分流行且功能强大的 JavaScript 应用打包器，它支持自定义的文件加载器和插件来实现复杂场景下的打包工作。除了本节演示的基本功能外，webpack 还能够进行代码优化等工作。在实际项目中，像 webpack 这类的打包工具是必不可少的。

9.3　TypeScript 与 ESLint

静态程序分析工具在代码运行之前对代码进行分析检查，能够发现代码中存在的缺陷，并有助于提高代码的质量。

本节将介绍适用于 TypeScript 的静态程序分析工具 ESLint，它几乎成了 TypeScript 程序的标准配置。我们将通过一个示例来演示如何在 TypeScript 工程中启用 ESLint 工具。

9.3.1　ESLint

ESLint 是一个适用于 JavaScript 语言的静态程序分析工具。

ESLint 依据预定义的一组规则来检查代码，当发现代码中违反了某项规则时给出相应提示。例如，ESLint 中有一个名为“eqeqeq”的规则，该规则要求代码中必须进行严格相等性比较，即必须使用“===”和“!==”运算符，而不允许使用“==”和“!=”运算符。当发现代码中使用了“==”或“!=”运算符时将给出提示信息。

2019 年，TypeScript 开发团队决定采用 ESLint 作为 TypeScript 源码的静态分析工具。同时，TypeScript 开发团队也对 ESLint 进行了扩展，使其能够检查 TypeScript 源码。此外，TypeScript 开发团队还为 ESLint 增加了一些专用于 TypeScript 语言的检查规则。例如：

- ❏ 是否允许使用三斜线指令？
- ❏ 是否允许命名接口时使用某个前缀？比如 IAnimal 中使用大写字母“I”作为接口前缀。

9.3.2　实例演示

本节中，将通过一个简单的例子来演示如何将 TypeScript 与 ESLint 结合使用。与配置 Babel 的前四步相同，我们需要安装 Node.js 和 TypeScript，并且初始化工程。

假设当前项目的目录结构如下：

```
C:\ts-eslint
|-- node_modules
|    `-- typescript
|-- src
|    `-- index.ts
|-- package.json
|-- package-lock.json
`-- tsconfig.json
```

package.json 文件的内容如下：

```
01  {
02      "name": "ts-eslint",
03      "version": "1.0.0",
04      "devDependencies": {
05          "typescript": "^3.8.2"
06      }
07  }
```

tsconfig.json 文件的内容如下：

```
01  {
02      "compilerOptions": {
03          "target": "ES6",
04          "strict": true,
```

```
05            "outDir": "dist"
06        }
07 }
```

9.3.2.1　安装 ESLint

在"C:\ts-eslint"目录下，运行如下命令来安装 ESLint 及相关工具：

```
npm install --save-dev eslint \
                        @typescript-eslint/parser \
                        @typescript-eslint/eslint-plugin
```

此时，"C:\ts-eslint"目录的结构如下：

```
C:\ts-eslint
|-- node_modules
|   |-- <省略了一部分代码包>
|   |-- @typescript-eslint
|   `-- eslint
|-- src
|   `-- index.ts
|-- package.json
|-- package-lock.json
`-- tsconfig.json
```

9.3.2.2　配置 ESLint

配置 ESLint 的常用方式是使用 ESLint 配置文件。ESLint 配置文件的文件名为".es-lintrc.*"的形式。它支持多种文件格式，如 JavaScript、JSON 和 YAML 等。此例中，我们将使用 JSON 格式的 ESLint 配置文件。

在"C:\ts-eslint"目录下新建一个".eslintrc.json"文件，该文件的内容如下：

```
01 {
02     "root": true,
03     "parser": "@typescript-eslint/parser",
04     "plugins": ["@typescript-eslint"],
05     "extends": [
06         "eslint:recommended",
07         "plugin:@typescript-eslint/eslint-recommended",
08         "plugin:@typescript-eslint/recommended"
09     ],
10     "rules": {
11         "no-console": "warn",
12         "@typescript-eslint/array-type": [
13             "error",
14             {
15                 "default": "generic"
16             }
17         ]
18     }
19 }
```

该配置文件中包含了一些核心的配置项，下面我们依次介绍它们。

"root"属性定义了该配置文件是否为根配置文件。在默认情况下，ESLint 会查找并使用所有父级目录下的配置文件，并且父级目录下的配置文件具有更高的优先级。若某个配置文件中的"root"属性为 true，那么 ESLint 在搜索到该配置文件后将不再继续向上查找父级目录下的配置文件。

"parser"属性定义了代码解析器。如果检查的是 JavaScript 代码，那么可以忽略该选项，因为 ESLint 内置了对 JavaScript 的支持。由于我们想要检查 TypeScript 代码，因此需要将该选项设置为"@typescript-eslint/parser"。"@typescript-eslint/parser"是专为 TypeScript 语言定制的代码解析器，只有配置了该代码解析器，ESLint 才能够理解 TypeScript 代码。

"plugins"属性定义了使用的 ESLint 插件，它能够扩展 ESLint 的功能。此例中，我们使用了"@typescript-eslint"插件，该插件提供了为 TypeScript 定制的代码检查规则，例如前面提到的"是否允许使用三斜线指令"检查规则。只有在"plugins"属性中添加了对应的插件，我们才能够使用该插件里定义的代码检查规则。

"extends"属性定义了继承的检查规则。此例中：

❑ "eslint:recommended"包含了 ESLint 推荐的内置检查规则。例如，它推荐使用严格相等比较运算符"==="和"!=="。

❑ "plugin:@typescript-eslint/eslint-recommended"禁用了一部分"eslint:recommended"中提供的规则，因为 TypeScript 编译器已经能够检查这些规则，所以不必进行重复的检查。

❑ "plugin:@typescript-eslint/recommended"包含了"@typescript-eslint"插件提供的推荐的检查规则。

"rules"属性中定义了针对于单个检查规则的详细配置。此例中，我们详细配置了两个检查规则：

❑ "no-console"，当代码中调用了 console 对象上的方法时给出警告，例如"console.log()"。

❑ "@typescript-eslint/array-type"，该规则来自"@typescript-eslint"插件，它要求 TypeScript 代码中的数组类型注解使用泛型形式"Array<T>"而不是"T[]"。当代码违反了该规则时会报错，因为我们指定了"error"参数。

此时，"C:\ts-eslint"目录的结构如下：

```
C:\ts-eslint
|-- node_modules
|   |-- <省略了一部分代码包>
|   |-- @typescript-eslint
|   `-- eslint
|-- src
|   `-- index.ts
|-- .eslintrc.json
|-- package.json
|-- package-lock.json
`-- tsconfig.json
```

9.3.2.3　配置忽略的文件

通常情况下，不是工程中所有的代码都需要进行静态分析检查，例如在"node_modules"目录下安装的第三方文件和某些测试文件是不需要进行静态检查的。在默认情况下，ESLint 会检查工程中所有的代码，但是可以使用".eslintignore"文件来配置忽略检查的文件。

在"C:\ts-eslint"目录下新建一个".eslintignore"文件，且该文件的内容如下：

```
node_modules
dist
```

此例中，ESLint 会忽略"C:\ts-eslint\node_modules"目录下和"C:\ts-eslint\dist"目录下的代码。

现在，"C:\ts-eslint"目录的结构如下：

```
C:\ts-eslint
|-- node_modules
|   |-- <省略了一部分代码包>
|   |-- @typescript-eslint
|   `-- eslint
|-- src
|   `-- index.ts
|-- .eslintignore
|-- .eslintrc.json
|-- package.json
|-- package-lock.json
`-- tsconfig.json
```

9.3.2.4　运行 ESLint

接下来，让我们对 index.ts 文件稍做修改来制造一些错误，修改后的 index.ts 文件的内容如下：

```
01 const a: number[] = [0];
02
03 console.log(a);
```

在"C:\ts-eslint"目录下运行 eslint 命令来检查 TypeScript 代码，示例如下：

```
npx eslint . --ext .ts
```

eslint 命令的运行结果如下：

```
C:\ts-eslint\src\index.ts
    1:10  error    Array type using 'number[]' is forbidden. Use 'Array<number>'
       instead  @typescript-eslint/array-type
    3:1   warning  Unexpected console statement
       no-console

x 2 problems (1 error, 1 warning)
 1 error and 0 warnings potentially fixable with the `--fix` option.
```

此例中，ESLint 检查出 index.ts 中的代码违反了以下两个规则：

❑ 第 1 行，禁止使用"number[]"，应该替换为"Array<number>"，违反的规则为

"@typescript-eslint/array-type"。

❑ 第 3 行，使用了禁用的"console"语句。

在输出结果的最后一行，ESLint 还提示了可以使用"--fix"选项来自动修复其中一个错误，即"number[]"的使用错误。在"C:\ts-eslint"目录下运行 eslint 命令并使用"--fix"选项来修复该错误，示例如下：

```
npx eslint . --ext .ts --fix
```

在运行该命令后，index.ts 将会被修改为如下内容：

```
01  const a: Array<number> = [0];
02
03  console.log(a);
```

我们能够看到，第 1 行中的格式错误已经被自动修正，但是第 3 行的警告则无法被自动修复。

9.3.3 集成 Visual Studio Code

我们已经介绍了如何为工程添加 ESLint 静态代码检查。ESLint 也能够与大部分集成开发环境（IDE）和构建工具进行集成。例如：

❑ Visual Studio Code

❑ Sublime Text

❑ Gulp

❑ Webpack

接下来，将介绍如何在 Visual Studio Code 中使用 ESLint。

9.3.3.1 安装 ESLint 插件

在 Visual Studio Code 中，打开上一节创建的项目，如图 9-5 所示。

图 9-5 在 Visual Studio Code 中打开工程

出现图 9-6 的界面，打开插件应用市场（见图 9-6 中❶）；在搜索框中输入"ESLint"（见图 9-6 中❷）；选择 ESLint 插件（见图 9-6 中❸）；点击"Install"按钮来安装 ESLint 插件（见图 9-6 中❹）。

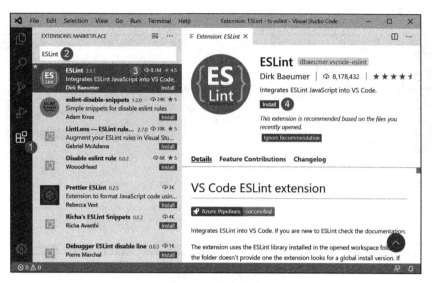

图 9-6　安装插件

图 9-7 所示为成功地安装并自动启用了 ESLint 插件。

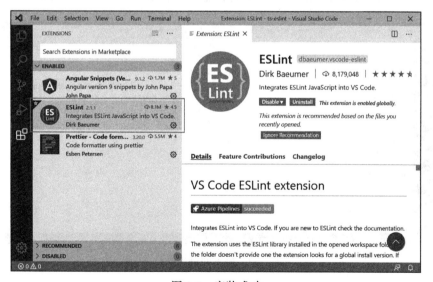

图 9-7　安装成功

9.3.3.2　查看静态检查错误

在安装了 ESLint 插件后，Visual Studio Code 能够实时地对代码进行静态类型检查。

对于代码中存在的静态检查错误，Visual Studio Code 会在代码下面显示红色的波浪线（见图 9-8 中❶）；对于代码中存在的静态检查警告，Visual Studio Code 会在代码下面显示黄色的波浪线。此外，Visual Studio Code 还会在"Problems"面板中显示静态检查的消息列表（见图 9-8 中❷）。

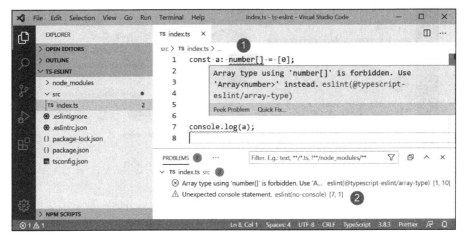

图 9-8　查看静态检查错误

9.3.3.3　自动修复静态检查错误

将鼠标光标移动到存在问题的代码上时会显示一个提示框（见图 9-9 中❶）。

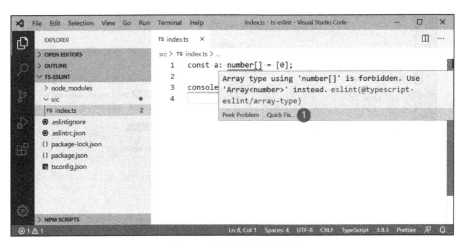

图 9-9　显示问题提示框

点击"Quick Fix ..."会显示可选的修复选项列表，选择"Fix all auto-fixable problems"即可自动修复代码（见图 9-10 中❶）。

修复后的代码如图 9-11 所示，Visual Studio Code 只会修复能够被自动修复的问题。

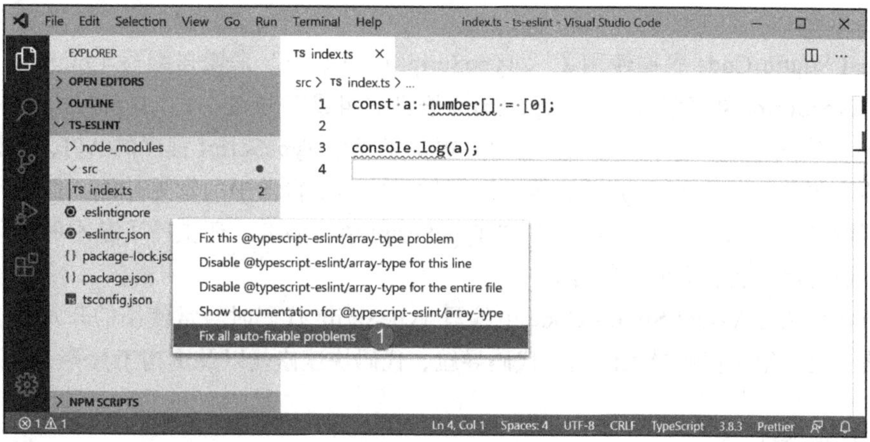

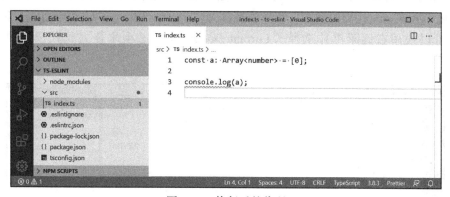

图 9-10　显示可选的修复选项列表

图 9-11　修复后的代码

9.3.4　小结

　　TypeScript 能够与 ESLint 完美地结合，它们都有助于提高代码的质量。使用 ESLint 能够保证代码使用了一致的编码风格，从而增加了代码可读性。例如，ESLint 能够检查是否使用了一致的代码缩进。除了编码风格之外，ESLint 也能够检查代码中是否存在潜在的错误，例如是否使用了严格相等比较等。TypeScript 能够根据代码的静态类型信息做进一步的检查。TypeScript 和 ESLint 的检查范围没有一个明确的界限，而实际上两者的功能的确有一部分重合，但是这并不影响正常使用。在项目中，我们应该使用 ESLint 或者类似的代码静态分析工具，就算使用最基本的检查规则也能够受益颇多。

9.4　TypeScript 与 Visual Studio Code

　　在 1.3.1 节中，我们对 Visual Studio Code 进行了简短的介绍。Visual Studio Code 内置

了对 TypeScript 语言的支持。

　　Visual Studio Code 底层使用了"TypeScript 语言服务"来增强编写 TypeScript 代码的体验。"TypeScript 语言服务"是 TypeScript 语言的组成部分之一。"TypeScript 语言服务"构建于 TypeScript 核心编译器之上，它对外提供了操作 TypeScript 程序的 API，该公共 API 就叫作语言服务。"TypeScript 语言服务"提供了代码编辑器中的常见功能，例如代码自动补全、函数签名提示、代码格式化等。"TypeScript 语言服务"还支持了基本的代码重构功能，如标识符重命名、提取函数等。

　　本节将介绍在 Visual Studio Code 中编写 TypeScript 代码时经常使用的开发者工具，例如代码格式化、组织模块导入语句、代码导航、代码快速修复以及重构工具等。

9.4.1　代码格式化

　　在实际编码过程中，格式化代码算得上是一项高频度操作。Visual Studio Code 提供了格式化 TypeScript 代码的功能，它的快捷键为"Shift + Alt + F"（在 Windows 系统中）。我们也可以使用右键菜单并选择"Format Document"选项来格式化代码，如图 9-12 所示。

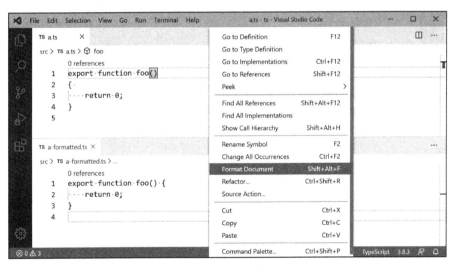

图 9-12　格式化代码

　　Visual Studio Code 将使用默认的格式化规则来格式化 TypeScript 代码。我们可以在 Visual Studio Code 设置界面中修改默认的格式化规则。

　　Visual Studio Code 仅提供了基本的格式化功能。如果需要定制更加详细的格式化规则，则可以使用专用的插件来实现。例如，Prettier[⊖]是一个比较流行的格式化工具。

　　⊖　Prettier：https://prettier.io/。

9.4.2　组织模块导入语句

在编写基于模块的代码时，可能会同时使用多个模块，因此可能会有非常多的导入语句。一个较好的编码实践是将导入语句归类并排序。Visual Studio Code 提供了按字母顺序自动排序和归类导入语句的功能，快捷键为"Shift + Alt + O"（在 Windows 系统中）。我们也可以通过使用右键菜单中"Source Action"下的"Organize Imports"选项来排序导入语句，如图 9-13 所示。

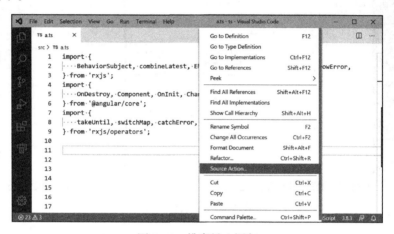

图 9-13　排序导入语句

Visual Studio Code 会将针对同一个模块的多个导入语句合并为一个导入语句并排序，处理后的结果如图 9-14 所示。

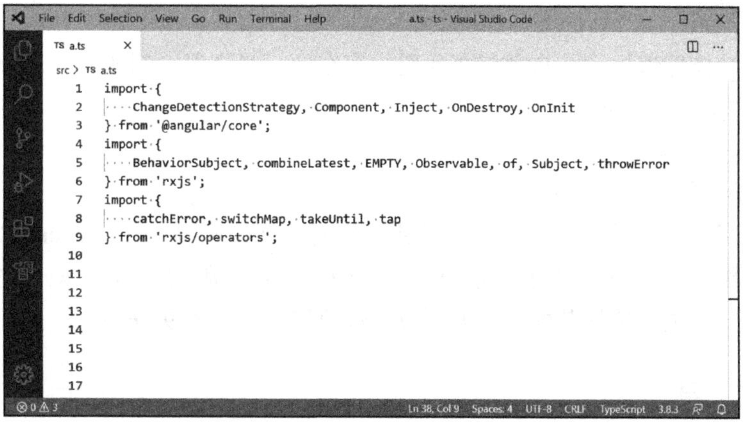

图 9-14　导入语句排序结果

9.4.3　代码导航

与代码格式化一样，代码导航也是一项日常操作，它允许快速地在代码之间跳转。代码导航功能包含了一系列跳转命令，其中最常用的是"跳转到定义"命令，快捷键为"F12"。当我们将鼠标光标移动到某个标识符上并按下"F12"键，Visual Studio Code 将跳转到标识符定义的位置。例如，我们在函数调用上使用"跳转到定义"命令，Visual Studio Code 将跳转到函数定义的位置，如图 9-15 所示。

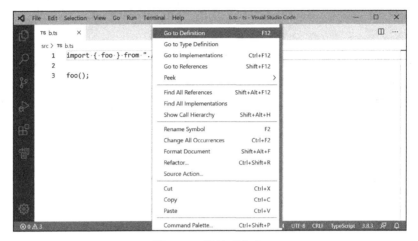

图 9-15　跳转到定义

值得一提的是，如果在"跳转到定义"之后想回到跳转之前的代码位置，那么可以使用"Alt + ←"快捷键（在 Windows 系统中）。读者可以在 Visual Studio Code 的快捷键设置界面中搜索"Go Back"命令来配置喜欢的快捷键。

9.4.4　快速修复

快速修复功能能够提示并自动修复代码中存在的一些错误。例如：

❏ 自动添加缺失的模块导入语句。

❏ 删除不会被执行到的代码。

❏ 修正属性名的拼写错误。

当我们将鼠标光标移动到存在可用的快速修复选项的代码上时，Visual Studio Code 会显示一个灯泡图标。点击灯泡图标或使用"Ctrl + ."快捷键（在 Windows 系统中），将显示可用的快速修复选项，选择其中一项即可应用快速修复，如图 9-16 所示。

9.4.5　重构工具

重构工具是代码编辑器的重要功能，甚至有专门提供代码重构功能的付费产品。Visual Studio Code 提供了一些基本的代码重构功能，例如标识符重命名（快捷键为"F2"）和提取代码到函数等。通过右键菜单并选择"Refactor"选项，就能够看到可用的重构功能列表，如图 9-17 所示。

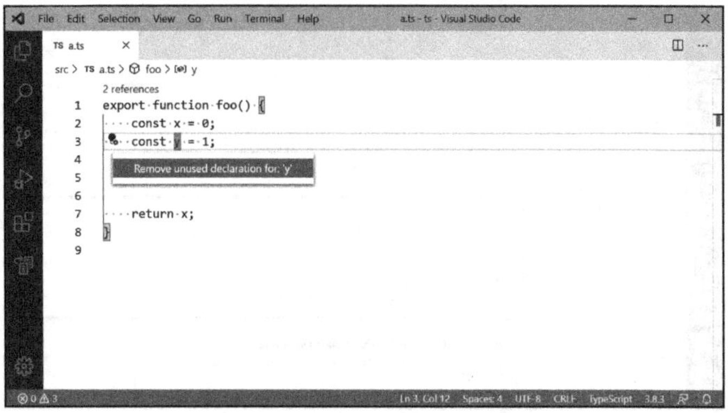

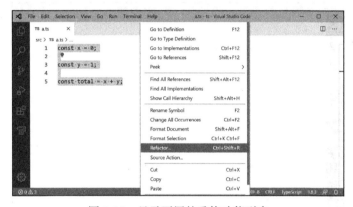

图 9-16　快速修复代码错误

图 9-17　显示可用的重构功能列表

9.4.6　CodeLens

CodeLens 是一项特别好用的功能，它能够在代码的位置显示一些可操作项，例如：

❏ 显示函数、类、方法和接口等被引用的次数以及被哪些代码引用。

❏ 显示接口被实现的次数以及谁实现了该接口。

以上两项是 Visual Studio Code 内置的功能。我们还可以通过安装 CodeLens 相关的插件来获得扩展功能。例如，Git Lens 支持显示代码的相关 Git 提交信息。

若想要在 Visual Studio Code 中使用 CodeLens，则需要主动启用该功能，它不是默认开启的。使用快捷键 "Ctrl+," 打开 Visual Studio Code 设置界面，并在搜索栏中输入 "CodeLens"。在 "Extensions" 中选择 "TypeScript" 并勾选 "Implementations Code Lens" 和 "Reference Code Lens" 两个选项来启用该功能，如图 9-18 所示。

在启用了 CodeLens 后，代码中就能够显示丰富的信息，如图 9-19 所示。

在点击 "reference" 和 "implementation" 链接后，Visual Studio Code 能够显示代码引用和接口实现的详细信息，如图 9-20 所示。

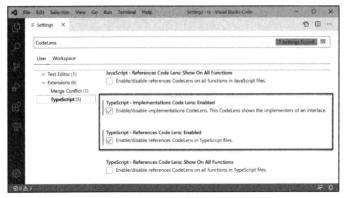

图 9-18　启用 CodeLens

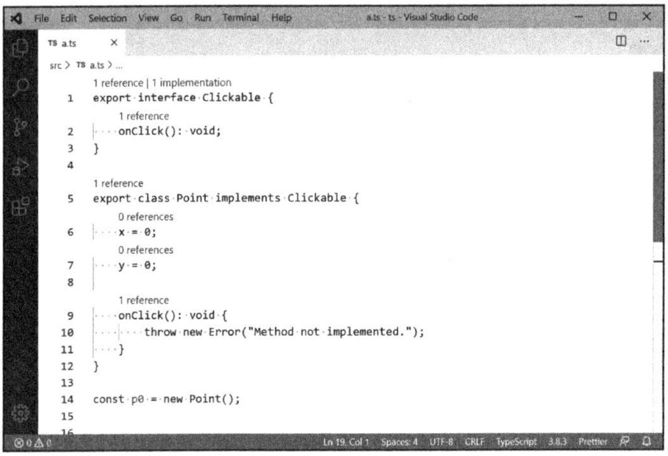

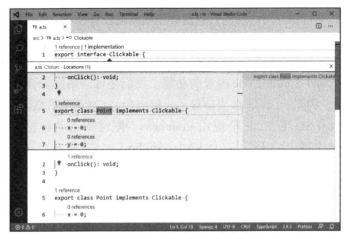

图 9-19　成功启用 CodeLens

图 9-20　显示代码引用和接口实现的详细信息